"十二五"普通高等教育本科国家级规划教材

大学数学系列教材

（第四版）

大学数学

湖南大学数学学院　组编

周金华　李智崇　顾广泽　主编

中国教育出版传媒集团

高等教育出版社·北京

内容简介

　　湖南大学数学学院组编的大学数学系列教材共包括 5 册。本书是第 5 册,主要介绍复变函数和积分变换的基本概念、基本理论和基本方法及其应用,内容包括复数、复变函数、复变函数的积分、解析函数的级数展开、留数理论及其应用、共形映射、傅里叶变换及其应用、拉普拉斯变换及其应用。各节后配有适量的习题,各章后配有综合复习题。

　　本书结构严谨,内容丰富,重点突出,难点分散,概念、定理及理论叙述准确、精练,符号表示标准、规范,例题、习题等均经过精选,具有代表性和启发性,便于教学。本次修订时更新的各章综合复习题,以及补充的适量讲解视频,均以二维码的形式呈现。

　　本书是为高等学校本科非数学类各专业编写的"复变函数与积分变换"课程的教材,同时适合其他需要获得相应数学知识、提高数学素质和能力的人员使用。

图书在版编目(CIP)数据

　　大学数学. 5 / 湖南大学数学学院组编;周金华,李智崇,顾广泽主编. --4 版. --北京:高等教育出版社,2023.3

　　大学数学系列教材
　　ISBN 978 - 7 - 04 - 059812 - 4

　　Ⅰ.①大…　Ⅱ.①湖…　②周…　③李…　④顾…　Ⅲ.①高等数学-高等学校-教材　Ⅳ.①O13

　　中国国家版本馆 CIP 数据核字(2023)第 017261 号

DAXUE SHUXUE 5

| 策划编辑 | 安　琪 | 责任编辑 | 刘　荣 | 封面设计 | 张　志 | 版式设计 | 徐艳妮 |
| 责任绘图 | 于　博 | 责任校对 | 刘丽娴 | 责任印制 | 高　峰 | | |

出版发行	高等教育出版社		网　址	http://www.hep.edu.cn
社　址	北京市西城区德外大街 4 号			http://www.hep.com.cn
邮政编码	100120		网上订购	http://www.hepmall.com.cn
印　刷	人卫印务(北京)有限公司			http://www.hepmall.com
开　本	787mm×1092mm　1/16			http://www.hepmall.cn
印　张	11.5		版　次	2001 年 9 月第 1 版
字　数	280 千字			2023 年 3 月第 4 版
购书热线	010-58581118		印　次	2023 年 3 月第 1 次印刷
咨询电话	400-810-0598		定　价	23.60 元

本书如有缺页、倒页、脱页等质量问题,请到所购图书销售部门联系调换
版权所有　侵权必究
物 料 号　59812-00

大学数学系列教材

（第四版）

湖南大学数学学院　组编

编委会主任　蒋月评

编委会成员　黄　勇　雷　渊　易学军　朱郁森　袁朝晖

　　　　　　　肖　萍　孟益民　全志勇　刘先霞　李永群

　　　　　　　马传秀　彭　豪　黄超群　彭国强　周金华

　　　　　　　李智崇　顾广泽

第四版前言

为了配合高等教育"新世纪高等教育教学改革工程"并体现湖南大学课程教学改革的特色和经验,我院于 2001 年组织部分教师编写出版了《大学数学系列教材》。系列教材可满足高等学校非数学类各专业数学系列课程教学的需要,内容包括传统的"高等数学""线性代数""概率论与数理统计""复变函数与积分变换"等,并统一用"大学数学"具名。系列教材几经再版修订,初版、第二版和第三版先后入选"普通高等教育'十五'国家级规划教材""普通高等教育'十一五'国家级规划教材"和"'十二五'普通高等教育本科国家级规划教材",除作为湖南大学理工科各专业通识教育平台数学核心课程的指定教材外,也被国内多所高校选做本科相关专业的数学课程教材,二十年来受到师生们的广泛好评。

近年来,面对"新工科、新医科、新农科、新文科"背景下理工科类专业人才培养的新要求,大学数学课程教材改革发展的要求十分迫切,为此我们对这套教材做了进一步修订。

此次修订保持原有的体系不变,改写或增加了部分内容,调整了部分章节,订正了已发现的不妥之处,精选和补充了部分例题和习题,并增加了例题讲解和知识点延拓作为数字资源。由于一些参加系列教材第三版编写的老师陆续调离或退休,为此我们调整了编委会成员和各册教材的部分主编。

本册是在第三版教材《大学数学 5》的基础上进一步修订和改编而成的,由周金华、李智崇、顾广泽担任主编,参与编审和编写的还有黄超群老师、博士研究生姜智北等。内容主要包括复数与复变函数、复变函数的积分、复级数、留数理论、共形映射、傅里叶变换和拉普拉斯变换等。

本系列教材第四版的编写和出版继续得到了我院各位老师和学校教务处以及高等教育出版社的大力支持,在此一并表示衷心的感谢!恳请广大专家、教师和学生在教材使用过程中提出宝贵意见和建议,以便我们进一步改进。

第二、三版
前言

湖南大学数学学院

2022 年 9 月

目　　录

第一章

复　数

复变函数是自变量为复数的函数.本书主要研究特殊的复变函数——解析函数,它是在某种意义下可导的复变函数.本章介绍复数的定义、运算、复平面点集和扩充复平面,为后面的复变函数的研究作准备.

第一节　复数的定义及其代数运算

▍一、复数的概念

在学习初等代数时已经知道,在实数范围内,方程 $x^2 = -1$ 是无解的,因为没有一个实数的平方等于 -1.如果我们把"实数范围"的限制取消,情况将会是如何呢？为此,人们自然想到了这样一个问题:是否存在一个比实数集更大的数集,在这个数集内包含了上述方程的解？回答是肯定的.下面我们来介绍这个集合.

用 $\mathbf{R}$ 表示实数集,我们把有序实数对 (a,b) 的全体称为复数集合,记为

$$\mathbf{C} = \{(a,b) \mid a \in \mathbf{R}, b \in \mathbf{R}\}.$$

(a,b) 称为一个**复数**.对于两个复数 $(a,b),(c,d)$,如果 $a=c,b=d$,则称这两个复数**相等**,记为 $(a,b)=(c,d)$.

在复数集中,我们定义**加法**和**乘法**两种运算:

$$(a,b) + (c,d) = (a+c, b+d),$$

$$(a,b)(c,d) = (ac - bd, ad + bc),$$

容易验证,加法和乘法对复数集 $\mathbf{C}$ 是封闭的(两个复数相加或相乘,仍为复数),都满足交换律.此外,$\mathbf{C}$ 中的加法和乘法还满足分配律:

$$[(a,b) + (c,d)](e,f) = (a,b)(e,f) + (c,d)(e,f).$$

根据上述运算,我们可以找到类似于实数中的零元、单位元、负元和逆元.

复数 $(0,0)$ 满足如下性质:$\forall (a,b) \in \mathbf{C}$,有

$$(0,0) + (a,b) = (a,b),$$

$$(0,0)(a,b) = (0,0).$$

因此,$(0,0)$为复数集中的**零元素**,容易验证,零元素是唯一的,且$(a,b) = (0,0)$的充要条件是$a^2+b^2=0$.

复数$(1,0)$是乘法的**单位元**,因为$\forall (a,b) \in \mathbf{C}$,都有

$$(1,0)(a,b) = (a,b).$$

另外,不难验证,$(-a,-b)$是(a,b)唯一的**负元**;对每一个非零元素(a,b),有唯一的**逆元**$(a,b)^{-1} = \left(\dfrac{a}{a^2+b^2}, \dfrac{-b}{a^2+b^2} \right)$.

很自然地,我们可定义复数的**减法**和**除法**:

$$(a,b) - (c,d) = (a,b) + (-c,-d) = (a-c,b-d);$$

对$(c,d) \neq (0,0)$,

$$(a,b) \div (c,d) = (a,b)(c,d)^{-1} = (a,b)\left(\frac{c}{c^2+d^2}, \frac{-d}{c^2+d^2} \right)$$

$$= \left(\frac{ac+bd}{c^2+d^2}, \frac{-ad+bc}{c^2+d^2} \right).$$

综上所述,我们在复数集上建立的基本代数运算符合代数学中的一般公理,因此,$\mathbf{C}$ 也称为**复数域**.(实数集在实数的加法和乘法运算下则构成实数域.)

下面我们来讨论复数集和实数集之间的关系.记 $\widetilde{\mathbf{R}} = \{(a,0) \mid a \in \mathbf{R}\}$,则 $\widetilde{\mathbf{R}}$ 是 $\mathbf{C}$ 的一个子集,而$(a,0) \to a$ 是 $\widetilde{\mathbf{R}}$ 与 $\mathbf{R}$ 之间的一一对应.当把复数集中的运算作用在 $\widetilde{\mathbf{R}}$ 上时,有

$$(a,0) + (b,0) = (a+b,0),$$

$$(a,0)(b,0) = (ab,0),$$

即运算是**封闭**的,因而 $\widetilde{\mathbf{R}}$ 是 $\mathbf{C}$ 的一个子域.可以看出,作用在 $\widetilde{\mathbf{R}}$ 上的运算实质上就是实数集 $\mathbf{R}$ 上的运算.因此,我们认为 $\widetilde{\mathbf{R}}$ 就是实数域 $\mathbf{R}$,并直接记 $\widetilde{\mathbf{R}} = \mathbf{R}$,$(a,0) = a$.从而实数域 $\mathbf{R}$ 是复数域的一个子域.

在复数域中,方程 $x^2 = -1$ 的解存在,它就是$(0,1)$,事实上,

$$(0,1)^2 = (0,1) \cdot (0,1) = (-1,0) = -1.$$

二、复数的表示及运算

在 $\mathbf{C}$ 中,$(0,1)$这个元素有其特殊性,我们专门用 i 记$(0,1)$这个元素,于是有$i^2 = -1$.由于$(0,b) = (b,0)(0,1) = b\mathrm{i}$,于是每一个复数$(a,b)$都可以写成

$$(a,b) = (a,0) + (0,b) = a + bi.$$

从现在开始,我们不再用实数对 (a,b) 来表示复数,而直接用 $z = a+bi$ 的形式来记复数. a 称为复数 z 的**实部**,记为 $a = \text{Re } z$, b 称为 z 的**虚部**,记为 $b = \text{Im } z$;复数集记为

$$\mathbf{C} = \{z \mid z = a + bi, a, b \in \mathbf{R}\}.$$

在这种表示下,复数可以像实数一样进行代数运算,比如,合并同类项、多项式乘法、分母有理化等.

加法: $(a+bi)+(c+di) = (a+c)+(b+d)i$;

减法: $(a+bi)-(c+di) = (a-c)+(b-d)i$;

乘法: $(a+bi)(c+di) = (ac-bd)+(ad+bc)i$;

除法: $\dfrac{a+bi}{c+di} = (a+bi)\left(\dfrac{c-di}{c^2+d^2}\right) = \dfrac{ac+bd}{c^2+d^2} + \dfrac{bc-ad}{c^2+d^2}i \quad (c^2+d^2 \neq 0)$.

设 $z = a+bi$,定义 $|z| = \sqrt{a^2+b^2}$, $\bar{z} = a-bi$. 称 $|z|$ 为 z 的**模**, $\bar{z}$ 为 z 的**共轭复数**. 它们有如下一些基本性质:

(1) $\text{Re } z = \dfrac{1}{2}(z+\bar{z})$, $\text{Im } z = \dfrac{1}{2i}(z-\bar{z})$;

(2) $z\bar{z} = |z|^2 = (\text{Re } z)^2 + (\text{Im } z)^2$;

(3) $\bar{\bar{z}} = z$, $|z| = |\bar{z}|$;

(4) $\overline{z+w} = \bar{z}+\bar{w}$, $\overline{zw} = \bar{z}\,\bar{w}$, $\overline{\left(\dfrac{z}{w}\right)} = \dfrac{\bar{z}}{\bar{w}}$;

(5) $|zw| = |z||w|$, $\left|\dfrac{z}{w}\right| = \dfrac{|z|}{|w|}$.

以上性质的证明,留给读者作为练习.

例 1 设 $z_1 = 1+2i$, $z_2 = -3+4i$,求 $\overline{\left(\dfrac{z_1}{z_2}\right)}$ 和 $\left|\dfrac{z_1}{z_2}\right|$.

解 $\overline{\left(\dfrac{z_1}{z_2}\right)} = \dfrac{\bar{z_1}}{\bar{z_2}} = \dfrac{1-2i}{-3-4i} = \dfrac{(1-2i)(-3+4i)}{25} = \dfrac{1}{5} + \dfrac{2}{5}i$,

$\left|\dfrac{z_1}{z_2}\right| = \dfrac{|z_1|}{|z_2|} = \dfrac{|1+2i|}{|-3+4i|} = \dfrac{\sqrt{5}}{5}$.

例 2 设 $z = -\dfrac{1}{i} - \dfrac{3i}{1-i}$,求 $\text{Re } z$ 和 $|z|^2$.

解 因为

$$z = -\dfrac{1}{i} - \dfrac{3i}{1-i} = \dfrac{i}{i(-i)} - \dfrac{3i(1+i)}{(1-i)(1+i)}$$

$$= i-\left(-\frac{3}{2}+\frac{3}{2}i\right)=\frac{3}{2}-\frac{1}{2}i,$$

所以,

$$\operatorname{Re} z=\frac{3}{2},\quad |z|^2=z\bar{z}=\left(\frac{3}{2}\right)^2+\left(-\frac{1}{2}\right)^2=\frac{5}{2}.$$

例 3 证明:若 $z+\dfrac{1}{z}$ 为实数,则有 $\operatorname{Im} z=0$ 或 $z\bar{z}=1$.

证 设 $z=x+yi$,由于 $\dfrac{1}{z}=\dfrac{\bar{z}}{z\bar{z}}=\dfrac{\bar{z}}{x^2+y^2}$,故

$$z+\frac{1}{z}=x+yi+\frac{x-yi}{x^2+y^2}=\frac{x(x^2+y^2+1)+y(x^2+y^2-1)i}{x^2+y^2}.$$

已知 $z+\dfrac{1}{z}$ 为实数,故有

$$\operatorname{Im}\left(z+\frac{1}{z}\right)=\frac{y(x^2+y^2-1)}{x^2+y^2}=0,$$

从而 $y=0$ 或 $x^2+y^2=1$,即 $\operatorname{Im} z=0$ 或 $z\bar{z}=1$.

> **习题 1-1**

1. 将下列复数表示成 $a+bi(a,b\in\mathbf{R})$ 的形式:

(1) $\left(\dfrac{2+i}{3-2i}\right)^2$; (2) $(1+i)^n+(1-i)^n\ (n\in\mathbf{N})$;

(3) $\dfrac{1}{i}+\dfrac{3}{1+i}$.

2. 设 $z=x+iy(x,y$ 为实数$)$,求下列各复数的实部和虚部:

(1) $\dfrac{z-a}{z+a}(a\in\mathbf{R})$; (2) $\dfrac{1}{z^2}$; (3) z^3.

3. 设 z_1,z_2,z 为复数,证明:

(1) $\overline{z_1\pm z_2}=\overline{z_1}\pm\overline{z_2}$; (2) $\overline{z_1z_2}=\overline{z_1}\ \overline{z_2}$;

(3) $\overline{\left(\dfrac{z_1}{z_2}\right)}=\dfrac{\overline{z_1}}{\overline{z_2}}(z_2\neq0)$; (4) $\bar{\bar{z}}=z$;

(5) $z+\bar{z}=2\operatorname{Re} z$; (6) $z-\bar{z}=2i\operatorname{Im} z$.

4. 已知 $(1+2i)\bar{z}=4+3i$,求复数 z.

第二节　复数的几何意义

一、复平面及复数的几何表示

在平面上取定一个直角坐系,实数对(a,b)就表示平面上的一个点 M,也确定了向径$\overrightarrow{OM}$(图 1-1).所以,复数的全体与该平面上的点成一一对应,也与向径的全体成一一对应,即

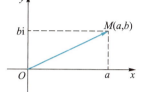

$$z = a + bi \longleftrightarrow M(a,b) \longleftrightarrow \overrightarrow{OM}.$$

因此,在表述上,我们常将复数、平面上的点、以原点为起点的向量三者不加区别.

图 1-1

我们把直角坐标系的横轴称为实轴,纵轴称为虚轴,两轴所在的平面称为**复平面**,有时也可以用表示复数的字母来称复平面,比如,z 平面,w 平面等.

在复平面上,我们可以对复数的一些特征和性质进行几何描述.比如,从图 1-1 知,复数 z 的模 $|z|$ 即为向量$\overrightarrow{OM}$的长度 $|\overrightarrow{OM}|$;复数 $z = a + bi$ 的实部 $\operatorname{Re} z = a$ 和虚部 $\operatorname{Im} z = b$ 分别为向量$\overrightarrow{OM}$在实轴和虚轴上的投影.显然,下列各式成立:

$$|\operatorname{Re} z| \leqslant |z|, \quad |\operatorname{Im} z| \leqslant |z|,$$
$$|z| \leqslant |\operatorname{Re} z| + |\operatorname{Im} z|.$$

根据向量理论,由一向量经过平移所得的所有向量表示的是同一向量,向量的加法、减法遵循平行四边形法则.我们可以给出复数加法、减法运算的几何意义(图 1-2),并得出复数的三角不等式:

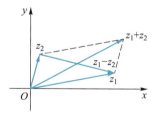

$$|z_1 + z_2| \leqslant |z_1| + |z_2|,$$
$$|z_1 - z_2| \geqslant ||z_1| - |z_2||.$$

图 1-2

二、复数的三角形式和指数形式

在复平面上,不为零的复数 $z = x + iy$,其对应的点有极坐标 (r,θ)(图1-3).于是有

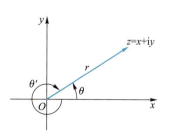

$$x = r\cos\theta, \quad y = r\sin\theta.$$

显然,$r = |z|$,θ 是正实轴与从原点 O 到点 z 的射线的夹角,称为复数 z 的**辐角**.显然有 $\tan\theta = \dfrac{y}{x}(x \neq 0)$.

我们规定:正实轴按逆时针方向转动到射线$\overrightarrow{Oz}$,所

图 1-3

成的角为正值;按顺时针方向转动,所成的角为负值.容易看出,每一个不为零的复数的辐角有无穷多个值,它们彼此间相差 2π 的整数倍.记复数 $z(\neq0)$ 的全部辐角的集合为 Arg z,则有

$$\text{Arg } z = \theta + 2k\pi, \quad k \in \mathbf{Z},$$

其中 θ 为复数 z 的一个辐角.通常把满足条件 $-\pi<\theta\leqslant\pi$ 的辐角 θ 称为 Arg z 的**主值**,记为 $\theta=\arg z$.于是有

$$\text{Arg } z = \arg z + 2k\pi, \quad k \in \mathbf{Z}. \tag{1-1}$$

当 $z=0$ 时,$|z|=0$,辐角不确定,即 Arg 0 没有意义.

利用极坐标,复数 z 可以表示为

$$z = r(\cos\theta + i\sin\theta). \tag{1-2}$$

(1-2)式称为复数的三角形式.再利用欧拉(Euler)公式

$$e^{i\theta} = \cos\theta + i\sin\theta, \tag{1-3}$$

又可以将复数表示成指数形式:

$$z = re^{i\theta}. \tag{1-4}$$

复数的各种表示形式可以相互转换,以适应运算和研究问题的需要.

例 1 把复数 $\sqrt{3}+i$ 表示成三角形式和指数形式.

解 $r=\sqrt{3+1}=2, \cos\theta=\dfrac{\sqrt{3}}{2}$.因为 $\sqrt{3}+i$ 对应的点在第一象限,所以 $\arg(\sqrt{3}+i)=\dfrac{\pi}{6}$,于是

$$\sqrt{3}+i=2\left(\cos\frac{\pi}{6}+i\sin\frac{\pi}{6}\right)=2e^{i\frac{\pi}{6}}.$$

例 2 求 Arg$(-4-3i)$.

解 由(1-1)式,

Arg$(-4-3i)=\arg(-4-3i)+2k\pi, \quad k\in\mathbf{Z}.$

由 $\tan\theta=\dfrac{y}{x}$ 及 $-4-3i$ 位于第三象限知,$\arg(-4-3i)=\arctan\dfrac{3}{4}-\pi$(图 1-4),所以有

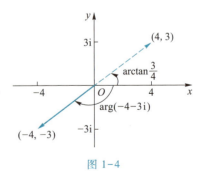

图 1-4

Arg$(-4-3i)=\arctan\dfrac{3}{4}+(2k-1)\pi, \quad k\in\mathbf{Z}.$

一般地,对于不为零的复数 $z=x+iy=re^{i\theta}$,由于 $\tan\theta=\dfrac{y}{x}$,$\arg z$ 都可以用它与 $\arctan\dfrac{y}{x}$ 的关系来确定:

$$\arg z = \begin{cases} \arctan \dfrac{y}{x}, & x > 0, \\[2mm] \dfrac{\pi}{2}, & x = 0, y > 0, \\[2mm] -\dfrac{\pi}{2}, & x = 0, y < 0, \\[2mm] \arctan \dfrac{y}{x} + \pi, & x < 0, y > 0, \\[2mm] \arctan \dfrac{y}{x} - \pi, & x < 0, y < 0, \\[2mm] \pi, & x < 0, y = 0, \end{cases} \tag{1-5}$$

$(z \neq 0)$

其中 $-\dfrac{\pi}{2} < \arctan \dfrac{y}{x} < \dfrac{\pi}{2}$.

例 3 已知 $z = x + \mathrm{i}y\,(z \neq 0)$，证明：$\operatorname{Arg} z = -\operatorname{Arg} \bar{z}$，并讨论 $\arg z$ 和 $\arg \bar{z}$ 的关系.

证明 设 $z = |z| \mathrm{e}^{\mathrm{i}\arg z}$，则 $\bar{z} = |z| \mathrm{e}^{-\mathrm{i}\arg z}$，有

$$\operatorname{Arg} \bar{z} = -\arg z + 2k\pi, \quad k \in \mathbf{Z}.$$

从而

$$-\operatorname{Arg} \bar{z} = \arg z + 2(-k)\pi = \arg z + 2k_1\pi, \quad k_1 \in \mathbf{Z},$$

即

$$-\operatorname{Arg} \bar{z} = \operatorname{Arg} z.$$

若 z 不在负实轴上，即 $-\pi < \arg z < \pi$，则 $-\pi < -\arg z < \pi$，因此

$$\arg \bar{z} = -\arg z;$$

若 z 在负实轴上，即 $\bar{z} = z = x\,(x < 0)$，则

$$\arg \bar{z} = \arg z = \arg x = \pi \quad (x < 0).$$

要注意的是，$\operatorname{Arg} z = -\operatorname{Arg} \bar{z}$ 是集合之间的相等关系，应理解为：对于 $\operatorname{Arg} z$ 的任意一个值，$\operatorname{Arg} \bar{z}$ 中必有一个值与之对应，反之亦然.

三、复数乘法的几何意义

设复数 z_1, z_2 分别写成三角形式：

$$z_1 = r_1(\cos \theta_1 + \mathrm{i} \sin \theta_1),$$
$$z_2 = r_2(\cos \theta_2 + \mathrm{i} \sin \theta_2).$$

根据复数的乘法运算法则及正弦、余弦的三角公式，有

$$\begin{aligned} z_1 z_2 &= r_1(\cos \theta_1 + \mathrm{i} \sin \theta_1) r_2(\cos \theta_2 + \mathrm{i} \sin \theta_2) \\ &= r_1 r_2 [(\cos \theta_1 \cos \theta_2 - \sin \theta_1 \sin \theta_2) \\ &\quad + \mathrm{i}(\sin \theta_1 \cos \theta_2 + \cos \theta_1 \sin \theta_2)] \end{aligned}$$

$$= r_1 r_2 [\cos(\theta_1 + \theta_2) + i\sin(\theta_1 + \theta_2)]. \tag{1-6}$$

将上面的式子用指数形式表示,可得

$$z_1 z_2 = r_1 r_2 e^{i(\theta_1 + \theta_2)}. \tag{1-7}$$

由此得

$$|z_1 z_2| = r_1 r_2 = |z_1| |z_2|,$$
$$\operatorname{Arg}(z_1 z_2) = \operatorname{Arg} z_1 + \operatorname{Arg} z_2. \tag{1-8}$$

(1-8)式说明了复数相乘的几何意义(图 1-5):两个复数相乘,积的模等于各复数模的积,积的辐角等于这两个复数的辐角的和.由于 $\operatorname{Arg} z$ 的多值性,(1-8)式中第二个等式表示的是集合的相等,而不能写成 $\arg z_1 z_2 = \arg z_1 + \arg z_2$.

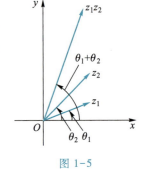

图 1-5

当 $z_2 \neq 0$ 时,由(1-8)式可得

$$|z_1| = \frac{|z_1|}{|z_2|} |z_2|, \quad \operatorname{Arg} z_1 = \operatorname{Arg} \frac{z_1}{z_2} + \operatorname{Arg} z_2,$$

即

$$\left| \frac{z_1}{z_2} \right| = \frac{|z_1|}{|z_2|}, \quad \operatorname{Arg} \frac{z_1}{z_2} = \operatorname{Arg} z_1 - \operatorname{Arg} z_2. \tag{1-9}$$

由此可见,两个复数商的模等于它们模的商,商的辐角等于被除数的辐角与除数的辐角的差.

例 4 求复数 $z = -5 e^{i\frac{\pi}{4}}$ 的模和辐角的主值.

解 把 z 视为复数 -5 和 $e^{i\frac{\pi}{4}}$ 的乘积.由于 $-5 = 5 e^{i\pi}$,则

$$z = 5 e^{i\pi} e^{i\frac{\pi}{4}} = 5 e^{i\left(\pi + \frac{\pi}{4}\right)} = 5 e^{i\frac{5\pi}{4}}.$$

所以,$|z| = 5$,$\operatorname{Arg} z = \dfrac{5\pi}{4} + 2k\pi, k \in \mathbf{Z}$.取 $k = -1$,就得到位于 $(-\pi, \pi]$ 内的辐角 $-\dfrac{3\pi}{4}$,于是

$$\arg z = -\frac{3\pi}{4}.$$

例 5 已知正三角形的两个顶点 $O(0,0)$,$B(3,2)$,求它的另一个顶点.

解 如图 1-6 所示,记 $\overrightarrow{OB} = z_1 = 3 + 2i$,$\overrightarrow{OC} = z_2$,于是

$$z_1 = \sqrt{13}\, e^{i\theta},$$

$$z_2 = \sqrt{13}\, e^{i\left(\theta + \frac{\pi}{3}\right)} = \sqrt{13}\, e^{i\theta} e^{i\frac{\pi}{3}}$$

$$= (3 + 2i)\left(\cos\frac{\pi}{3} + i\sin\frac{\pi}{3}\right)$$

$$= (3 + 2i)\left(\frac{1}{2} + i\frac{\sqrt{3}}{2}\right)$$

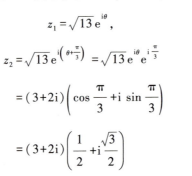
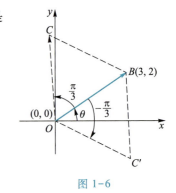

图 1-6

$$= \left(\frac{3}{2} - \sqrt{3}\right) + \left(1 + \frac{3\sqrt{3}}{2}\right) i.$$

故点 C 的坐标为 $\left(\frac{3}{2} - \sqrt{3}, 1 + \frac{3\sqrt{3}}{2}\right)$. 同理,点 C' 的坐标为 $\left(\frac{3}{2} + \sqrt{3}, 1 - \frac{3\sqrt{3}}{2}\right)$.

四、复数的乘幂和方根

公式(1-8)很容易推广到任意有限个复数乘积的情形:

$$|z_1 z_2 \cdots z_n| = |z_1| |z_2| \cdots |z_n|,$$

$$\operatorname{Arg}(z_1 z_2 \cdots z_n) = \operatorname{Arg} z_1 + \operatorname{Arg} z_2 + \cdots + \operatorname{Arg} z_n. \tag{1-10}$$

特别地,当 $z_1 = z_2 = \cdots = z_n = z$ 时,称 $z^n = \underbrace{zz\cdots z}_{n\uparrow}$ 为 z 的 **n 次乘幂**$(n \geq 1)$.(1-10)式此时为

$$|z^n| = |z|^n, \quad \operatorname{Arg} z^n = \underbrace{\operatorname{Arg} z + \operatorname{Arg} z + \cdots + \operatorname{Arg} z}_{n\uparrow}. \tag{1-11}$$

设 $z = re^{i\theta}$,由(1-11)式得

$$|z^n| = r^n, \quad \operatorname{Arg} z^n = n\theta + 2k\pi, \quad k \in \mathbf{Z},$$

从而

$$z^n = r^n(\cos n\theta + i \sin n\theta) = r^n e^{in\theta}. \tag{1-12}$$

特别地,当 $|z| = 1$ 时,有

$$(\cos \theta + i \sin \theta)^n = \cos n\theta + i \sin n\theta = e^{in\theta}, \tag{1-13}$$

这就是棣莫弗(De Moivre)公式.

对于 $z \neq 0$,如果我们定义 $z^{-n} = \dfrac{1}{z^n}$,不难证明下式成立:

$$z^{-n} = |z|^{-n}[\cos(-n\theta) + i \sin(-n\theta)] = r^{-n} e^{-in\theta}. \tag{1-14}$$

复数的 n 次方根是复数 n 次乘幂的逆运算.下面我们介绍复数的 n 次方根的定义和求法.

设 $z = re^{i\theta}$ 是已知复数,n 为正整数,则称满足方程

$$\omega^n = z$$

的所有复数 ω 为 z 的 **n 次方根**.

显然,当 $z = 0$ 时,方程 $\omega^n = 0$ 仅有一个解 $\omega = 0$.当 $z \neq 0$ 时,我们即将看到,有 n 个不同的 ω 与 z 对应.我们把这些值都记为 $\sqrt[n]{z}$,即

$$\omega = \sqrt[n]{z}.$$

为了求出这些根,我们设 $\omega = \rho e^{i\varphi}$,由复数 z 的 n 次方根的定义和(1-12)式,得

$$\omega^n = \rho^n e^{in\varphi} = re^{i\theta}.$$

于是

$$\rho^n = r, \quad n\varphi = \theta + 2k\pi, \quad k \in \mathbf{Z},$$

解得

$$\rho = \sqrt[n]{r}, \quad \varphi = \frac{\theta + 2k\pi}{n}, \quad k \in \mathbf{Z},$$

其中 $\sqrt[n]{r}$ 是算术根,所以

$$\omega = \sqrt[n]{z} = \sqrt[n]{r}\, e^{i\frac{\theta+2k\pi}{n}}, \quad k \in \mathbf{Z}.$$

当 $k = 0, 1, 2, \cdots, n-1$ 时,得到 n 个相异的根

$$\omega_0 = \sqrt[n]{r}\, e^{i\frac{\theta}{n}}, \quad \omega_1 = \sqrt[n]{r}\, e^{i\left(\frac{\theta+2\pi}{n}\right)}, \quad \cdots, \quad \omega_{n-1} = \sqrt[n]{r}\, e^{i\left(\frac{\theta+2(n-1)\pi}{n}\right)}.$$

当 k 以其他整数值代入时,这些根又重复出现.例如,$k = n$ 时,

$$\omega_n = \sqrt[n]{r}\, e^{i\frac{\theta+2n\pi}{n}} = \sqrt[n]{r}\, e^{i\left(\frac{\theta}{n}+2\pi\right)}$$
$$= \sqrt[n]{r}\, e^{i\frac{\theta}{n}} e^{i2\pi} = \sqrt[n]{r}\, e^{i\frac{\theta}{n}} = \omega_0.$$

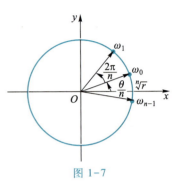

图 1-7

以上结果告诉我们,非零复数的 n 次方根有 n 个.在复平面上,它们均匀分布在以原点为中心 $\sqrt[n]{r}$ 为半径的圆周上,它们是内接于该圆周的正 n 边形的 n 个顶点(图 1-7).

例 6 计算 $\sqrt[6]{-1}$.

解 因为 $-1 = e^{i(\pi+2k\pi)}$,所以

$$\sqrt[6]{-1} = e^{i\left(\frac{\pi+2k\pi}{6}\right)} = \left(e^{i\frac{\pi}{6}}\right)^{2k+1} = \left(\frac{\sqrt{3}}{2} + i\frac{1}{2}\right)^{2k+1}, \quad k = 0,1,2,3,4,5.$$

例 6 视频讲解

> **习题 1-2**

1. 设 z_1 及 z_2 为任意两个复数,证明:

(1) $|z_1 - z_2|^2 = |z_1|^2 + |z_2|^2 - 2\mathrm{Re}(z_1\overline{z_2})$;

(2) $|z_1 + z_2|^2 \leqslant (|z_1| + |z_2|)^2$;

(3) $|z_1 + z_2|^2 + |z_1 - z_2|^2 = 2(|z_1|^2 + |z_2|^2)$.

2. 求下列复数的实部、虚部、模、辐角以及共轭复数:

(1) $\dfrac{1}{3+2i}$;   (2) $\dfrac{1}{i} - \dfrac{3i}{1-i}$;   (3) $\dfrac{(3+4i)(2-5i)}{2i}$;   (4) $i^8 - 4i^{21} + i$.

3. 将下列复数表示为指数形式:

(1) $\dfrac{3+5i}{7i+1}$;   (2) -1;   (3) i;   (4) $-8\pi(1+\sqrt{3}i)$;

(5) $\left(\cos\dfrac{2\pi}{9} + i\sin\dfrac{2\pi}{9}\right)^3$;   (6) $1 + \cos\theta + i\sin\theta$.

4. 计算：

(1) i 的 3 次方根；(2) -1 的 4 次方根；(3) $\sqrt{3}+\sqrt{3}$i 的平方根.

5. 问 n 取何值时有 $(1+\mathrm{i})^n = (1-\mathrm{i})^n$？

6. 设 $z=\mathrm{e}^{\mathrm{i}\frac{2\pi}{n}}, n \geqslant 2$，证明：

$$1 + z + z^2 + \cdots + z^{n-1} = 0.$$

第三节　复平面点集

我们把复平面上具有某种性质的点的集合，称为**复平面点集**. 和实多元函数一样，复平面点集对今后研究复变函数有着重要影响.

一、几个常见的复平面点集

1. 邻域

集合 $D(z_0,\delta) = \{z \mid |z-z_0| < \delta\}$ 称为 z_0 的 δ **邻域**，简称邻域，其中 $\delta > 0. \{z \mid 0 < |z-z_0| < \delta\}$ 称为 z_0 的**去心邻域**，记为 $D(z_0,\delta) \setminus \{z_0\}$.

2. 内点、开集

对于点集 E 中的点 z_0，若有一个 z_0 的邻域 $D(z_0,\delta) \subset E$，则称 z_0 为 E 的一个**内点**. 如果 E 中的点全是内点，则称 E 为**开集**.

3. 边界点、边界

如果在点 z_0 的任意邻域内，既有属于 E 的点，又有不属于 E 的点，则称 z_0 为 E 的**边界点**. 集合 E 所有边界点的集合称为 E 的**边界**，记为 ∂E.

4. 区域

如果点集 E 内的任何两点都可以用包含于 E 内的一条弧线连接起来，则称点集 E 为**连通集**. 连通的开集称为**开区域**. 开区域 E 和它的边界 ∂E 的并集称为**闭区域**，记为 $\overline{E}$.

5. 有界区域

对于点集 E，如果存在正数 M，使得对一切 $z \in E$，有 $|z| < M$，则称 E 为**有界集**. 若区域 E 有界，则称 E 为**有界区域**.

6. 简单曲线、光滑曲线

我们把集合 $\Gamma = \{z \mid z = z(t) = x(t) + \mathrm{i}y(t), t \in [\alpha,\beta] \subset \mathbf{R}\}$ 称为复平面上的一条连续曲线，其中 $x(t), y(t)$ 是实变量 t 的两个实值连续函数. 方程 $z(t) = x(t) + \mathrm{i}y(t)$ 称为曲线 Γ 的参数方程，点 $A = z(\alpha)$ 和 $B = z(\beta)$ 为曲线 Γ 的两个端点. 如果当 $t_1, t_2 \in [\alpha,\beta]$ 且 $t_1 \neq t_2$ 时，有 $z(t_1) \neq z(t_2)$，称曲线 Γ 为**简单曲线**，也称若尔当（Jordan）曲线. $z(\alpha) = z(\beta)$ 的简单曲线称为**简单闭曲线**（图 1-8）.

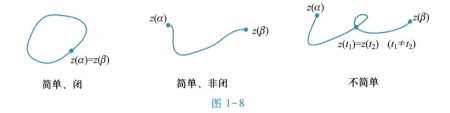

简单、闭   简单、非闭   不简单

图 1-8

如果 $x'(t),y'(t)$ 在 $[\alpha,\beta]$ 上存在且连续,而且

$$[x'(t)]^2+[y'(t)]^2\neq0 \quad (t\in[\alpha,\beta]),$$

则称曲线 Γ 为**光滑曲线**.由有限条光滑曲线连接而成的连续曲线,称为**分段光滑曲线**.

7. 单连通区域、多连通区域

设 E 为复平面上的区域,如果在 E 内的任意简单闭曲线的内部均包含于 E,则称 E 为**单连通区域**,否则就称为**多连通区域**.

二、复解析几何

在初等解析几何里,一个轨迹的方程表示成 x 和 y 之间的一种关系.这种关系用复数形式表示,有时会显得非常方便.下面举例子说明.

例 1 求下列方程所表示的曲线.

(1) $\arg z=\dfrac{\pi}{3}$;   (2) $|z-2\mathrm{i}|=|z+2|$;   (3) $\mathrm{Re}(1-\bar{z})=-1$.

解 (1) $\arg z$ 表示 x 轴与复数 z 对应的向量 $\overrightarrow{Oz}$ 之间的夹角,故 $\arg z=\dfrac{\pi}{3}$ 表示从原点出发与 x 轴夹角为 $\dfrac{\pi}{3}$ 的射线,但去掉原点(图 1-9(a)).

(2) 几何上,该方程表示到点 $2\mathrm{i}$ 和 -2 距离相等的点的轨迹,故所求的曲线是连接 $2\mathrm{i}$ 和 -2 的线段的垂直平分线,即 $y=-x$(图 1-9(b)).

(3) 设 $z=x+\mathrm{i}y$,则

$$\bar{z}=x-\mathrm{i}y, \quad 1-\bar{z}=1-x+\mathrm{i}y,$$

于是 $\mathrm{Re}(1-\bar{z})=1-x$,由 $\mathrm{Re}(1-\bar{z})=-1$ 得 $1-x=-1$,即 $x=2$.所求曲线是一条平行于 y 轴的直线(图 1-9(c)).

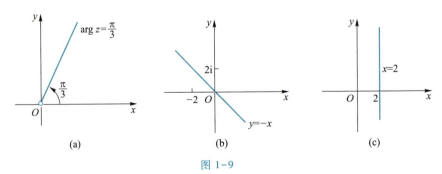

(a)   (b)   (c)

图 1-9

例 2　将过两点 $M_1(x_1, y_1), M_2(x_2, y_2)$ 的直线用复数形式的方程表示.

解　我们知道,通过点 (x_1, y_1) 和 (x_2, y_2) 的直线可以用参数方程表示为

$$\begin{cases} x = x_1 + t(x_2 - x_1), \\ y = y_1 + t(y_2 - y_1), \end{cases} \quad t \in \mathbf{R}.$$

将第二个方程两边同乘 i 并与第一个方程相加得

$$x + iy = x_1 + iy_1 + t[x_2 + iy_2 - (x_1 + iy_1)], \quad t \in \mathbf{R},$$

因此它的复数形式的参数方程为

$$z = z_1 + t(z_2 - z_1), \quad t \in \mathbf{R}.$$

特别地,由 z_1 到 z_2 的直线段的参数方程可以写成

$$z = z_1 + t(z_2 - z_1), \quad 0 \le t \le 1.$$

若取 $t = \dfrac{1}{2}$,就得到线段 $z_1 z_2$ 的中点 $z = \dfrac{z_1 + z_2}{2}$.

例 3　求下列平面点集表示的轨迹:

(1) $L = \left\{ z \;\middle|\; \operatorname{Im}\left(\dfrac{z-a}{b} \right) = 0 \right\}$;　　(2) $H_a = \left\{ z \;\middle|\; \operatorname{Im}\left(\dfrac{z-a}{b} \right) > 0 \right\}$,

其中 a, b 均为复常数且 $b \ne 0$.

解　(1) 因为 $\operatorname{Im}\left(\dfrac{z-a}{b} \right) = 0$,故 $\dfrac{z-a}{b} = t (t \in \mathbf{R})$,所以 $z = a + tb (t \in \mathbf{R})$,由此可知,$L$

例 3 视频
讲解

表示过已知点 a 且方向向量为 $\overrightarrow{Ob}$ 的一条直线(图 1-10(a)).

(2) 我们先来讨论 $a = 0$ 的情形,并记 $H_0 = \left\{ z \;\middle|\; \operatorname{Im} \dfrac{z}{b} > 0 \right\}$.设 $b = \rho e^{i\beta}$,动点 $z = r e^{i\theta}$,则

$$\frac{z}{b} = \frac{r}{\rho} e^{i(\theta - \beta)}.$$

于是 $z \in H_0$ 当且仅当 $\sin(\theta - \beta) > 0$,即

$$2k\pi + \beta < \theta < (2k+1)\pi + \beta.$$

所以,如果我们"按照 $\overrightarrow{Ob}$ 的方向沿直线 $L_0 = \left\{ z \;\middle|\; \operatorname{Im} \dfrac{z}{b} = 0 \right\}$ 移动",则 H_0 是位于 L_0 左侧

的半平面(图 1-10(b)).

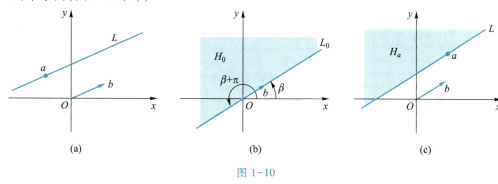

图 1-10

对于 H_a, 容易看出

$$H_a = H_0 + a = \{a+z \mid z \in H_0\},$$

即 H_a 是由半平面 H_0 平移 a 得到的. 因此, H_a 是沿 $\overrightarrow{Ob}$ 的方向位于 L 左侧的半平面 (图 1-10(c)).

例 4 设 $\Gamma: z(t) = x(t) + iy(t)$ $(a \le t \le b)$ 为复平面内一条光滑曲线, 求该曲线在 $z_0 = z(t_0)$ $(a < t_0 < b)$ 处的切线方程.

解 如图 1-11 所示, 割线 l 的极限 $(t \to t_0)$ 就是所求的切线 T, 该切线的方向向量为

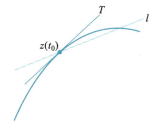

$$\lim_{t \to t_0} \frac{z(t) - z(t_0)}{t - t_0} = z'(t_0)$$
$$= x'(t_0) + iy'(t_0),$$

于是该切线的方程为 $T: z = z_0 + z'(t_0)t$.

图 1-11

> **习题 1-3**

1. 指出下列各式中的点 z 所确定的平面图形, 并作出草图.

(1) $|z-2i| = |z+2|$;

(2) $|z-a| + |z+a| = b$ (a, b 为正实数常数);

(3) $(1+2i)\bar{z} + (1-2i)z - 5 = 0$;

(4) $1 < |z+i| < 2$;

(5) $\operatorname{Re} z > \operatorname{Im} z$;

(6) $\operatorname{Im} z > 1$ 且 $|z| < 2$.

*2. 证明: 若复数 z_1, z_2, z_3 满足等式

$$\frac{z_2 - z_1}{z_3 - z_1} = \frac{z_1 - z_3}{z_2 - z_3},$$

则有

$$|z_2 - z_1| = |z_3 - z_1| = |z_2 - z_3|,$$

并作出几何解释.

*3. 设 Γ 是圆周 $\{z \mid |z-c| = r\}$, $r > 0$, $a = c + re^{i\alpha}$, 令

$$L_\beta = \left\{z \mid \operatorname{Im}\left(\frac{z-a}{b}\right) = 0\right\},$$

其中 $b = e^{i\beta}$. 求出 L_β 在点 a 处切于圆周 Γ 的关于 β 的充要条件.

第四节　复数的球面表示、扩充复平面

一、复数的球面表示

前面我们通过建立复平面,得以把复数用平面上的点或平面向量表示.在许多问题中,用其他几何方法来表示复数也是有益的.下面我们来介绍用球面上的点表示复数的方法.

建立空间直角坐标系(图1-12),我们把Ox_1x_2坐标平面视为复平面,用S表示单位球面,则

$$S = \{(x_1, x_2, x_3) \mid x_1^2 + x_2^2 + x_3^2 = 1\}.$$

称点$N = (0, 0, 1)$为S上的北极.对于复平面内任何一点z,如果用一条直线段把点z与点N连接起来,那么该直线段一定与球面相交于异于N的一点Z.用这样的方法,我们建立了复数集$\mathbf{C}$和球面上集合$S \backslash \{(0, 0, 1)\}$的一一对应关系,所以就可以用球面上的点来表示复数,并且有公式$z = \dfrac{x_1 + \mathrm{i}x_2}{1 - x_3}(x_3 \neq 1)$.

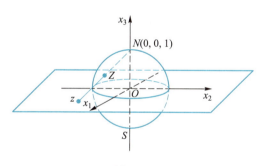

图 1-12

二、扩充复平面

在微积分中,∞不是一个定值,它是表示变量无限增大的符号.在复平面上,若点z无限地远离原点时,或者说,当复数z的模$|z|$无限地变大时,我们就用$z \to \infty$表示.然而,在复平面上对应于∞的点的位置是没有的.为此,我们引入一个"理想点",以表示"当$z \to \infty$时,z无限趋于它".我们仍用∞表示这个理想点,并称它为无穷远点,从而"$z \to \infty$"的含义为"z无限趋于点∞".我们把复平面上的所有点连同无穷远点组成的集合称为**扩充复平面**,记为$\mathbf{C}_\infty$,即$\mathbf{C}_\infty = \mathbf{C} \cup \{\infty\}$.

为了使无穷远点的存在得到直观的解释,我们再来看前面所介绍的单位球面(图1-12),注意到球面上的北极N还没有复平面内的点与它对应,并且从图中容易看到,当$z \to \infty$时,z在球面上的像点Z无限趋于点N.因此,我们就把点N与扩

充复平面中的点 ∞ 等同起来,这样,扩充复平面 $\mathbf{C}_\infty$ 就与球面 S 之间建立了一一对应的关系.我们把球面 S 称为**复球面**,它是扩充复平面的几何模型.

我们也可以把 $\mathbf{C}_\infty$ 理解为由复数集 $\mathbf{C}$ 添加了一个"新的复数 ∞"后得到的集合.对于复数 ∞ 来说,实部、虚部和辐角的概念均无意义,但它的模则规定为正无穷大,即 $|\infty|=+\infty$.对于其他每一个复数 z,则有 $|z|<+\infty$.

为了今后讨论的需要,对涉及 ∞ 的四则运算作如下规定:设 a 为有限复数,则有

$$a \pm \infty = \infty \pm a = \infty,$$

$$a \cdot \infty = \infty \cdot a = \infty \quad (a \neq 0),$$

$$\frac{a}{\infty} = 0, \quad \frac{\infty}{a} = \infty,$$

还规定

$$\frac{a}{0} = \infty \quad (a \neq 0,但 a 可以为 \infty).$$

为了避免和算术定律相矛盾,对

$$\infty \pm \infty, \quad 0 \cdot \infty, \quad \frac{\infty}{\infty}, \quad \frac{0}{0}$$

综合练习题1　不规定其意义.

第二章

复变函数

本章首先在复数集合上建立复变函数概念,并且给出复变函数的极限和连续的定义,然后着重介绍复变函数中一类最重要的函数——解析函数.解析函数在实际问题中有着广泛的应用,是复变函数研究的主要对象.

第一节 复变函数的概念、极限和连续

一、复变函数的概念

定义 1 设 E 为一个非空复数集.若对 E 中的每一个复数 $z=x+\mathrm{i}y$,按照某种法则 f 至少有一个复数 $w=u+\mathrm{i}v$ 与之对应,我们就说在集合 E 上定义了一个**复变函数**:

$$w=f(z), \quad z\in E,$$

其中 E 称为定义域,点集 $f(E)=\{f(z)\,|\,z\in E\}$ 称为值域.

如果对每一个 $z\in E$,只有唯一一个 w 值与之对应,则称函数 $f(z)$ 为**单值函数**,否则称函数 $f(z)$ 为**多值函数**.例如,$w=|z|$,$w=\bar{z}$,$w=\arg z\,(z\neq0)$ 是单值的;$w=\mathrm{Arg}\,z\,(z\neq0)$,$w=\sqrt[n]{z}\,(z\neq0,n\geq2)$ 是多值的.今后若非特别说明,所讲的函数都是指单值函数.

设 $z=x+\mathrm{i}y$,用 u 和 v 表示 $w=f(z)$ 的实部和虚部,则有

$$w=f(z)=u+\mathrm{i}v=u(x,y)+\mathrm{i}v(x,y).$$

这就是说,一个复变函数对应于两个二元实(变)函数.例如,

$$w=(\bar{z})^2=(x-\mathrm{i}y)^2=x^2-y^2-2xy\mathrm{i},$$

从而 $w=(\bar{z})^2$ 对应于两个实函数 $u=x^2-y^2$ 和 $v=-2xy$.又例如,$w=z^n\,(n\in\mathbf{Z}^+)$,令 $z=r\mathrm{e}^{\mathrm{i}\theta}$,那么

$$w=u+\mathrm{i}v=r^n\mathrm{e}^{\mathrm{i}n\theta}=r^n\cos n\theta+\mathrm{i}r^n\sin n\theta,$$

此时,$w=z^n$ 对应于两个实函数 $u=r^n\cos n\theta,v=r^n\sin n\theta$.

由于复数 $z=x+\mathrm{i}y$ 与 $w=u+\mathrm{i}v$ 分别对应实数对 (x,y) 和 (u,v),因此,我们可以把复变函数 $w=f(z)$ 理解为 z 平面和 w 平面上两个点集之间的映射(图 2-1).

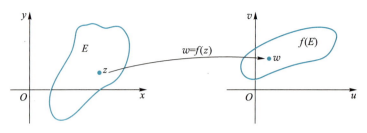

图 2-1

例如,函数 $w = z^2$ 将 z 平面上的点 $\mathrm{i}, 1+\mathrm{i}$ 分别映射到 w 平面上的点 -1 和 $2\mathrm{i}$,将 z 平面上的区域 $0 < \arg z < \dfrac{\pi}{2}$ 映射成 w 平面上的区域 $0 < \arg w < \pi$.

如果把 z 平面和 w 平面重叠在一起,不难看出,函数 $w = \bar{z}$ 是一个关于实轴的对称映射,通过该映射,z 平面上的一个图形的像是与该图形关于实轴对称的一个全等图形(图 2-2).

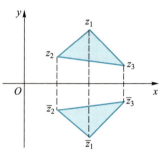

图 2-2

例 1 函数 $w = \dfrac{1}{z}$ 将 z 平面上的直线 $x = 2$ 变成 w 平面上的何种曲线?

解 设 $z = x+\mathrm{i}y, w = u+\mathrm{i}v$,由于

$$\frac{1}{z} = \frac{1}{x+\mathrm{i}y} = \frac{x-\mathrm{i}y}{x^2+y^2},$$

则由 $w = \dfrac{1}{z}$ 确定的 (x,y) 的像点为 $\left(\dfrac{x}{x^2+y^2}, \dfrac{-y}{x^2+y^2} \right)$,于是直线 $x = 2$ 变成 w 平面上的曲线

$$L = \left\{ w = u+\mathrm{i}v \ \middle| \ u = \frac{2}{4+y^2}, v = \frac{-y}{4+y^2}, y \in \mathbf{R} \right\}.$$

又

$$u^2+v^2 = \left(\frac{2}{4+y^2} \right)^2 + \left(\frac{-y}{4+y^2} \right)^2 = \frac{1}{4+y^2} = \frac{u}{2},$$

即

$$\left(u - \frac{1}{4} \right)^2 + v^2 = \frac{1}{16},$$

所以 $w = \dfrac{1}{z}$ 将 z 平面上的直线 $x = 2$ 变成了 w 平面上的以点 $\left(\dfrac{1}{4}, 0 \right)$ 为中心、$\dfrac{1}{4}$ 为半径的圆周(图 2-3).

复变函数也有反函数的概念.设函数 $w = f(z)$ 的定义域为 E,值域为 $G = f(E)$,那么 G 中每一个点 w 必将对应 E 中一个或几个点 z,使 $w = f(z)$.于是按照上述对应法则,我们确定了 G 上的一个函数,称之为函数 $w = f(z)$ 的**反函数**,记为 $z = f^{-1}(w)$.

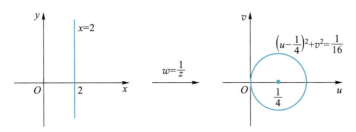

图 2-3

要注意的是单值函数的反函数不一定是单值函数.例如 $w=z^2$ 的反函数就是一个多值函数.

如果函数 $w=f(z)$ 与它的反函数 $z=f^{-1}(w)$ 都是单值的,那么称函数 $w=f(z)$ 是一一对应的.

二、复函数的极限

1. $z \to z_0$ 时函数的极限

定义 2　设函数 $w=f(z)$ 在点 z_0 的去心邻域 $0<|z-z_0|<r$ 内有定义,若存在常数 A,对于任意给定的正数 ε,都存在一个正数 $\delta(0<\delta\leqslant r)$,使得当 $0<|z-z_0|<\delta$ 时,有

$$|f(z)-A|<\varepsilon,$$

则称函数 $f(z)$ 当 $z \to z_0$ **时的极限存在**,A 为其极限值.记作

$$\lim_{z\to z_0}f(z)=A \quad \text{或} \quad f(z)\to A(z\to z_0).$$

要注意的是定义中 $z\to z_0$ 的方式是任意的,即点 z 按任何方式趋于点 z_0 时,$f(z)$ 都要趋于同一个常数 A.

定义 2 的几何意义是:当点 z 进入点 z_0 的充分小的去心 δ 邻域时,它的像点 $f(z)$ 就进入点 A 的一个预先给定的 ε 邻域(图 2-4).

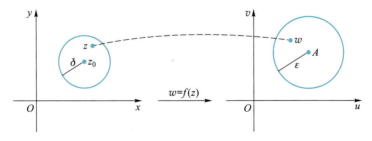

图 2-4

关于极限的计算,有下面的两个定理.

定理 1　设 $f(z)=u(x,y)+\mathrm{i}v(x,y)$,$z_0=x_0+\mathrm{i}y_0$,$A=a+\mathrm{i}b$,则 $\lim\limits_{z\to z_0}f(z)=A$ 的充要条件是 $\lim\limits_{\substack{x\to x_0\\y\to y_0}}u(x,y)=a$,$\lim\limits_{\substack{x\to x_0\\y\to y_0}}v(x,y)=b$.

证明 先证必要性.已知

$$\lim_{z \to z_0} f(z) = A,$$

则根据定义 2,$\forall \varepsilon > 0$,$\exists \delta > 0$,当

$$0 < |z - z_0| = \sqrt{(x - x_0)^2 + (y - y_0)^2} < \delta$$

时,有

$$|f(z) - A| = |(u + \mathrm{i}v) - (a + \mathrm{i}b)|$$
$$= \sqrt{(u - a)^2 + (v - b)^2} < \varepsilon.$$

注意到

$$|u - a| \leqslant \sqrt{(u - a)^2 + (v - b)^2} < \varepsilon,$$

$$|v - b| \leqslant \sqrt{(u - a)^2 + (v - b)^2} < \varepsilon,$$

所以,当 $0 < \sqrt{(x - x_0)^2 + (y - y_0)^2} < \delta$ 时,有

$$|u - a| < \varepsilon, \quad |v - b| < \varepsilon$$

成立,即

$$\lim_{\substack{x \to x_0 \\ y \to y_0}} u(x, y) = a, \quad \lim_{\substack{x \to x_0 \\ y \to y_0}} v(x, y) = b.$$

再证充分性.已知

$$\lim_{\substack{x \to x_0 \\ y \to y_0}} u(x, y) = a, \quad \lim_{\substack{x \to x_0 \\ y \to y_0}} v(x, y) = b,$$

则 $\forall \varepsilon > 0$,$\exists \delta > 0$,当 $0 < \sqrt{(x - x_0)^2 + (y - y_0)^2} < \delta$ 时,有

$$|u - a| < \frac{\varepsilon}{2}, \quad |v - b| < \frac{\varepsilon}{2}.$$

因此,

$$|f(z) - A| = |(u - a) + \mathrm{i}(v - b)|$$

$$\leqslant |u - a| + |v - b| < \frac{\varepsilon}{2} + \frac{\varepsilon}{2} = \varepsilon.$$

所以,当 $0 < |z - z_0| = \sqrt{(x - x_0)^2 + (y - y_0)^2} < \delta$ 时,有

$$|f(z) - A| < \varepsilon,$$

即

$$\lim_{z \to z_0} f(z) = A.$$

定理 1 告诉我们,求复变函数的极限问题可以转化为求两个二元实函数的极限问题.

定理 2 若 $\lim_{z \to z_0} f(z) = A$,$\lim_{z \to z_0} g(z) = B$,则

（1）$\lim\limits_{z \to z_0}(f(z) \pm g(z)) = A \pm B$；

（2）$\lim\limits_{z \to z_0} f(z) g(z) = AB$；

（3）$\lim\limits_{z \to z_0} \dfrac{f(z)}{g(z)} = \dfrac{A}{B}(B \neq 0)$．

定理 2 称为复变函数极限的**有理运算法则**，建议读者自己完成其证明．

例 2　判断下列函数在原点处的极限是否存在，若存在，试求出极限值：

（1）$f(z) = \dfrac{z\,\mathrm{Re}\,z}{|z|}$；　　（2）$f(z) = \dfrac{\mathrm{Re}(z^2)}{|z|^2}$．

解　（1）设 $z = x + \mathrm{i}y$，则

$$f(z) = \frac{(x + \mathrm{i}y)x}{\sqrt{x^2 + y^2}} = \frac{x^2}{\sqrt{x^2 + y^2}} + \mathrm{i}\,\frac{xy}{\sqrt{x^2 + y^2}},$$

于是

$$u(x,y) = \frac{x^2}{\sqrt{x^2 + y^2}}, \quad v(x,y) = \frac{xy}{\sqrt{x^2 + y^2}}.$$

又

$$\lim_{\substack{x \to 0 \\ y \to 0}} \frac{x^2}{\sqrt{x^2 + y^2}} = 0, \quad \lim_{\substack{x \to 0 \\ y \to 0}} \frac{xy}{\sqrt{x^2 + y^2}} = 0,$$

由定理 1，有 $\lim\limits_{z \to 0} f(z) = 0$．

（2）设 $z = r\mathrm{e}^{\mathrm{i}\theta} = r(\cos\theta + \mathrm{i}\sin\theta)$，则

$$f(z) = \frac{r^2 \cos 2\theta}{r^2} = \cos 2\theta.$$

当 z 沿不同射线 $\arg z = \theta$ 趋于 0 时，$f(z)$ 趋于不同的值．例如，当 $\theta = 0$ 时，$f(z) = 1$；当 $\theta = \dfrac{\pi}{4}$ 时，$f(z) = 0$．所以 $\lim\limits_{z \to 0} f(z)$ 不存在．

2. $z \to \infty$ 时函数的极限

在第一章第四节中，我们引入了扩充复平面 $\mathbf{C}_\infty$．在那里，我们把 ∞ 视为普通点，记号"$z \to \infty$"的含义为"z 趋于点 ∞ 的变化过程"，于是，和 $\lim\limits_{z \to z_0} f(z) = A$ 一样，$\lim\limits_{z \to \infty} f(z) = A$ 的含义为"当 z 趋于点 ∞ 时，函数值 $f(z)$ 趋于常数 A"．但实际上，$z \to \infty$ 描述的是 $|z|$ 无限变大的过程，从而对 $\lim\limits_{z \to \infty} f(z) = A$ 我们给出如下的定量描述：

定义 3　设函数 $w = f(z)$ 在 $|z| > R$（R 为一个正数）上有定义，A 为复常数．如果 $\forall \varepsilon > 0$，$\exists R_\varepsilon(R_\varepsilon > R)$，使当 $|z| > R_\varepsilon$ 时，总有不等式 $|f(z) - A| < \varepsilon$ 成立，则称函数 $f(z)$ 当 $z \to \infty$ 时极限存在，A 为其极限值，记为 $\lim\limits_{z \to \infty} f(z) = A$．

读者可以自己证明，当把 $z \to z_0$ 改成 $z \to \infty$ 时，定理 1 和定理 2 也成立．

3. 函数趋于无穷大的描述

定义 4　设函数 $w = f(z)$ 在 $0 < |z - z_0| < \delta$ 内有定义，如果 $\forall M > 0$（不论 M 的值有

多大），$\exists \delta_M > 0 (\delta_M < \delta)$，使当 $0 < |z - z_0| < \delta_M$ 时，总有不等式 $|f(z)| > M$ 成立，则称函数 $f(z)$ 当 $z \to z_0$ 时趋于无穷大，记为 $\lim\limits_{z \to z_0} f(z) = \infty$．

定义 5　设函数 $w = f(z)$ 在 $|z| > R$ 上有定义．如果 $\forall M > 0$，$\exists R_M (R_M > R)$，使当 $|z| > R_M$ 时，总有不等式 $|f(z)| > M$ 成立，则称函数 $f(z)$ 当 $z \to \infty$ 时趋于无穷大，记为 $\lim\limits_{z \to \infty} f(z) = \infty$．

三、复变函数的连续性

和微积分中的连续函数一样，若 $\lim\limits_{z \to z_0} f(z) = f(z_0)$，我们就说 $f(z)$ **在点 z_0 处连续**；如果函数 $f(z)$ 在区域 D 内处处连续，我们就说 $f(z)$ **在 D 内连续**．

根据定理 1，我们可以得到下述定理．

定理 3　函数 $f(z) = u(x, y) + iv(x, y)$ 在点 $z_0 = x_0 + iy_0$ 处连续的充要条件是 $u(x, y)$ 和 $v(x, y)$ 在点 (x_0, y_0) 处连续．

例如，函数 $f(z) = \ln(x^2 + y^2) + i(x^2 - y^2)$，因为 $u = \ln(x^2 + y^2)$ 除原点外是处处连续的，而 $v = x^2 - y^2$ 是处处连续的，从而 $f(z)$ 在复平面内除原点外处处连续．

由定理 2 和定理 3，不难证明下面的定理．

定理 4　（1）在点 z_0 处连续的两个函数 $f(z)$ 与 $g(z)$ 的和、差、积、商（分母在 z_0 处不为零）在点 z_0 处仍连续；

（2）如果函数 $h = g(z)$ 在点 z_0 处连续，函数 $w = f(h)$ 在点 $h_0 = g(z_0)$ 处连续，则复合函数 $w = f[g(z)]$ 在点 z_0 处连续．

例 3　讨论函数 $\arg z$ 的连续性．

解　当 $z_0 = 0$ 时，$\arg z$ 无定义，因而不连续．

由第一章第二节例 2 后的说明知，当 z_0 为正、负虚轴上的点 $z_0 = iy_0 (y_0 \neq 0)$ 时，有

$$\lim_{z \to z_0} \arg z = \pm \frac{\pi}{2} = \arg z_0.$$

当 $z_0 = x_0 + iy_0$ 不是负实轴也不是虚轴上的点时，有

$$\arg z_0 = \begin{cases} \arctan \dfrac{y_0}{x_0}, & x_0 > 0, \\[3mm] \arctan \dfrac{y_0}{x_0} \pm \pi, & x_0 < 0. \end{cases}$$

因为 $x_0 \neq 0$，所以

$$\lim_{z \to z_0} \arg z = \begin{cases} \lim\limits_{\substack{x \to x_0 \\ y \to y_0}} \arctan \dfrac{y}{x}, & x_0 > 0, \\[5mm] \lim\limits_{\substack{x \to x_0 \\ y \to y_0}} \arctan \dfrac{y}{x} \pm \pi, & x_0 < 0 \end{cases}$$

$$= \begin{cases} \arctan \dfrac{y_0}{x_0}, & x_0 > 0, \\[3mm] \arctan \dfrac{y_0}{x_0} \pm \pi, & x_0 < 0, \end{cases}$$

即

$$\lim_{z \to z_0} \arg z = \arg z_0.$$

故此时 arg z 连续.

当 z_0 为负实轴上的点时,$z_0 = x_0 < 0$,则 $\arg z_0 = \pi$,而

$$\lim_{\substack{z \to z_0 \\ y < 0}} \arg z = \lim_{\substack{x \to x_0 \\ y \to 0^-}} \left(\arctan \dfrac{y}{x} - \pi \right) = -\pi \neq \arg z_0,$$

所以 arg z 在负实轴上不连续.

综上所述,arg z 在复平面上除了原点和负实轴外处处连续.

> **习题 2-1**

1. 求映射 $w = z + \dfrac{1}{z}$ 下,圆周 $|z| = 2$ 的像.

2. 在映射 $w = z^2$ 下,下列 z 平面上的图形映射为 w 平面上的什么图形?

(1) $0 < r < 2$;　(2) $0 < \theta < \dfrac{\pi}{4}$;　(3) $x = a$;　(4) $y = b(a, b$ 为实数).

3. 求下列极限:

(1) $\lim\limits_{z \to 0} \dfrac{\mathrm{Re}\, z}{z}$;　　　　(2) $\lim\limits_{z \to 0} \left(\dfrac{z}{\bar{z}} + \dfrac{\bar{z}}{z} \right)$;　　　　(3) $\lim\limits_{n \to \infty} (1 + z + \cdots + z^{n-1})$.

4. 讨论下列函数的连续性$(z = x + iy)$:

(1) $f(z) = \begin{cases} \dfrac{xy}{x^2 + y^2}, & z \neq 0, \\[2mm] 0, & z = 0; \end{cases}$　　　(2) $f(z) = \begin{cases} \dfrac{x^3 y}{x^4 + y^4}, & z \neq 0, \\[2mm] 0, & z = 0. \end{cases}$

第二节　解析函数

在上一节里,我们定义了复变函数,并且知道一个复变函数可由两个二元实函数唯一确定,既然如此,那么研究复变函数的意义何在呢?在这一节里,我们将介绍一类重要的复变函数——解析函数,它所对应的两个二元实函数要满足一个方程式,在

这个基础上可以建立一套完美的解析函数理论;另外,满足这个方程式的一对二元实函数有明显的力学和物理意义,这就使得解析函数的研究有直接的应用价值,并且成为复变函数理论的中心内容.

一、复变函数的导数

定义 1 设函数 $w=f(z)$ 定义在 z 平面上的区域 D 内,$z_0,z_0+\Delta z\in D$,且
$$\Delta w=f(z_0+\Delta z)-f(z_0),$$
若极限
$$\lim_{\Delta z\to 0}\frac{\Delta w}{\Delta z}=\lim_{\Delta z\to 0}\frac{f(z_0+\Delta z)-f(z_0)}{\Delta z}$$
存在,则称**函数 $f(z)$ 在点 z_0 处可导**,这个极限值称为 $f(z)$ 在点 z_0 处的**导数**,记作
$$f'(z_0)=\lim_{\Delta z\to 0}\frac{f(z_0+\Delta z)-f(z_0)}{\Delta z}.$$

这里 $\Delta z=z-z_0=\Delta x+\mathrm{i}\Delta y$.若函数 $f(z)$ 在区域 D 内每一点处都可导,则称**函数 $f(z)$ 在区域 D 内可导**.

例 1 求函数 $f(z)=z^2$ 在点 $z_0=1+\mathrm{i}$ 处的导数.

解 由定义,
$$f'(z_0)=\lim_{\Delta z\to 0}\frac{f(z_0+\Delta z)-f(z_0)}{\Delta z}$$
$$=\lim_{\Delta z\to 0}\frac{(z_0+\Delta z)^2-z_0^2}{\Delta z}=\lim_{\Delta z\to 0}\frac{2z_0\Delta z+(\Delta z)^2}{\Delta z}$$
$$=\lim_{\Delta z\to 0}(2z_0+\Delta z)=2z_0,$$
由 $z_0=1+\mathrm{i}$,得 $f'(1+\mathrm{i})=2+2\mathrm{i}$.

例 2 讨论函数 $f(z)=\bar{z}$ 的可导性.

解 令 $z=x+\mathrm{i}y,\Delta z=\Delta x+\mathrm{i}\Delta y$,因为
$$\lim_{\Delta z\to 0}\frac{f(z+\Delta z)-f(z)}{\Delta z}$$
$$=\lim_{\Delta z\to 0}\frac{\overline{z+\Delta z}-\bar{z}}{\Delta z}=\lim_{\Delta z\to 0}\frac{\overline{(z+\Delta z)}-z}{\Delta z}$$
$$=\lim_{\Delta z\to 0}\frac{\overline{\Delta z}}{\Delta z},$$

当 Δz 沿 y 轴趋于 0 时,极限为 -1;当 Δz 沿 x 轴趋于 0 时,极限为 1,所以 $\bar{z}$ 在整个 z 平面上处处不可导.

注意到函数 $f(z)=\bar{z}=x-\mathrm{i}y$ 在整个 z 平面上是处处连续的,因此,例 2 还说明函数 $f(z)$ 在某点处连续并不能保证在该点处可导.但是反过来,函数 $f(z)$ 在某点处可导则

一定在该点处连续.

事实上,若函数 $f(z)$ 在点 z_0 处可导,由导数的定义,$\forall \varepsilon > 0$,$\exists \delta > 0$,使得当 $0 < |\Delta z| < \delta$ 时,有

$$\left| \frac{f(z_0 + \Delta z) - f(z_0)}{\Delta z} - f'(z_0) \right| < \varepsilon.$$

令

$$\alpha(\Delta z) = \frac{f(z_0 + \Delta z) - f(z_0)}{\Delta z} - f'(z_0),$$

于是 $|\alpha(\Delta z)| < \varepsilon$,则有

$$\lim_{\Delta z \to 0} \alpha(\Delta z) = 0.$$

又因为

$$f(z_0 + \Delta z) - f(z_0) = f'(z_0)\Delta z + \alpha(\Delta z)\Delta z, \tag{2-1}$$

所以

$$\lim_{\Delta z \to 0} f(z_0 + \Delta z) = f(z_0),$$

即 $f(z)$ 在点 z_0 处连续.

由于复变函数导数的定义在形式上和一元实函数的导数定义一致,而且复变函数中的极限运算法则与实函数的一样,所以微积分中几乎所有关于函数导数的计算规则都不难推广到复变函数中来.现将几个常用的求导公式与法则列举如下:

(1) $(C)' = 0$,其中 C 为复常数;

(2) $(z^n)' = nz^{n-1}$,其中 n 为正整数;

(3) $(f(z) \pm g(z))' = f'(z) \pm g'(z)$;

(4) $(f(z)g(z))' = f'(z)g(z) + f(z)g'(z)$;

(5) $\left(\dfrac{f(z)}{g(z)} \right)' = \dfrac{f'(z)g(z) - f(z)g'(z)}{g^2(z)}$,其中 $g(z) \neq 0$;

(6) $(f(g(z)))' = f'(w)g'(z)$,其中 $w = g(z)$;

(7) 若两个单值函数 $w = f(z)$ 与 $z = h(w)$ 互为反函数,且 $h'(w) \neq 0$,则有

$$f'(z) = \frac{1}{h'(w)}.$$

如果函数 $f(z)$ 的导函数 $f'(z)$ 在点 z 处仍可导,则称 $f'(z)$ 的导函数 $(f'(z))'$ 为 $f(z)$ 在点 z 处的**二阶导数**,记为 $f''(z)$.类似地,可定义函数 $f(z)$ 在点 z 处的 n **阶导数**:$f^{(n)}(z) = (f^{(n-1)}(z))'$.

二、复变函数的微分

我们把 Δz 称为自变量的改变量,把 $\Delta w = f(z + \Delta z) - f(z)$ 称为函数 $w = f(z)$ 在点 z 处相应的改变量.与导数的情形一样,复变函数的微分与一元实函数的微分的概念形式上相同.

定义 2　设 $w=f(z)$ 在 z 平面的区域 D 上有定义,点 $z_0 \in D$,如果存在常数 A,使 $f(z)$ 在 z_0 的改变量可表示为

$$\Delta w = A\Delta z + o(\,|\,\Delta z\,|\,) \tag{2-2}$$

的形式,其中 $\lim\limits_{\Delta z \to 0} \dfrac{o(\,|\,\Delta z\,|\,)}{\Delta z}=0$,则称**函数 $f(z)$ 在点 z_0 处可微**.线性主部 $A\Delta z$ 称为**函数 $f(z)$ 在点 z_0 处的微分**,记为

$$\mathrm{d}w = A\Delta z.$$

根据定义 2,我们可以得到:若 $f(z)$ 在点 $z_0=x_0+\mathrm{i}y_0$ 处可微,则其实部 $u(x,y)$ 和虚部 $v(x,y)$ 在点 (x_0,y_0) 处可微.

事实上,由

$$f(z) - f(z_0) = A\Delta z + o(\,|\,\Delta z\,|\,),$$

设 $A=a+\mathrm{i}b$,则

$$u(x,y) - u(x_0,y_0) + \mathrm{i}[\,v(x,y) - v(x_0,y_0)\,]$$
$$= (a + \mathrm{i}b)[\,(x - x_0) + \mathrm{i}(y - y_0)\,] + o(\,|\,\Delta z\,|\,),$$

即

$$\Delta u + \mathrm{i}\Delta v = a\Delta x - b\Delta y + \mathrm{i}[\,b\Delta x + a\Delta y\,] + o(\,|\,\Delta z\,|\,).$$

于是有

$$\Delta u = a\Delta x - b\Delta y + o\left(\sqrt{(\Delta x)^2 + (\Delta y)^2}\right),$$
$$\Delta v = b\Delta x + a\Delta y + o\left(\sqrt{(\Delta x)^2 + (\Delta y)^2}\right),$$

上两式表明 $u(x,y)$ 和 $v(x,y)$ 在点 (x_0,y_0) 处是可微的.

和一元实函数的微分一样,我们有如下定理:

定理 1　函数 $w=f(z)$ 在点 z_0 处可微的充要条件为函数 $f(z)$ 在 z_0 处可导,且 $\mathrm{d}w=f'(z_0)\Delta z$.

证明　必要性.由于函数 $f(z)$ 在点 z_0 处可微,则(2-2)式成立,即存在常数 A,使得

$$\Delta w = A\Delta z + o(\,|\,\Delta z\,|\,),$$

于是

$$\frac{\Delta w}{\Delta z} = A + \frac{o(\,|\,\Delta z\,|\,)}{\Delta z},$$

从而

$$f'(z_0) = \lim_{\Delta z \to 0} \frac{\Delta w}{\Delta z} = A + \lim_{\Delta z \to 0} \frac{o(\,|\,\Delta z\,|\,)}{\Delta z} = A.$$

充分性.由于函数 $f(z)$ 在点 z_0 处可导,于是有(2-1)式成立,即

$$f(z_0 + \Delta z) - f(z_0) = f'(z_0)\Delta z + \alpha(\Delta z)\Delta z.$$

其中 $\lim\limits_{\Delta z \to 0} \alpha(\Delta z) = 0$,从而 $\alpha(\Delta z)\Delta z = o(\,|\,\Delta z\,|\,)$.由微分定义,函数 $f(z)$ 在点 z_0 处可微,

且 $A = f'(z_0)$.

定理 1 说明函数 $f(z)$ 的可导性与可微性是等价的.

三、 柯西-黎曼方程、复变函数可导的充要条件

复变函数的导数及其运算与实函数的导数及其运算在形式上几乎没有什么不同,但实质上两者之间有很大的差别.一般来说,复变函数可导的条件要比实函数可导的条件强得多.

我们知道,当给定了二元实函数 $u = u(x,y)$,$v = v(x,y)$ 时,复变函数
$$w = f(z) = u(x,y) + iv(x,y)$$
也就完全确定了.有些时候,函数 $f(z)$ 的性质可由 $u(x,y)$ 和 $v(x,y)$ 来确定.比如,$f(z)$ 连续的充要条件是 $u(x,y)$ 和 $v(x,y)$ 分别都连续,而 $u(x,y)$ 和 $v(x,y)$ 有无关系都不会影响 $f(z)$ 的连续性,即它们是独立的.但当考虑函数是否可导时情况就不同了,即使 $u(x,y)$ 和 $v(x,y)$ 各自的条件都很好(比如都有偏导数)也不能保证函数 $f(z) = u(x,y) + iv(x,y)$ 的可导性.例如,对于函数 $w = \bar{z} = x - iy$,其实部 $u = x$ 和虚部 $v = -y$ 都有一阶偏导数,但函数 $w = \bar{z}$ 在复平面上却处处不可导(见例 2).由此可见,可导的复变函数,其实部和虚部应该不是相互独立的,必须适合一定的条件.

定义 3　对于二元实函数 $u(x,y)$ 和 $v(x,y)$,方程
$$\frac{\partial u}{\partial x} = \frac{\partial v}{\partial y}, \quad \frac{\partial u}{\partial y} = -\frac{\partial v}{\partial x} \tag{2-3}$$

称为**柯西-黎曼方程**(Cauchy-Riemann equations,简记为 C-R 方程)或**柯西-黎曼条件**(简记为 C-R 条件).

定理 2　设函数 $f(z) = u(x,y) + iv(x,y)$ 在区域 D 内有定义,则 $f(z)$ 在区域 D 内一点 $z = x + iy$ 处可导的充要条件是

(1) $u(x,y)$ 和 $v(x,y)$ 在点 (x,y) 处可微;

(2) $u(x,y)$,$v(x,y)$ 在点 (x,y) 处满足 C-R 方程(2-3).

证明　先证充分性.已知 $u(x,y)$ 和 $v(x,y)$ 在点 (x,y) 处可微,即有

$$\Delta u = u(x + \Delta x, y + \Delta y) - u(x,y)$$
$$= \frac{\partial u}{\partial x} \Delta x + \frac{\partial u}{\partial y} \Delta y + o\left(\sqrt{(\Delta x)^2 + (\Delta y)^2}\right),$$

$$\Delta v = v(x + \Delta x, y + \Delta y) - v(x,y)$$
$$= \frac{\partial v}{\partial x} \Delta x + \frac{\partial v}{\partial y} \Delta y + o\left(\sqrt{(\Delta x)^2 + (\Delta y)^2}\right).$$

又

$$\Delta w = f(z + \Delta z) - f(z)$$
$$= [u(x + \Delta x, y + \Delta y) - u(x,y)] +$$
$$i[v(x + \Delta x, y + \Delta y) - v(x,y)]$$
$$= \Delta u + i\Delta v,$$

所以

$$\frac{\Delta w}{\Delta z} = \frac{\Delta u + i\Delta v}{\Delta x + i\Delta y} = \frac{\left(\frac{\partial u}{\partial x}\Delta x + \frac{\partial u}{\partial y}\Delta y\right) + i\left(\frac{\partial v}{\partial x}\Delta x + \frac{\partial v}{\partial y}\Delta y\right)}{\Delta x + i\Delta y} + \alpha,$$

这里 $\alpha = \dfrac{o(\sqrt{(\Delta x)^2+(\Delta y)^2})}{\Delta x+i\Delta y} = \dfrac{o(|\Delta z|)}{\Delta z}$.

根据 C-R 方程,有

$$\frac{\Delta w}{\Delta z} = \frac{\partial u}{\partial x} + i\frac{\partial v}{\partial x} + \alpha.$$

对上式取 $\Delta z \to 0$ 的极限,得到

$$f'(z) = \lim_{\Delta z \to 0} \frac{\Delta w}{\Delta z} = \frac{\partial u}{\partial x} + i\frac{\partial v}{\partial x}.$$

再证必要性.设 $f(z)$ 在区域 D 内一点 $z=x+iy$ 处可导,由定理 1 知 $f(z)$ 在 $z=x+iy$ 处可微,从而 $u(x,y)$ 和 $v(x,y)$ 在 (x,y) 处可微.又

$$f'(z) = \lim_{\Delta z \to 0} \frac{\Delta w}{\Delta z} = \lim_{\Delta z \to 0} \frac{\Delta u + i\Delta v}{\Delta x + i\Delta y}.$$

因为 Δz 按任意方式趋于零,上述极限值不变,所以,我们可以选取 $\Delta y \equiv 0$,当 $\Delta x \to 0$ 时有 $\Delta z \to 0$,在这种情形下,

$$f'(z) = \lim_{\Delta x \to 0} \frac{\Delta u + i\Delta v}{\Delta x} = \lim_{\Delta x \to 0} \frac{\Delta u}{\Delta x} + i\lim_{\Delta x \to 0} \frac{\Delta v}{\Delta x}$$

$$= \frac{\partial u}{\partial x} + i\frac{\partial v}{\partial x}. \tag{2-4}$$

类似地,令 $\Delta x \equiv 0$,当 $\Delta y \to 0$ 时有 $\Delta z \to 0$,则

$$f'(z) = \lim_{\Delta y \to 0} \frac{\Delta u + i\Delta v}{i\Delta y} = \lim_{\Delta y \to 0} \frac{\Delta u}{i\Delta y} + i\lim_{\Delta y \to 0} \frac{\Delta v}{i\Delta y}$$

$$= -i\frac{\partial u}{\partial y} + \frac{\partial v}{\partial y}. \tag{2-5}$$

由(2-4)式和(2-5)式,得

$$\frac{\partial u}{\partial x} + i\frac{\partial v}{\partial x} = -i\frac{\partial u}{\partial y} + \frac{\partial v}{\partial y},$$

比较等式两边的实部和虚部,知(2-3)式成立,即

$$\frac{\partial u}{\partial x} = \frac{\partial v}{\partial y}, \quad \frac{\partial u}{\partial y} = -\frac{\partial v}{\partial x}.$$

例 3 证明:如果 $f'(z)$ 在区域 D 内恒为零,则 $f(z)$ 在区域 D 内为常数.

证明 记 $f(z)=u(x,y)+iv(x,y)$,由于 $f(z)$ 在区域 D 内处处可导,所以由(2-4)

式和(2-5)式,得

$$f'(z) = \frac{\partial u}{\partial x} + \mathrm{i}\frac{\partial v}{\partial x} = \frac{\partial v}{\partial y} - \mathrm{i}\frac{\partial u}{\partial y}.$$

又 $f'(z)$ 在区域 D 内恒为零,故

$$\frac{\partial u}{\partial x} = \frac{\partial u}{\partial y} = \frac{\partial v}{\partial x} = \frac{\partial v}{\partial y} = 0.$$

因此,在区域 D 内,实函数 $u(x,y)$ 和 $v(x,y)$ 为常数: $u(x,y)=a$, $v(x,y)=b$,即在区域 D 内复变函数 $f(z)$ 为常数: $f(z)=a+\mathrm{i}b$.

四、解析函数的概念

定义 4 若函数 $f(z)$ 在点 z_0 的某一个邻域内处处可导,则称**函数 $f(z)$ 在点 z_0 处是解析的**.若函数 $f(z)$ 在区域 D 内的每一点处都解析,则称**函数 $f(z)$ 在区域 D 内是解析的**,或称 $f(z)$ 是 D 上的解析函数.

比较函数在区域内解析与函数在区域内可导的概念,可知函数 $f(z)$ 在区域 D 内解析与它在区域 D 内可导是等价的,于是有

定理 3 函数 $f(z)=u(x,y)+\mathrm{i}v(x,y)$ 在区域 D 内解析的充要条件是: $u(x,y)$, $v(x,y)$ 在区域 D 内可微,且在区域 D 内满足 C-R 方程.

函数 $f(z)$ 在一点处解析与它在这一点处可导是不相同的两个概念.函数在一点处解析实质上是对该点的某一个邻域内的可导而言的.函数在一点处解析,则它在该点处必可导;但函数在一点处可导,却不能保证它在这一点处解析.

例 4 研究函数 $f(z)=z\mathrm{Re}\,z$ 的解析性和可导性.

解 设 $z=x+\mathrm{i}y$, $z_0=x_0+\mathrm{i}y_0$,当 $z_0\neq 0$ 时,则

$$\lim_{z\to z_0}\frac{\Delta w}{\Delta z} = \lim_{z\to z_0}\frac{z\mathrm{Re}\,z - z_0\mathrm{Re}\,z_0}{z - z_0}$$

$$= \lim_{z\to z_0}\frac{z\mathrm{Re}\,z - z_0\mathrm{Re}\,z + z_0\mathrm{Re}\,z - z_0\mathrm{Re}\,z_0}{z - z_0}$$

$$= \lim_{z\to z_0}\left(\frac{z\mathrm{Re}\,z - z_0\mathrm{Re}\,z}{z - z_0} + \frac{z_0\mathrm{Re}\,z - z_0\mathrm{Re}\,z_0}{z - z_0}\right)$$

$$= \lim_{z\to z_0}\left(x + z_0\frac{x - x_0}{z - z_0}\right).$$

令 $x=x_0$, $y\to y_0$,则

$$\lim_{\substack{y\to y_0\\x=x_0}}\frac{\Delta w}{\Delta z} = x_0;$$

令 $y=y_0$, $x\to x_0$,则

$$\lim_{\substack{x \to x_0 \\ y=y_0}} \frac{\Delta w}{\Delta z} = 2x_0 + iy_0.$$

这说明,极限 $\lim\limits_{z \to z_0} \dfrac{\Delta w}{\Delta z}$ 与 $z \to z_0$ 的方式有关,故当 $z_0 \neq 0$ 时,函数 $f(z) = z\mathrm{Re}\, z$ 在点 z_0 处不可导.

当 $z_0 = 0$ 时,有

$$\lim_{z \to 0} \frac{\Delta w}{\Delta z} = \lim_{z \to 0} \frac{z\mathrm{Re}\, z}{z} = 0,$$

即 $z\mathrm{Re}\, z$ 在点 $z_0 = 0$ 处是可导的.

综上所述,函数 $f(z) = z\mathrm{Re}\, z$ 在复平面上仅有一个可导点 $z = 0$.根据函数解析的定义,它在复平面上处处不解析.

例 5 讨论函数 $w = (x^2 - y^2 - x) + (2xy - y^2)i$ 在复平面上的可导性和解析性.

解 记 $u(x,y) = x^2 - y^2 - x$,$v(x,y) = 2xy - y^2$,则

$$\frac{\partial u}{\partial x} = 2x - 1, \qquad \frac{\partial u}{\partial y} = -2y,$$

$$\frac{\partial v}{\partial x} = 2y, \qquad \frac{\partial v}{\partial y} = 2x - 2y.$$

由 $\dfrac{\partial u}{\partial x} = \dfrac{\partial v}{\partial y}$,$\dfrac{\partial u}{\partial y} = -\dfrac{\partial v}{\partial x}$ 得联立方程组

$$\begin{cases} 2x - 1 = 2x - 2y, \\ -2y = -2y, \end{cases}$$

解之得 $y = \dfrac{1}{2}$.故在复平面上,函数仅在直线 $y = \dfrac{1}{2}$ 上满足 C-R 方程.又实函数 u,v 的偏导数连续,由多元微分学知 $u(x,y)$ 与 $v(x,y)$ 是可微的,从而函数 $w = (x^2 - y^2 - x) + (2xy - y^2)i$ 仅在直线 $y = \dfrac{1}{2}$ 上可导,在复平面上处处不解析.

例 6 试证:函数 $f(z) = e^x(\cos y + i\sin y)$ 在 z 平面上解析,且 $f'(z) = f(z)$.

证明 因为 $u(x,y) = e^x\cos y$,$v(x,y) = e^x\sin y$ 的偏导数连续,故可微,而且

$$\frac{\partial u}{\partial x} = e^x\cos y, \qquad \frac{\partial u}{\partial y} = -e^x\sin y,$$

$$\frac{\partial v}{\partial x} = e^x\sin y, \qquad \frac{\partial v}{\partial y} = e^x\cos y.$$

$u(x,y)$,$v(x,y)$ 在复平面上每一点处都满足 C-R 方程,所以 $f(z)$ 在复平面上解析.由 (2-4) 式,得

$$f'(z) = u_x + iv_x = e^x\cos y + i\, e^x\sin y = f(z).$$

例 7　证明:柯西-黎曼方程的极坐标形式是

$$\frac{\partial u}{\partial r} = \frac{1}{r}\frac{\partial v}{\partial \theta}, \quad \frac{\partial v}{\partial r} = -\frac{1}{r}\frac{\partial u}{\partial \theta}.$$

证明　设 $z=x+\mathrm{i}y$, $w=u(x,y)+\mathrm{i}v(x,y)$, 则在极坐标下,

$$x=r\cos\theta, \quad y=r\sin\theta, \quad w=u(r,\theta)+\mathrm{i}v(r,\theta),$$

其中 $u(r,\theta)$ 由 $x=r\cos\theta$, $y=r\sin\theta$ 和 $u(x,y)$ 复合而成; $v(r,\theta)$ 由 $x=r\cos\theta$, $y=r\sin\theta$ 和 $v(x,y)$ 复合而成. 根据复合函数求导法则有

$$\frac{\partial u}{\partial r} = \frac{\partial u}{\partial x}\frac{\partial x}{\partial r} + \frac{\partial u}{\partial y}\frac{\partial y}{\partial r} = \cos\theta\frac{\partial u}{\partial x} + \sin\theta\frac{\partial u}{\partial y}, \tag{2-6}$$

$$\frac{\partial u}{\partial \theta} = \frac{\partial u}{\partial x}\frac{\partial x}{\partial \theta} + \frac{\partial u}{\partial y}\frac{\partial y}{\partial \theta} = -r\sin\theta\frac{\partial u}{\partial x} + r\cos\theta\frac{\partial u}{\partial y}. \tag{2-7}$$

利用复合函数求导法则和直角坐标系下的柯西-黎曼方程(2-3)式,有

$$\frac{\partial v}{\partial r} = \frac{\partial v}{\partial x}\frac{\partial x}{\partial r} + \frac{\partial v}{\partial y}\frac{\partial y}{\partial r} = \cos\theta\frac{\partial v}{\partial x} + \sin\theta\frac{\partial v}{\partial y}$$

$$= -\cos\theta\frac{\partial u}{\partial y} + \sin\theta\frac{\partial u}{\partial x}, \tag{2-8}$$

$$\frac{\partial v}{\partial \theta} = \frac{\partial v}{\partial x}\frac{\partial x}{\partial \theta} + \frac{\partial v}{\partial y}\frac{\partial y}{\partial \theta} = -r\sin\theta\frac{\partial v}{\partial x} + r\cos\theta\frac{\partial v}{\partial y}$$

$$= r\sin\theta\frac{\partial u}{\partial y} + r\cos\theta\frac{\partial u}{\partial x}. \tag{2-9}$$

分别比较(2-6)式和(2-9)式,(2-7)式和(2-8)式,得

$$\frac{\partial u}{\partial r} = \frac{1}{r}\frac{\partial v}{\partial \theta}, \quad \frac{\partial v}{\partial r} = -\frac{1}{r}\frac{\partial u}{\partial \theta}. \tag{2-10}$$

例 8　讨论函数 $w=\dfrac{1}{z^n}$ 的解析性 $(n\geqslant 1)$.

解　当 $z=0$ 时,函数没意义,在该点处不解析. 当 $z\neq 0$ 时,设 $z=r\mathrm{e}^{\mathrm{i}\theta}$, 则

$$w = \frac{1}{z^n} = \frac{1}{r^n}\mathrm{e}^{-\mathrm{i}n\theta} = \frac{1}{r^n}\cos n\theta - \frac{\mathrm{i}}{r^n}\sin n\theta,$$

例 8 视频
讲解

于是

$$u(r,\theta) = \frac{1}{r^n}\cos n\theta, \quad v(r,\theta) = -\frac{\sin n\theta}{r^n}.$$

显然, $u(r,\theta)$, $v(r,\theta)$ 是可微的, 又

$$\frac{\partial u}{\partial r} = -\frac{n}{r^{n+1}}\cos n\theta, \quad \frac{\partial u}{\partial \theta} = \frac{-n\sin n\theta}{r^n},$$

$$\frac{\partial v}{\partial r}=\frac{n}{r^{n+1}}\sin n\theta,\quad \frac{\partial v}{\partial \theta}=-\frac{n\cos n\theta}{r^{n}}.$$

从而(2-10)式成立,故函数 $w=\dfrac{1}{z^{n}}$ 除去 $z=0$ 外处处解析.

> **习题 2-2**

1. 根据定义,讨论函数 $f(z)=|z|^{2}$ 的可导性.

2. 求下列函数的导数:

(1) $w=(z-1)^{n}$;　　(2) $w=(z^{2}-1)^{2}(z^{2}+1)^{2}$;　　(3) $w=\dfrac{z-2}{(z+1)(z^{2}+1)}$.

3. 下列函数在何处可导? 在何处解析? 并在可导点处求出其导数:

(1) $w=\bar{z}z^{2}$;　　(2) $w=\dfrac{x+y}{x^{2}+y^{2}}+\dfrac{x-y}{x^{2}+y^{2}}\mathrm{i}$.

4. 设 $f(z)=my^{3}+nx^{2}y+\mathrm{i}(x^{3}+lxy^{2})$ 在 z 平面上解析,求 m,n,l 的值.

5. 设

$$f(z)=\begin{cases}\dfrac{x^{3}-y^{3}+\mathrm{i}(x^{3}+y^{3})}{x^{2}+y^{2}}, & z\neq 0,\\ 0, & z=0.\end{cases}$$

求证:(1) $f(z)$ 在点 $z=0$ 处连续;

(2) $f(z)$ 在点 $z=0$ 处满足柯西-黎曼方程;

(3) $f'(0)$ 不存在.

*6. 证明:若在区域 D 内的解析函数 $w=f(z)$ 满足下列条件之一,则它在区域 D 内必为常量:

(1) $f'(z)=0$;　　(2) $\overline{f(z)}$ 在 D 内也解析;　　(3) $\mathrm{Re}\,f(z)\equiv$ 常数;

(4) $\mathrm{Im}\,f(z)\equiv$ 常数;　　(5) $|f(z)|\equiv$ 常数;　　(6) $\arg f(z)\equiv$ 常数.

第三节　初 等 函 数

在微积分中,我们把幂函数、指数函数、对数函数、三角函数、反三角函数称为**基本初等函数**.由这些基本初等函数经过有限次的加、减、乘、除以及复合运算所得的函数称为**初等函数**.因为幂函数 x^{μ} 可以通过指数函数和对数函数复合而得,即 $x^{\mu}=\mathrm{e}^{\mu\ln x}$,所以,基本初等函数实际上只有指数函数和三角函数以及它们各自的反函数.在复数域中,三角函数是可以用指数函数来表示的.因此,在复数域中,基本初等函数就只有指数函数及其反函数.下面将介绍指数函数及由它派生出来的其他基本初等函数.

一、指数函数

给定复平面上的一个函数

$$w = \exp(z) = e^x(\cos y + i\sin y),$$

可以看出该函数在 z 平面上有定义.

复函数 $w = \exp(z)$ 有如下性质:

（1）在 z 平面上, $\exp(z) \neq 0$, 且 $|\exp(z)| = e^x > 0$, $\operatorname{Arg}(\exp(z)) = y + 2k\pi, k \in \mathbf{Z}$;

（2）当 z 取实数即 $z = x$ 时, 有 $\exp(x) = e^x$;

（3）当 z 取虚数即 $z = iy$ 时, 有 $\exp(iy) = \cos y + i\sin y = e^{iy}$;

（4）$\exp(z)$ 在 z 平面上处处解析, 且 $(\exp(z))' = \exp(z)$ (见上节例6);

（5）对任意的 z_1, z_2, 有

$$\exp(z_1)\exp(z_2) = \exp(z_1 + z_2), \tag{2-11}$$

$$\frac{\exp(z_1)}{\exp(z_2)} = \exp(z_1 - z_2). \tag{2-12}$$

下面给出（2-11）式的证明,（2-12）式可以类似地证明.

事实上, 令 $z_1 = x_1 + iy_1, z_2 = x_2 + iy_2$, 则

$$\begin{aligned}
\exp(z_1)\exp(z_2) &= e^{x_1}(\cos y_1 + i\sin y_1)e^{x_2}(\cos y_2 + i\sin y_2) \\
&= e^{x_1+x_2}[\cos(y_1 + y_2) + i\sin(y_1 + y_2)] \\
&= \exp(z_1 + z_2).
\end{aligned}$$

性质（1）—（5）说明复函数 $w = \exp(z)$ 与微积分中的指数函数 $y = e^x$ 有许多类似的性质.因此, 我们用 $w = e^z$ 代替 $w = \exp(z)$ 显得更加自然些, 并称 $w = e^z$ 为**复指数函数**.

下面的性质是实指数函数 $y = e^x$ 所没有的.

（6）$w = e^z$ 是以 $2\pi i$ 为基本周期的周期函数.

事实上, 对任给的正整数 k, 由性质（5）有

$$e^{z+2k\pi i} = e^z e^{2k\pi i} = e^z(\cos 2k\pi + i\sin 2k\pi) = e^z.$$

例1　研究 $w = e^z$ 的变换性质:

（1）$w = e^z$ 把 z 平面上平行于实轴的直线 $\operatorname{Im} z = y_0$ 变成 w 平面上什么几何图形?

（2）$w = e^z$ 把 z 平面上带形区域 $\{z = x + iy \mid 0 < y < 2\pi\}$ 变成 w 平面上什么几何图形?

（3）$w = e^z$ 把 z 平面上带形区域 $\{z = x + iy \mid \alpha < y < \beta, 0 < \alpha < \beta \leqslant 2\pi\}$ 变成 w 平面上什么几何图形?

（4）$w = e^z$ 把 z 平面上带形区域 $\{z = x + iy \mid 2k\pi < y < 2(k+1)\pi\}$ $(k \in \mathbf{Z})$ 变成 w 平面上什么几何图形?

解　（1）z 平面上平行于实轴的直线 $\operatorname{Im} z = y_0$ 的参数方程为

例1视频
讲解

$$z = x + \mathrm{i}y_0, \quad -\infty < x < +\infty,$$

所以

$$w = \mathrm{e}^z = \mathrm{e}^x \mathrm{e}^{\mathrm{i}y_0}.$$

这是一条从原点出发的射线(不包括原点),它与实轴正方向的夹角是 y_0(图 2-5(a)).

(2)当 y_0 从 0 变到 2π 时,这条射线对应的辐角也从 0 变到 2π.因此,$w = \mathrm{e}^z$ 把带形区域 $\{z = x+\mathrm{i}y \mid 0 < y < 2\pi\}$ 变成全平面除掉正实轴的区域,直线 $\mathrm{Im}\, z = 0$ 变成正实轴的上沿,直线 $\mathrm{Im}\, z = 2\pi$ 变成正实轴的下沿(图 2-5(b)).

(3)利用上面的结果及方法知,$w = \mathrm{e}^z$ 把带形区域 $\{z = x+\mathrm{i}y \mid \alpha < y < \beta, 0 < \alpha < \beta \leqslant 2\pi\}$ 变成角形区域 $\alpha < \varphi < \beta$(图 2-5(c)).

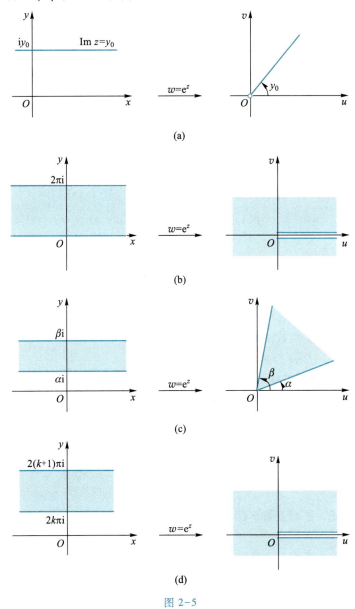

(a)

(b)

(c)

(d)

图 2-5

（4）利用函数 $w=\mathrm{e}^z$ 的周期性及（2）的结果知，$w=\mathrm{e}^z$ 把带形区域 $\{z=x+\mathrm{i}y\mid 2k\pi<y<2(k+1)\pi\}$ 变成与（2）相同的区域（图 2-5（d））.

二、对数函数

我们把满足方程

$$\mathrm{e}^w = z \quad (z \neq 0)$$

的复数 w 称为 z 的**对数**，记为 $w=\mathrm{Ln}\,z$；对于复变数 z 来说，称 $w=\mathrm{Ln}\,z(z\neq 0)$ 为**对数函数**.

根据定义知，对数函数是指数函数的反函数.令 $w=u+\mathrm{i}v$，则

$$\mathrm{e}^{u+\mathrm{i}v} = |z|\,\mathrm{e}^{\mathrm{i}\,\mathrm{Arg}\,z}.$$

从而 $\mathrm{e}^u=|z|$，即 $u=\ln|z|$（这里为实对数），$v=\mathrm{Arg}\,z$，于是有

$$w = u + \mathrm{i}v = \mathrm{Ln}\,z = \ln|z| + \mathrm{i}\,\mathrm{Arg}\,z. \tag{2-13}$$

由于 $\mathrm{Arg}\,z$ 是多值函数，所以对数函数 $w=\mathrm{Ln}\,z$ 也是多值函数，（2-13）式中 $\mathrm{Arg}\,z$ 取主值 $\arg z$ 时，相应的 w 值称为 $\mathrm{Ln}\,z$ 的**主值**，并记作 $\ln z=\ln|z|+\mathrm{i}\arg z$.这样对数函数可表示为

$$w = \mathrm{Ln}\,z = \ln z + 2k\pi\mathrm{i}$$
$$= \ln|z| + \mathrm{i}\arg z + 2k\pi\mathrm{i}, \quad k = 0, \pm 1, \pm 2, \cdots.$$

上式中对于每一个确定的 k，对应的 w 为单值函数，称为 $\mathrm{Ln}\,z$ **的一个分支**.

例 2 求 $\mathrm{Ln}(-1),\mathrm{Ln}(3+4\mathrm{i})$ 以及它们相应的主值.

解 因为 $|-1|=1,\arg(-1)=\pi$，所以

$$\ln(-1) = \ln|-1| + \mathrm{i}\arg(-1) = \ln 1 + \pi\mathrm{i} = \pi\mathrm{i},$$
$$\mathrm{Ln}(-1) = \ln(-1) + 2k\pi\mathrm{i} = \pi\mathrm{i} + 2k\pi\mathrm{i}$$
$$= (2k+1)\pi\mathrm{i}, \quad k \in \mathbf{Z}.$$

同样地，

$$\mathrm{Ln}(3+4\mathrm{i}) = \ln|3+4\mathrm{i}| + \mathrm{i}\arg(3+4\mathrm{i}) + 2k\pi\mathrm{i},$$
$$= \ln 5 + \mathrm{i}\arctan\frac{4}{3} + 2k\pi\mathrm{i} \quad k \in \mathbf{Z},$$
$$\ln(3+4\mathrm{i}) = \ln 5 + \mathrm{i}\arctan\frac{4}{3}.$$

例 3 讨论对数函数的主值 $w=\ln z$ 的映射性质.

（1）$w=\ln z$ 把 z 平面上的射线 $\arg z=\theta_0(-\pi<\theta_0<\pi)$ 映到 w 平面上的什么图形？

（2）设 D 为 z 平面上除去包括原点在内的负实轴后得到的区域，则对 $w=\ln z$，D 在 w 平面上的像是什么图形？

解 （1）因为 $\ln z=\ln|z|+\mathrm{i}\arg z$，所以，当 $\arg z=\theta_0$ 时，其像 $w=\ln|z|+\mathrm{i}\theta_0$，它表示 w 平面上平行于实轴的直线 $\mathrm{Im}\,w=\theta_0$（图 2-6（a））.

（2）D 可视为由射线 $\arg z=-\pi$ 按逆时针方向绕原点一周后所经过的区域.由（1），

其像为直线 $\text{Im } w = -\pi$ 平移至直线 $\text{Im } w = \pi$ 所经过的区域,即带形区域 $-\pi < \text{Im } w < \pi$(图 2-6(b)).

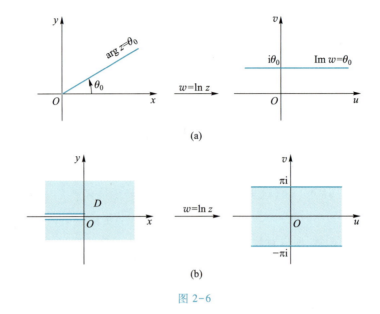

(a)

(b)

图 2-6

利用辐角的相应性质,不难证明,复对数函数保持了实对数函数的基本性质:

$$\text{Ln}(z_1 z_2) = \text{Ln } z_1 + \text{Ln } z_2, \tag{2-14}$$

$$\text{Ln}\frac{z_1}{z_2} = \text{Ln } z_1 - \text{Ln } z_2. \tag{2-15}$$

事实上,

$$\text{Ln}(z_1 z_2) = \ln|z_1 z_2| + i\,\text{Arg}(z_1 z_2)$$
$$= \ln|z_1| + \ln|z_2| + i\,\text{Arg } z_1 + i\,\text{Arg } z_2$$
$$= \text{Ln } z_1 + \text{Ln } z_2.$$

(2-15)式可类似得以证明.

同(1-8)式一样,对(2-14)式和(2-15)式应理解如下:对于等式左边的多值函数的任意一个值,等式右边的两个多值函数一定各有一个适当的值与之对应,使得等式成立;反之亦然.

应该注意的是,等式

$$\ln(z_1 z_2) = \ln z_1 + \ln z_2 \quad \text{和} \quad \text{Ln } z^n = n\text{Ln } z$$

不再成立,其中 $n \geq 2$.

现对上面第二个式子以 $n = 2$ 为例进行说明.令 $z = re^{i\theta}$,不妨设 $-\dfrac{\pi}{2} < \theta < \dfrac{\pi}{2}$,则

$$2\text{Ln } z = 2\text{Ln}(re^{i\theta}) = 2\ln r + i(2\theta + 4k\pi), \quad k = 0,\ \pm 1,\ \pm 2,\cdots,$$
$$\text{Ln } z^2 = \text{Ln}(r^2 e^{i2\theta}) = 2\ln r + i(2\theta + 2m\pi), \quad m = 0,\ \pm 1,\ \pm 2,\cdots.$$

可见 $2\mathrm{Ln}\,z$ 与 $\mathrm{Ln}\,z^2$ 的实部相等,但虚部的取值不完全相同,所以等式 $\mathrm{Ln}\,z^2=2\mathrm{Ln}\,z$ 不成立.对 $n>2,n\in\mathbf{N}$,等式 $\mathrm{Ln}\,z^n=n\mathrm{Ln}\,z$ 均不成立.

下面来讨论对数函数的解析性.

考虑对数函数 $w=\mathrm{Ln}\,z$ 的主值分支 $\ln z=\ln|z|+\mathrm{i}\,\arg z$,其实部在复平面上除去原点外都是连续的,虚部 $\arg z$ 在负实轴和原点不连续(见本章第一节例3).又因为 $z=\mathrm{e}^w$ 在区域 $-\pi<\arg z<\pi$ 内的反函数 $w=\ln z$ 是单值的,所以由反函数的求导法则,有

$$\frac{\mathrm{d}(\ln z)}{\mathrm{d}z}=\frac{\mathrm{d}w}{\mathrm{d}z}=\frac{1}{\dfrac{\mathrm{d}z}{\mathrm{d}w}}=\frac{1}{\dfrac{\mathrm{d}\mathrm{e}^w}{\mathrm{d}w}}=\frac{1}{\mathrm{e}^w}=\frac{1}{z}.$$

因此,$\mathrm{Ln}\,z$ 在复平面上除去原点和负实轴外处处解析.由于 $\mathrm{Ln}\,z=\ln z+2k\pi\mathrm{i}$,因此,$\mathrm{Ln}\,z$ 的任何一个单值分支与其主值 $\ln z$ 有相同的连续性和解析性,且

$$(\mathrm{Ln}\,z)'=(\ln z+2k\pi\mathrm{i})'=\frac{1}{z}.$$

三、一般幂函数

我们把函数

$$w=z^\alpha=\mathrm{e}^{\alpha\mathrm{Ln}\,z}\quad(z\neq0,\alpha\text{ 为复常数})\tag{2-16}$$

称为 z 的**一般幂函数**,简称幂函数.

可以看出,幂函数 $w=z^\alpha$ 是由 $w=\mathrm{e}^\xi$ 和 $\xi=\alpha\mathrm{Ln}\,z$ 复合而成的.由于 $\mathrm{Ln}\,z$ 的多值性,一般来说,幂函数 $w=z^\alpha$ 是多值的.

例4 求下列各数的实部和虚部.

(1) i^i;　(2) $(-2)^{\sqrt{2}}$.

解 (1) 因为

$$\mathrm{i}^\mathrm{i}=\mathrm{e}^{\mathrm{i}\,\mathrm{Ln}\,\mathrm{i}}=\mathrm{e}^{\mathrm{i}(\ln|\mathrm{i}|+\mathrm{i}\,\arg\mathrm{i}+2k\pi\mathrm{i})}=\mathrm{e}^{\mathrm{i}\left(\mathrm{i}\frac{\pi}{2}+2k\pi\mathrm{i}\right)}=\mathrm{e}^{-\left(\frac{\pi}{2}+2k\pi\right)}\quad(k\in\mathbf{Z}),$$

所以

$$\mathrm{Re}(\mathrm{i}^\mathrm{i})=\mathrm{e}^{-\left(\frac{\pi}{2}+2k\pi\right)},\quad\mathrm{Im}(\mathrm{i}^\mathrm{i})=0\quad(k\in\mathbf{Z}).$$

(2) 因为

$$(-2)^{\sqrt{2}}=\mathrm{e}^{\sqrt{2}\mathrm{Ln}(-2)}=\mathrm{e}^{\sqrt{2}(\ln|-2|+\mathrm{i}\,\arg(-2)+2k\pi\mathrm{i})}$$
$$=\mathrm{e}^{\sqrt{2}(\ln2+\mathrm{i}\pi+2k\pi\mathrm{i})}$$
$$=2^{\sqrt{2}}(\cos\sqrt{2}(2k+1)\pi+\mathrm{i}\sin\sqrt{2}(2k+1)\pi),$$

所以

$$\mathrm{Re}(-2)^{\sqrt{2}}=2^{\sqrt{2}}\cos\sqrt{2}(2k+1)\pi,$$
$$\mathrm{Im}(-2)^{\sqrt{2}}=2^{\sqrt{2}}\sin\sqrt{2}(2k+1)\pi\quad(k\in\mathbf{Z}).$$

当 $\alpha=n$ 为正整数时,$(2-16)$式所定义的幂函数为

$$z^n=\mathrm{e}^{n\mathrm{Ln}\,z},$$

它是通过对数函数和指数函数来计算的.而在第一章第二节中,z^n 表示为复数 z 的乘幂,即

$$z^n = \underbrace{zz\cdots z}_{n个}.$$

应该指出,当 $z \neq 0$ 时,这两个计算的结果是相同的.事实上,令 $z = re^{i\theta}$.则由乘幂运算,$z^n = r^n e^{in\theta}$;由一般幂运算,

$$e^{n \operatorname{Ln} z} = e^{n(\ln|z| + i\theta + 2k\pi i)} = e^{n\ln r} e^{in\theta} e^{2nk\pi i}$$
$$= e^{n\ln r} e^{in\theta} = r^n e^{in\theta}.$$

这个结果也告诉我们,当 $\alpha = n$(n 为正整数)时,幂函数 $w = z^n$ 为单值解析函数.

在(2-16)式中令 $\alpha = \dfrac{1}{n}$,我们可以证明幂函数 $w = z^{\frac{1}{n}}$ 与第一章第二节的 z 的 n 次方根 $\sqrt[n]{z}$ 完全一致,即 $z^{\frac{1}{n}} = \sqrt[n]{z}$.事实上,

$$z^{\frac{1}{n}} = e^{\frac{1}{n}\operatorname{Ln} z} = e^{\frac{1}{n}(\ln|z| + i \arg z + 2k\pi i)} = e^{\frac{1}{n}\ln|z|} e^{i\frac{\arg z + 2k\pi}{n}}$$
$$= \sqrt[n]{|z|}\, e^{i\frac{\arg z + 2k\pi}{n}} = \sqrt[n]{z}.$$

由此得出,幂函数 $w = z^{\frac{1}{n}} = \sqrt[n]{z}$ 是具有 n 个分支的多值函数,对每个确定的 k,对应着 $\sqrt[n]{z} = e^{\frac{1}{n}\operatorname{Ln} z}$ 的一个分支.由于对数函数 $\operatorname{Ln} z$ 的各个分支在除去原点和负实轴的复平面内是解析的,因而不难看出 $\sqrt[n]{z}$ 的各个分支在除去原点和负实轴的复平面内也是解析的,并且

$$\left(z^{\frac{1}{n}}\right)' = \left(\sqrt[n]{z}\right)' = \left(e^{\frac{1}{n}\operatorname{Ln} z}\right)' = \frac{1}{n} z^{\frac{1}{n} - 1}.$$

对于一般的幂函数 $w = z^\alpha$,当 α 为无理数或复数时,$w = z^\alpha$ 是无穷多值的.同样的道理,它的各个分支在除去原点和负实轴的复平面内也是解析的,并且 $(z^\alpha)' = \alpha z^{\alpha-1}$.

四、三角函数与反三角函数

由欧拉公式

$$e^{iy} = \cos y + i \sin y, \quad e^{-iy} = \cos y - i \sin y,$$

这两式相加或相减,可以得到

$$\sin y = \frac{e^{iy} - e^{-iy}}{2i}, \quad \cos y = \frac{e^{iy} + e^{-iy}}{2} \quad (y \in \mathbf{R}).$$

现将正弦函数、余弦函数的定义推广到自变量取复数的情形.

我们定义

$$\sin z = \frac{e^{iz} - e^{-iz}}{2i}, \quad \cos z = \frac{e^{iz} + e^{-iz}}{2}, \tag{2-17}$$

并分别称为 z 的**正弦函数**和**余弦函数**.

它们具有如下性质:

(1)周期性:$\sin z$ 与 $\cos z$ 是以 2π 为基本周期的周期函数.

因为

$$\sin(z + 2\pi) = \frac{e^{i(z+2\pi)} - e^{-i(z+2\pi)}}{2i} = \frac{e^{iz+2\pi i} - e^{-iz-2\pi i}}{2i}$$

$$= \frac{e^{iz} - e^{-iz}}{2i} = \sin z.$$

类似地,可以证明 $\cos(z+2\pi) = \cos z$.

(2)奇偶性:$\sin z$ 为奇函数,$\cos z$ 为偶函数.

事实上,

$$\sin(-z) = \frac{e^{-iz} - e^{iz}}{2i} = -\sin z,$$

$$\cos(-z) = \frac{e^{-iz} + e^{iz}}{2} = \cos z.$$

(3)欧拉公式在复数域中也成立,即

$$e^{iz} = \cos z + i \sin z. \tag{2-18}$$

这由(2-17)式直接可以得出.

(4)三角恒等式成立:

$$\sin(z_1 \pm z_2) = \sin z_1 \cos z_2 \pm \cos z_1 \sin z_2,$$

$$\cos(z_1 \pm z_2) = \cos z_1 \cos z_2 \mp \sin z_1 \sin z_2,$$

$$\sin^2 z + \cos^2 z = 1,$$

$$\sin 2z = 2\sin z \cos z,$$

$$\cos 2z = \cos^2 z - \sin^2 z.$$

(5)解析性:$\sin z$ 和 $\cos z$ 在复平面上处处解析,且

$$(\sin z)' = \cos z, \quad (\cos z)' = -\sin z.$$

事实上,

$$(\sin z)' = \left(\frac{e^{iz} - e^{-iz}}{2i}\right)' = \frac{ie^{iz} + ie^{-iz}}{2i} = \cos z.$$

同理 $(\cos z)' = -\sin z$.

由复三角函数定义和上面的性质,很容易把它与实三角函数完全等同起来.实际不然,下面的性质可以说明它们之间有着很大差异.

(6)无界性:复三角函数 $\sin z, \cos z$ 的模在复平面上是无界函数.

事实上,若取 $z = iy(y>0)$,则

$$\cos(iy) = \frac{e^{i(iy)} + e^{-i(iy)}}{2} = \frac{e^{-y} + e^{y}}{2} > \frac{e^{y}}{2}.$$

因此,只要 y 充分大,$|\cos z|$ 就可以大于一个预先给定的正数.

还要提醒读者注意的是:由 $\sin^2 z + \cos^2 z = 1$ 不能推出 $|\sin z| \leqslant 1$ 和 $|\cos z| \leqslant 1$.

这是因为对复变函数来说,$\cos^2 z$ 和 $\sin^2 z$ 不一定是非负实数.例如,当 $z=i$ 时,$\sin i \approx 1.175\ 20i$,$\cos i \approx 1.543\ 08$.

其他复三角函数的定义如下:

$$\tan z = \frac{\sin z}{\cos z}, \quad \cot z = \frac{\cos z}{\sin z},$$

$$\sec z = \frac{1}{\cos z}, \quad \csc z = \frac{1}{\sin z}.$$

读者可以仿照讨论 $\sin z$ 和 $\cos z$ 性质的方法,来讨论它们的性质.

在复数域中,对数函数、幂函数、三角函数均依赖于指数函数,指数函数是这些函数的共同基础.

三角函数的反函数也是以指数函数为基础的,并通过对数函数表示出来,我们以反正弦函数为例来说明这个事实.

若 $z = \sin w$,则 $z = \dfrac{e^{iw} - e^{-iw}}{2i}$,于是有

$$e^{iw} - 2zi - e^{-iw} = 0,$$

即

$$e^{2iw} - 2zie^{iw} - 1 = 0.$$

此为关于 e^{iw} 的一元二次方程,求解得到

$$e^{iw} = iz + \sqrt{1 - z^2},$$

因为 $\sqrt[n]{z}$ 已经表示了根式的一切值,所以上式中不写出 $\sqrt{1-z^2}$ 前的正负号,但应理解其为双值函数.上式两边取对数,得 $iw = \mathrm{Ln}(zi + \sqrt{1-z^2})$,即有

$$w = -i\,\mathrm{Ln}(zi + \sqrt{1 - z^2}).$$

我们定义**反正弦函数**为

$$w = \mathrm{Arcsin}\, z = -i\,\mathrm{Ln}(iz + \sqrt{1 - z^2}). \tag{2-19}$$

由对数函数的多值性以及 $\sqrt{1-z^2}$ 的双值性可知,反正弦函数 $w = \mathrm{Arcsin}\, z$ 是一个多值函数(图 2-7).

类似地,可以定义**反余弦函数、反正切函数和反余切函数**.

反余弦函数

$$\mathrm{Arccos}\, z = -i\,\mathrm{Ln}(z + \sqrt{z^2 - 1}). \tag{2-20}$$

反正切函数

$$\mathrm{Arctan}\, z = -\frac{i}{2}\mathrm{Ln}\frac{1 + iz}{1 - iz}. \tag{2-21}$$

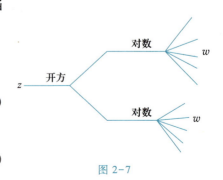

图 2-7

反余切函数

$$\mathrm{Arccot}\, z = \frac{\mathrm{i}}{2}\mathrm{Ln}\frac{z-\mathrm{i}}{z+\mathrm{i}}. \tag{2-22}$$

例 5 计算 $w = \mathrm{Arcsin}\, 2$.

解 由 (2-19) 式,

$$w = \mathrm{Arcsin}\, 2 = -\mathrm{i}\,\mathrm{Ln}(2\mathrm{i} + \sqrt{1 - 2^2})$$

$$= -\mathrm{i}\,\mathrm{Ln}(2\mathrm{i} \pm \sqrt{3}\,\mathrm{i})$$

$$= -\mathrm{i}\left(\ln(2 \pm \sqrt{3}) + \frac{\pi}{2}\mathrm{i} + 2k\pi\mathrm{i}\right)$$

$$= \left(\frac{\pi}{2} + 2k\pi\right) - \mathrm{i}\,\ln(2 \pm \sqrt{3}) \quad (k \in \mathbf{Z}).$$

例 6 计算 $\mathrm{Arctan}(2\mathrm{i})$.

解 由 (2-21) 式,

$$w = \mathrm{Arctan}(2\mathrm{i}) = -\frac{\mathrm{i}}{2}\mathrm{Ln}\frac{1 + (2\mathrm{i})\mathrm{i}}{1 - (2\mathrm{i})\mathrm{i}}$$

$$= -\frac{\mathrm{i}}{2}\mathrm{Ln}\left(-\frac{1}{3}\right)$$

$$= -\frac{\mathrm{i}}{2}\left(\ln\frac{1}{3} + \pi\mathrm{i} + 2k\pi\mathrm{i}\right)$$

$$= \left(\frac{\pi}{2} + k\pi\right) + \frac{\ln 3}{2}\mathrm{i} \quad (k \in \mathbf{Z}).$$

五、双曲函数与反双曲函数

我们用指数函数来定义双曲函数.

我们定义

$$w = \mathrm{sh}\, z = \frac{\mathrm{e}^z - \mathrm{e}^{-z}}{2}, \quad w = \mathrm{ch}\, z = \frac{\mathrm{e}^z + \mathrm{e}^{-z}}{2} \tag{2-23}$$

分别为**双曲正弦函数**与**双曲余弦函数**.

当 z 为实数时,它们与微积分中的定义一致.它们具有如下性质:

(1) 周期性:$\mathrm{sh}\, z$ 和 $\mathrm{ch}\, z$ 都是以 $2\pi\mathrm{i}$ 为基本周期的周期函数.

(2) 奇偶性:$\mathrm{sh}\, z$ 为奇函数;$\mathrm{ch}\, z$ 为偶函数.

(3) 解析性:$\mathrm{sh}\, z$ 和 $\mathrm{ch}\, z$ 在复平面上处处解析,且有

$$(\mathrm{sh}\, z)' = \mathrm{ch}\, z, \quad (\mathrm{ch}\, z)' = \mathrm{sh}\, z.$$

(4) $\mathrm{sh}\, z, \mathrm{ch}\, z$ 与 $\sin z$ 和 $\cos z$ 有如下关系:

$$\sin iz = i\,\mathrm{sh}\,z, \quad \mathrm{sh}\,iz = i\sin z,$$

$$\cos iz = \mathrm{ch}\,z, \quad \mathrm{ch}\,iz = \cos z.$$

我们把双曲函数的反函数称为**反双曲函数**,按照推导反三角函数的方法,不难得到反双曲函数的表达式:

$$\textbf{反双曲正弦函数} \quad \mathrm{Arsh}\,z = \mathrm{Ln}(z + \sqrt{z^2 + 1}),$$

$$\textbf{反双曲余弦函数} \quad \mathrm{Arch}\,z = \mathrm{Ln}(z + \sqrt{z^2 - 1}). \tag{2-24}$$

由于对数函数和开方运算的多值性,可知反双曲正弦函数和反双曲余弦函数都是多值函数.

以上性质和结果,留给读者证明.

> **习题 2-3**

1. 计算下列各值:

(1) $e^{(z-\pi i)/3}$;　　　　　(2) $\mathrm{Re}(e^{(x-iy)/(x^2+y^2)})$;　　　　　(3) $\left| e^{i-2(x+iy)} \right|$.

2. 计算下列各值:

(1) $\mathrm{Ln}(-2+3i)$;　　　　　(2) $\mathrm{Ln}(e^i)$;　　　　　(3) $\ln(ie)$.

3. 计算下列各值:

(1) $(1+i)^{1-i}$;　　　　　(2) $(-3)^{\sqrt{5}}$;　　　　　(3) $\left(\dfrac{1-i}{\sqrt{2}}\right)^{1+i}$.

4. 计算下列各值:

(1) $\sin(1-5i)$;　　　　　(2) $\cos(5-i)$;　　　　　(3) $\tan(3-i)$.

5. 计算下列各值:

(1) $\mathrm{Arcsin}\,i$;　　　　　(2) $\mathrm{Arccos}(\sqrt{2}-i)$;　　　　　(3) $\mathrm{Arctan}(1+2i)$.

6. 求解下列方程:

(1) $\cos z = 2$;　　　　　(2) $e^z - 1 - \sqrt{3}\,i = 0$;　　　　　(3) $\ln z = \dfrac{\pi}{2}i$;

(4) $z - \mathrm{Ln}(1+i) = 0$.

7. 若 $z = x + iy$,试验证:

(1) $\sin z = \sin x\,\mathrm{ch}\,y + i\cos x\,\mathrm{sh}\,y$;　　　　　(2) $|\sin z|^2 = \sin^2 x + \mathrm{sh}^2 y$.

8. 证明:当 $y \to \infty$ 时,$|\sin(x+iy)|$ 和 $|\cos(x+iy)|$ 都趋于无穷大.

综合练习题 2

第三章

复变函数的积分

在微积分中,微分法和积分法是研究函数性质的重要方法.同样,在解析函数理论中,许多重要性质不用积分的方法是很难得到的.本章将要介绍的柯西积分定理和柯西积分公式是整个解析函数理论的基础,以后各章都直接或间接地用到它们.

第一节 复变函数积分的概念

一、复变函数积分的定义

为了使叙述简便而不妨碍实际应用,设今后所提到的曲线(除特别声明外)一般指光滑的或逐段光滑的.曲线通常还要规定其方向.对于简单、非闭曲线,只要指出其起点和终点就行了.对于简单闭曲线 C(也称周线),这样来规定其方向:当观察者围绕 C 环行时,如果 C 内部在观察者的左方,就规定这个环行方向为 C 的正向,反之就规定为负向.如图 3-1 的简单情形,箭头方向是逆时针方向就表示 C 的正方向.

图 3-1

定义 1 设 C 为一条光滑或分段光滑的有向曲线 $z = z(t) = x(t) + \mathrm{i}\, y(t)\,(\alpha \leqslant t \leqslant \beta)$,其中 $A = z(\alpha)$ 为起点,$B = z(\beta)$ 为终点(若为闭曲线,则点 A 和点 B 重合).函数 $f(z)$ 在曲线 C 上有定义.现沿着 C 按从点 A 到点 B 的方向在 C 上依次任取分点:

$$A = z_0,\ z_1,\ z_2,\ \cdots,\ z_{n-1},\ z_n = B,$$

将曲线 C 划分成 n 个小弧段(图 3-2).在每个小弧段 $\overset{\frown}{z_{k-1}z_k}\,(k = 1, 2, \cdots, n)$ 上任取一点 ξ_k,并作和式

$$S_n = \sum_{k=1}^{n} f(\xi_k)\,\Delta z_k,$$

其中 $\Delta z_k = z_k - z_{k-1}$.记 λ 为 n 个小弧段长度中

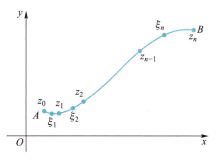

图 3-2

的最大值,当 λ 趋于零时,若不论对曲线 C 的分法及点 ξ_k 的取法如何,S_n 的极限总存在并相等,则称**函数** $f(z)$ **沿曲线** C **可积**,并称这个极限值为函数 $f(z)$ 沿曲线 C 的**积分**,记作

$$\int_C f(z)\,\mathrm{d}z = \lim_{\lambda \to 0} \sum_{k=1}^{n} f(\xi_k)\,\Delta z_k.$$

$f(z)$ 称为**被积函数**,$f(z)\mathrm{d}z$ 称为**被积表达式**.特别地,当 $f(z) \equiv 1, z \in C$ 时,

$$\int_C 1 \cdot \mathrm{d}z = \lim_{\lambda \to 0} \sum_{k=1}^{n} 1 \cdot \Delta z_k = z(\beta) - z(\alpha),$$

其中 C 为图 3-2 中的有向曲线.

若 C 为一条封闭曲线,则函数 $f(z)$ 沿曲线 C 的正向的积分记作 $\oint_C f(z)\mathrm{d}z$,$f(z)$ 沿曲线 C 的负向的积分记作 $\oint_{C^-} f(z)\mathrm{d}z$.

二、复变函数积分的性质

和实积分结果类似,复积分有如下几个性质.

性质 1(线性性) 若函数 $f(z)$ 和 $g(z)$ 沿曲线 C 可积,则

$$\int_C (\alpha f(z) + \beta g(z))\,\mathrm{d}z = \alpha \int_C f(z)\,\mathrm{d}z + \beta \int_C g(z)\,\mathrm{d}z, \tag{3-1}$$

其中 α, β 为任意常数.

性质 2(方向性) 若 $f(z)$ 沿曲线 C 可积,则

$$\int_{C^-} f(z)\,\mathrm{d}z = - \int_C f(z)\,\mathrm{d}z. \tag{3-2}$$

性质 3(路径可加性) 若曲线 C 由 $C_1, C_2, \cdots, C_n$ 首尾衔接而成,f 在 $C_j(j=1, 2, \cdots, n)$ 上可积,则 f 在 C 上可积,且

$$\int_C f(z)\,\mathrm{d}z = \int_{C_1} f(z)\,\mathrm{d}z + \int_{C_2} f(z)\,\mathrm{d}z + \cdots + \int_{C_n} f(z)\,\mathrm{d}z. \tag{3-3}$$

性质 4(积分不等式) 若函数 $f(z)$ 沿曲线 C 可积,且 $\forall z \in C$,满足 $|f(z)| \leqslant M$,设曲线 C 的长度为 L,则

$$\left| \int_C f(z)\,\mathrm{d}z \right| \leqslant \int_C |f(z)|\,\mathrm{d}s \leqslant ML, \tag{3-4}$$

其中 $\mathrm{d}s = |\mathrm{d}z| = \sqrt{(\mathrm{d}x)^2 + (\mathrm{d}y)^2}$ 为曲线 C 的弧微分.

事实上,记 Δs_k 为 z_{k-1} 与 z_k 之间的弧长,于是

$$\left| \sum_{k=1}^{n} f(\xi_k)\Delta z_k \right| \leqslant \sum_{k=1}^{n} |f(\xi_k)| \cdot |\Delta z_k| \leqslant \sum_{k=1}^{n} |f(\xi_k)| \Delta s_k \leqslant ML.$$

令 $\lambda \to 0$,得到

$$\left| \int_C f(z)\,\mathrm{d}z \right| \leqslant \int_C |f(z)|\,\mathrm{d}s \leqslant ML.$$

三、复积分与实积分的关系

定理 1　若函数 $f(z) = u(x,y) + iv(x,y)$ 沿曲线 C 连续，则 $f(z)$ 沿 C 可积，且

$$\int_C f(z)\,\mathrm{d}z = \int_C u\,\mathrm{d}x - v\,\mathrm{d}y + i\int_C v\,\mathrm{d}x + u\,\mathrm{d}y. \tag{3-5}$$

证明　设 $z_k = x_k + iy_k, \xi_k = \zeta_k + i\eta_k, \Delta x_k = x_k - x_{k-1}, \Delta y_k = y_k - y_{k-1}$，则

$$\Delta z_k = z_k - z_{k-1} = \Delta x_k + i\Delta y_k,$$

从而

$$\sum_{k=1}^n f(\xi_k)\Delta z_k = \sum_{k=1}^n (u(\zeta_k,\eta_k) + iv(\zeta_k,\eta_k))(\Delta x_k + i\Delta y_k)$$

$$= \sum_{k=1}^n (u(\zeta_k,\eta_k)\Delta x_k - v(\zeta_k,\eta_k)\Delta y_k) +$$

$$i\sum_{k=1}^n (v(\zeta_k,\eta_k)\Delta x_k + u(\zeta_k,\eta_k)\Delta y_k).$$

上式右端的两个和数是两个实函数的对坐标的曲线积分的和.

已知 $f(z)$ 沿 C 连续，所以必有 u,v 都沿 C 连续，于是这两个对坐标的曲线积分都存在，从而积分 $\int_C f(z)\,\mathrm{d}z$ 存在，且

$$\int_C f(z)\,\mathrm{d}z = \int_C u\,\mathrm{d}x - v\,\mathrm{d}y + i\int_C v\,\mathrm{d}x + u\,\mathrm{d}y.$$

上述定理给出了一个积分存在的充分条件，并得到由复积分转化为其实部和虚部的两个实函数对坐标的曲线积分的计算公式.

(3-5)式通过下面的形式计算很容易记住：

$$f(z)\,\mathrm{d}z = (u + iv)(\mathrm{d}x + i\mathrm{d}y) = (u\mathrm{d}x - v\mathrm{d}y) + i(v\mathrm{d}x + u\mathrm{d}y).$$

四、复积分计算的参数方程法

设 C 为一光滑或分段光滑曲线，其参数方程为

$$z = z(t) = x(t) + iy(t) \quad (a \leqslant t \leqslant b),$$

参数 $t=a$ 对应曲线 C 的起点，$t=b$ 对应曲线 C 的终点.设 $f(z)$ 沿曲线 C 连续，则

$$f(z(t)) = u(x(t),y(t)) + iv(x(t),y(t)) = u(t) + iv(t).$$

由定理 1 及二元实函数的曲线积分在参数方程下的计算公式，有

$$\int_C f(z)\,\mathrm{d}z = \int_C u\,\mathrm{d}x - v\,\mathrm{d}y + i\int_C v\,\mathrm{d}x + u\,\mathrm{d}y$$

$$= \int_a^b (u(t)x'(t) - v(t)y'(t))\,\mathrm{d}t +$$

$$\mathrm{i} \int_a^b (u(t)y'(t) + v(t)x'(t))\,\mathrm{d}t.$$

又

$$\mathrm{Re}(f(z(t))z'(t)) = u(t)x'(t) - v(t)y'(t),$$

$$\mathrm{Im}(f(z(t))z'(t)) = u(t)y'(t) + v(t)x'(t),$$

所以

$$\int_C f(z)\,\mathrm{d}z = \int_a^b f(z(t))z'(t)\,\mathrm{d}t. \tag{3-6}$$

例 1　计算积分 $\int_C \mathrm{Re}\,z\mathrm{d}z$,其中曲线 C 分别为:

(1)连接点 $z_1 = 0$ 到点 $z_2 = 1+\mathrm{i}$ 的直线段;

(2)由连接点 $z_1 = 0$ 到点 $z_2 = 1$ 的直线段与连接点 $z_2 = 1$ 到点 $z_3 = 1+\mathrm{i}$ 的直线段所组成的折线.

解　(1)连接点 $z_1 = 0$ 到点 $z_2 = 1+\mathrm{i}$ 的直线段的参数方程为

$$\begin{cases} x = t, \\ y = t, \end{cases} \quad 0 \leqslant t \leqslant 1,$$

且 t 由 0 变到 1 时,曲线方向从 $z_1 = 0$ 指向 $z_2 = 1+\mathrm{i}$.该直线段的复数形式为

$$z = (1 + \mathrm{i})t, \quad 0 \leqslant t \leqslant 1.$$

于是,$\mathrm{d}z = (1+\mathrm{i})\,\mathrm{d}t$,且

$$\int_C \mathrm{Re}\,z\mathrm{d}z = \int_0^1 \mathrm{Re}[(1 + \mathrm{i})t](1 + \mathrm{i})\,\mathrm{d}t$$

$$= (1 + \mathrm{i}) \int_0^1 t\mathrm{d}t$$

$$= \frac{(1 + \mathrm{i})}{2}t^2 \bigg|_0^1 = \frac{1 + \mathrm{i}}{2}.$$

(2)连接点 $z_1 = 0$ 到点 $z_2 = 1$ 的直线段 C_1 的复数形式参数方程为

$$C_1: z = t, \quad 0 \leqslant t \leqslant 1(t\text{ 由 0 变到 1}).$$

连接点 $z_2 = 1$ 到点 $z_3 = 1+\mathrm{i}$ 的直线段 C_2 的方程为

$$C_2: z = 1 + \mathrm{i}t, \quad 0 \leqslant t \leqslant 1(t\text{ 由 0 变到 1}),$$

所以

$$\int_C \text{Re } z \mathrm{d}z = \int_{C_1} \text{Re } z \mathrm{d}z + \int_{C_2} \text{Re } z \mathrm{d}z$$

$$= \int_0^1 \text{Re } t \mathrm{d}t + \mathrm{i} \int_0^1 \text{Re}(1 + \mathrm{i}t) \mathrm{d}t$$

$$= \int_0^1 t \mathrm{d}t + \mathrm{i} \int_0^1 \mathrm{d}t$$

$$= \frac{t^2}{2} \bigg|_0^1 + \mathrm{i}t \bigg|_0^1 = \frac{1}{2} + \mathrm{i}.$$

例 2 计算积分 $\oint_C \dfrac{z\mathrm{d}z}{\bar{z}}$，其中 C 为图 3-3 所示的半圆环区域的正向边界.

解 积分路径可分为 4 段,方程分别是

$$C_1: z = t \quad (t\ \text{从} -2\ \text{变到} -1);$$

$$C_2: z = \mathrm{e}^{\mathrm{i}\theta} \quad (\theta\ \text{从}\ \pi\ \text{变到}\ 0);$$

$$C_3: z = t \quad (t\ \text{从}\ 1\ \text{变到}\ 2);$$

$$C_4: z = 2\mathrm{e}^{\mathrm{i}\theta} \quad (\theta\ \text{从}\ 0\ \text{变到}\ \pi).$$

于是有

$$\oint_C \frac{z\mathrm{d}z}{\bar{z}} = \int_{C_1} \frac{z\mathrm{d}z}{\bar{z}} + \int_{C_2} \frac{z\mathrm{d}z}{\bar{z}} + \int_{C_3} \frac{z\mathrm{d}z}{\bar{z}} + \int_{C_4} \frac{z\mathrm{d}z}{\bar{z}}$$

$$= \int_{-2}^{-1} \frac{t}{\bar{t}} \mathrm{d}t + \int_\pi^0 \frac{\mathrm{e}^{\mathrm{i}\theta}}{\mathrm{e}^{-\mathrm{i}\theta}} \mathrm{i}\mathrm{e}^{\mathrm{i}\theta} \mathrm{d}\theta + \int_1^2 \frac{t}{\bar{t}} \mathrm{d}t + \int_0^\pi \frac{2\mathrm{e}^{\mathrm{i}\theta}}{2\mathrm{e}^{-\mathrm{i}\theta}} 2\mathrm{i}\mathrm{e}^{\mathrm{i}\theta} \mathrm{d}\theta$$

$$= 1 + \frac{2}{3} + 1 - \frac{4}{3} = \frac{4}{3}.$$

例 3 计算积分 $\oint_C \dfrac{1}{(z - z_0)^{n+1}} \mathrm{d}z$,其中 C 为以 z_0 为中心、r 为半径的正向圆周, n 为整数(图 3-4).

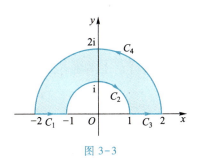

图 3-3

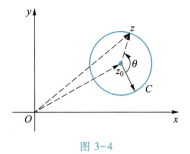

图 3-4

解 曲线 C 的方程为 $C: z = z_0 + re^{i\theta}$($\theta$ 从 0 变到 2π),于是有

$$I = \oint_C \frac{dz}{(z-z_0)^{n+1}} = \int_0^{2\pi} \frac{ire^{i\theta}d\theta}{r^{n+1}e^{i(n+1)\theta}}$$

$$= \int_0^{2\pi} \frac{i\,d\theta}{r^n e^{in\theta}} = \frac{i}{r^n} \int_0^{2\pi} e^{-in\theta}d\theta.$$

当 $n = 0$ 时,$I = i\int_0^{2\pi} d\theta = 2\pi i$;当 $n \neq 0$ 时,

$$I = \frac{i}{r^n} \int_0^{2\pi} (\cos n\theta - i\sin n\theta)d\theta = 0,$$

所以有

$$\oint_{|z-z_0|=r} \frac{dz}{(z-z_0)^{n+1}} = \begin{cases} 2\pi i, & n = 0, \\ 0, & n \neq 0. \end{cases} \tag{3-7}$$

该积分是一个比较重要的积分,其特点是积分值与积分路径圆周的中心和半径无关.

> **习题 3-1**

1. 计算 $\int_\Gamma \mathrm{Im}\, z\,dz$,其中积分路径 Γ 分别为

(1) 连接点 0 到点 2+i 的直线段;

(2) 连接点 0 到点 i 和连接点 i 到点 2+i 的直线段构成的折线.

2. 计算 $\int_\Gamma |z|\,dz$,其中积分路径 Γ 分别为

(1) 连接点 -i 到点 i 的直线段;

(2) 沿单位圆周 $|z| = 1$ 的右半圆周,从点 -i 到点 i;

(3) 沿单位圆周 $|z| = 1$ 的左半圆周,从点 -i 到点 i.

3. 计算 $\int_\Gamma (1-\bar{z})dz$,其中积分路径 Γ 分别为

(1) 连接点 0 到点 1+i 的直线段;

(2) 抛物线 $y = x^2$ 上由点 0 到点 1+i 的弧段.

4. 计算下列积分:

(1) $\int_\Gamma (x - y + x^2 i)dz$,积分路径 Γ 为连接点 0 到点 1 + i 的直线段;

(2) $\int_\Gamma (z^2 + z\bar{z})dz$,积分路径 Γ 为沿单位圆周 $|z| = 1$ 的上半圆周,从点 -1 到点 1;

*(3) 计算 $\int_\Gamma |z - 1|\,|dz|$,积分路径 Γ 为逆时针方向的单位圆周 $|z| = 1$.

第二节　柯西-古尔萨定理

一、柯西-古尔萨定理（单连通区域）

设 D 是复平面上的单连通区域，$f(z)$ 是 D 中的连续函数.一般来说，对 D 中任意两条具有相同起点和终点的曲线，$f(z)$ 在其上的积分是不相等的，即积分与路径有关.我们要问，在什么条件下，$f(z)$ 的积分与路径无关？ 或者说，在什么条件下，$f(z)$ 沿任一闭曲线的积分为零？ 柯西-古尔萨（Cauchy-Goursat）定理回答了这个问题.

定理 1（柯西-古尔萨定理）　若函数 $f(z)$ 是单连通区域 D 内的解析函数，则 $f(z)$ 沿 D 内任一条闭曲线 C 的积分为零，即

$$\oint_C f(z)\,\mathrm{d}z = 0.$$

这个定理是由柯西提出来的，并且在加了 $f'(z)$ 连续的条件下，给予了定理的证明.后来古尔萨发现不必假定 $f'(z)$ 连续，仍可得到同样的结论，但证明要困难得多.下面仅在加了 $f'(z)$ 连续的条件下，给出定理的证明.

事实上，将 C 围成的区域记为 G（即 $C=\partial G$）.由于 $f(z)$ 在 D 内解析，$f'(z)$ 在 D 上连续，根据上一章（2-4）式和（2-5）式知

$$f'(z) = u_x + \mathrm{i}v_x = v_y - \mathrm{i}u_y.$$

所以 u 和 v 及它们的偏导数 u_x, u_y, v_x, v_y 在 D 内都是连续的，并满足柯西-黎曼方程（2-3）式：

$$u_x = v_y, \quad v_x = -u_y.$$

又由（3-5）式，有

$$\oint_C f(z)\,\mathrm{d}z = \oint_C u\mathrm{d}x - v\mathrm{d}y + \mathrm{i}\oint_C v\mathrm{d}x + u\mathrm{d}y.$$

根据微积分中的格林（Green）公式和柯西-黎曼方程得

$$\oint_C u\mathrm{d}x - v\mathrm{d}y = \iint_G (-v_x - u_y)\,\mathrm{d}x\mathrm{d}y = 0,$$

$$\oint_C v\mathrm{d}x + u\mathrm{d}y = \iint_G (u_x - v_y)\,\mathrm{d}x\mathrm{d}y = 0,$$

从而

$$\oint_C f(z)\,\mathrm{d}z = 0.$$

由柯西-古尔萨定理可以得到如下两个推论：

推论 1　设 C 为 z 平面上的一条闭曲线，它围成单连通区域 D，若函数 $f(z)$ 在

$\overline{D} = D \cup C$ 上解析,则 $\oint_C f(z)\,\mathrm{d}z = 0$.

推论 2 设函数 $f(z)$ 在单连通区域 D 内解析,则 $f(z)$ 在 D 内的积分与路径无关,即积分 $\int_C f(z)\,\mathrm{d}z$ 不依赖于连接起点 z_0 与终点 z_1 的曲线 C,而只与 z_0 和 z_1 的位置有关.

推论 2 视频讲解

证明 设 C_1 和 C_2 为 D 内连接起点 z_0 与终点 z_1 的任意两条曲线(图 3-5),显然 C_1 和 C_2^- 连接成 D 内一条闭曲线 C.于是由柯西-古尔萨定理,有

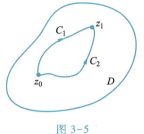

图 3-5

$$\oint_C f(z)\,\mathrm{d}z = \int_{C_1} f(z)\,\mathrm{d}z + \int_{C_2^-} f(z)\,\mathrm{d}z = 0,$$

即

$$\int_{C_1} f(z)\,\mathrm{d}z = \int_{C_2} f(z)\,\mathrm{d}z.$$

例 1 计算 $\oint_C \dfrac{\cos z}{z + \mathrm{i}}\mathrm{d}z$,其中 C 为圆周 $|z + 3\mathrm{i}| = 1$.

解 C 围成区域 D: $|z+3\mathrm{i}| < 1$.显然,$f(z) = \dfrac{\cos z}{z+\mathrm{i}}$ 在单连通闭区域 $\overline{D} = D \cup C$ 上解析,故

$$\oint_C \frac{\cos z}{z + \mathrm{i}}\mathrm{d}z = 0.$$

例 2 计算 $\oint_C (\,|z| - \mathrm{e}^z \sin z)\,\mathrm{d}z$,其中 C 为圆周 $|z| = 4$,积分沿逆时针方向.

解 因为

$$\oint_C (\,|z| - \mathrm{e}^z \sin z)\,\mathrm{d}z = \oint_C |z|\,\mathrm{d}z - \oint_C \mathrm{e}^z \sin z\,\mathrm{d}z,$$

而函数 $w = \mathrm{e}^z \sin z$ 在复平面上解析,故

$$\oint_C \mathrm{e}^z \sin z\,\mathrm{d}z = 0.$$

又

$$\oint_C |z|\,\mathrm{d}z = \oint_C 4\mathrm{d}z = 0,$$

所以

$$\oint_C (\,|z| - \mathrm{e}^z \sin z)\,\mathrm{d}z = 0.$$

二、柯西-古尔萨定理(多连通区域)

柯西-古尔萨定理可以推广到多连通区域的情形.

设在复平面上有 $n+1$ 条光滑（或分段光滑）的简单闭曲线 $C_0,C_1,C_2,\cdots,C_n$，其中 $C_1,C_2,\cdots,C_n$ 互不相交，也互不包含，并且都含于 C_0 的内部。这 $n+1$ 条曲线围成了一个多连通区域 D，D 的边界 ∂D 称为**复周线**，它的正方向是按照"**左手规则**"规定的：当点按此方向沿着边界 ∂D 运动时，区域 D 的点总是位于它的左边。所以，C_0 取逆时针方向，$C_k(k=1,2,\cdots,n)$ 都取逆时针方向。因此复周线记作（图 3-6）

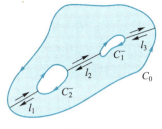

图 3-6

$$\partial D = C_0 + C_1^- + C_2^- + \cdots + C_n^-. \qquad (3\text{-}8)$$

定理 2 若 $f(z)$ 在复周线（3-8）式及其所围成的多连通区域内解析，则

$$\oint_{\partial D} f(z)\,\mathrm{d}z = 0, \qquad (3\text{-}9)$$

从而

$$\oint_{C_0} f(z)\,\mathrm{d}z = \oint_{C_1} f(z)\,\mathrm{d}z + \oint_{C_2} f(z)\,\mathrm{d}z + \cdots + \oint_{C_n} f(z)\,\mathrm{d}z. \qquad (3\text{-}10)$$

为了叙述简便，我们仅对 $n=2$ 的情形进行说明。

在图 3-6 中，作辅助线 l_1,l_2,l_3 将 C_0,C_1 及 C_2 连接起来，从而把多连通区域 D 划分为两个单连通区域 D_1 和 D_2。由单连通区域上的柯西-古尔萨定理有

$$\oint_{\partial D_1} f(z)\,\mathrm{d}z = 0, \qquad \oint_{\partial D_2} f(z)\,\mathrm{d}z = 0.$$

于是

$$\oint_{\partial D_1} f(z)\,\mathrm{d}z + \oint_{\partial D_2} f(z)\,\mathrm{d}z = 0.$$

由于上式左端在辅助线上的积分来回各进行一次，正好相互抵消，所以总和恰好就是 ∂D 上的积分，因而（3-9）式成立。而

$$0 = \oint_{\partial D} f(z)\,\mathrm{d}z = \oint_{C_0} f(z)\,\mathrm{d}z + \oint_{C_1^-} f(z)\,\mathrm{d}z + \cdots + \oint_{C_n^-} f(z)\,\mathrm{d}z,$$

移项即得（3-10）式成立。

特别地，当 $n=1$ 时，（3-10）式为

$$\oint_{C_0} f(z)\,\mathrm{d}z = \oint_{C_1} f(z)\,\mathrm{d}z. \qquad (3\text{-}11)$$

例 3 设 C 为一简单光滑闭曲线，$a \notin C$，试计算积分

$$\oint_C \frac{\mathrm{d}z}{z-a}.$$

例 3 视频
讲解

解 若 a 在 C 的外部，则因 $\dfrac{1}{z-a}$ 在 C 围成的闭区域内解析，由推论 1，

$$\oint_C \frac{\mathrm{d}z}{z-a} = 0.$$

若 a 在 C 的内部,则有充分小的 $r>0$,使得

$$D(a,r) = \{z \mid |z-a| < r\}$$

含于 C 的内部(图 3-7).记 $D(a,r)$ 的边界为 C_1,由 C_1 和 C

围成的区域记为 D,则 $\dfrac{1}{z-a}$ 在 $\overline{D}$ 上解析,因而由(3-11)

式得

$$\oint_C \frac{1}{z-a}\mathrm{d}z = \oint_{C_1} \frac{\mathrm{d}z}{z-a} = 2\pi\mathrm{i}.$$

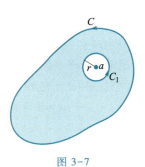

图 3-7

最后的等式利用了上一节例 3 当 $n=0$ 时的结果.

例 4 计算 $\oint_C \dfrac{\mathrm{d}z}{z^2-z}$,积分按逆时针方向沿曲线 C 进行,其中 C 是包含单位圆周 $|z|=1$ 在内的任意一条光滑闭曲线.

解 $z=0$ 和 $z=1$ 是函数 $w = \dfrac{1}{z^2-z}$ 在闭曲线 C 所

围成的区域 D 内的不解析点,分别以点 $z=0$ 和 $z=1$
为中心,选择适当的半径,作两个完全位于区域 D
内的圆 C_1 和 C_2,它们既互不包含,也互不相交

(图 3-8).于是函数 $w = \dfrac{1}{z^2-z}$ 在由闭曲线 C 和圆周

C_1 和 C_2 所围成的多连通区域内解析.

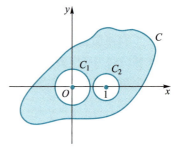

图 3-8

由(3-10)式,得

$$\oint_C \frac{\mathrm{d}z}{z^2-z} = \oint_{C_1} \frac{\mathrm{d}z}{z^2-z} + \oint_{C_2} \frac{\mathrm{d}z}{z^2-z}$$

$$= \oint_{C_1} \frac{\mathrm{d}z}{z-1} - \oint_{C_1} \frac{\mathrm{d}z}{z} + \oint_{C_2} \frac{\mathrm{d}z}{z-1} - \oint_{C_2} \frac{\mathrm{d}z}{z}$$

$$= 0 - 2\pi\mathrm{i} + 2\pi\mathrm{i} - 0$$

$$= 0,$$

其中沿闭路的积分均按逆时针方向进行.

从这两个例子我们看到:借助于定理 2,有些比较复杂的积分可以转化为比较简单的积分来计算.这是计算积分常用的一种方法.

三、原函数、牛顿-莱布尼茨公式

柯西积分定理已经回答了积分与路径无关的问题.这就是说,如果在单连通区域 D 内函数 $f(z)$ 解析,则沿 D 内任意曲线 L 的积分 $\int_L f(\xi)\mathrm{d}\xi$ 只与 L 的起点和终点有关.

因此，当起点 z_0 固定时，这个积分就在 D 内定义了一个单值函数，把它记成

$$F(z)=\int_{z_0}^{z}f(\xi)\,\mathrm{d}\xi,\quad z\in D, \tag{3-12}$$

并称 $F(z)$ 为定义在区域 D 内的积分上限函数.我们来证明

定理 3　若函数 $f(z)$ 在单连通区域 D 内解析，则由(3-12)式给出的函数 $F(z)$ 为 D 内的单值解析函数，且 $F'(z)=f(z)$.

证明　设 z 为 D 内任意一点，以 z 为中心作一含于 D 内的小圆 C.取 $|\Delta z|$ 充分小使 $z+\Delta z$ 在 C 内(图 3-9).于是由(3-12)式得

$$F(z+\Delta z)-F(z)=\int_{z_0}^{z+\Delta z}f(\xi)\,\mathrm{d}\xi-\int_{z_0}^{z}f(\xi)\,\mathrm{d}\xi.$$

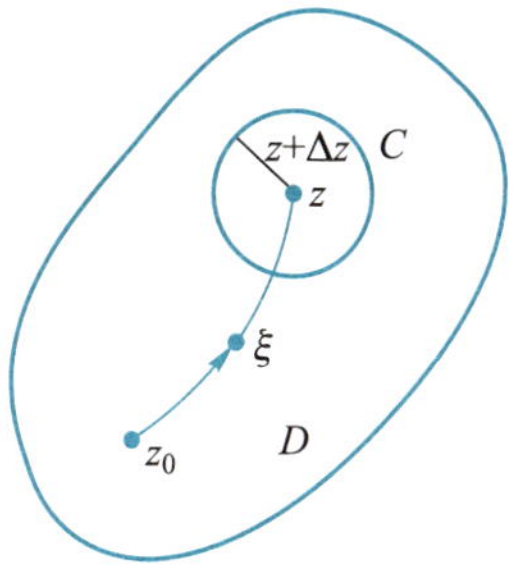

图 3-9

由于积分与路径无关，因此积分 $\int_{z_0}^{z+\Delta z}f(\xi)\,\mathrm{d}\xi$ 的积分路径可取先从 z_0 到 z，然后再从 z 沿直线段到 $z+\Delta z$，而从 z_0 到 z 的积分路径取得与积分 $\int_{z_0}^{z}f(\xi)\,\mathrm{d}\xi$ 的积分路径相同. 于是有

$$F(z+\Delta z)-F(z)=\int_{z}^{z+\Delta z}f(\xi)\,\mathrm{d}\xi.$$

又因为

$$\int_{z}^{z+\Delta z}f(z)\,\mathrm{d}\xi=f(z)\int_{z}^{z+\Delta z}\mathrm{d}\xi=f(z)\Delta z,$$

从而有

$$\begin{aligned}&\frac{F(z+\Delta z)-F(z)}{\Delta z}-f(z)\\&=\frac{1}{\Delta z}\int_{z}^{z+\Delta z}f(\xi)\,\mathrm{d}\xi-f(z)\\&=\frac{1}{\Delta z}\int_{z}^{z+\Delta z}[f(\xi)-f(z)]\,\mathrm{d}\xi.\end{aligned}$$

由于函数 $f(z)$ 在 D 内解析，故 $f(z)$ 在点 z 处连续，所以 $\forall\,\varepsilon>0$，$\exists\,\delta>0$，当 $|\Delta z|<\delta$时，恒有 $|f(z+\Delta z)-f(z)|<\varepsilon$ 成立，从而有

$$\begin{aligned}\left|\frac{F(z+\Delta z)-F(z)}{\Delta z}-f(z)\right|&\leqslant\frac{1}{|\Delta z|}\int_{z}^{z+\Delta z}|f(\xi)-f(z)|\,|\mathrm{d}\xi|\\&<\frac{\varepsilon|\Delta z|}{|\Delta z|}=\varepsilon,\end{aligned}$$

即有

$$\lim_{\Delta z\to 0}\frac{F(z+\Delta z)-F(z)}{\Delta z}=f(z).$$

这就是说

$$F'(z) = \frac{\mathrm{d}}{\mathrm{d}z} \int_{z_0}^{z} f(\xi)\,\mathrm{d}\xi = f(z).$$

由上面的论证,我们得到下面的结论:

定理 4　设函数 $f(z)$ 在单连通区域内连续,$\int f(\xi)\,\mathrm{d}\xi$ 沿区域 D 内的任意周线的积分值为零,则函数

$$F(z) = \int_{z_0}^{z} f(\xi)\,\mathrm{d}\xi \quad (z_0 \text{ 为 } D \text{ 内一定点})$$

在 D 内解析,且 $F'(z) = f(z)(z \in D)$.

与高等数学相仿,在区域 D 内,如果

$$\varPhi'(z) = f(z),$$

则称 $\varPhi(z)$ 为 $f(z)$ 的一个不定积分或原函数.

在定理 3 或定理 4 的条件下,(3-12)式定义的函数 $F(z)$ 就是 $f(z)$ 的一个原函数.且 $f(z)$ 的任何一个原函数 $\varPhi(z)$ 都呈现形式

$$\varPhi(z) = F(z) + C = \int_{z_0}^{z} f(\xi)\,\mathrm{d}\xi, \tag{3-13}$$

其中 C 为任意常数.事实上

$$(\varPhi(z) - F(z))' = f(z) - f(z) = 0 \quad (z \in D),$$

从而 $\varPhi(z) - F(z) = C$,即 $\varPhi(z) = F(z) + C$.

在(3-13)式中令 $z = z_0$ 得 $C = \varPhi(z_0)$.将(3-13)式变形为高等数学中熟知的形式,即牛顿-莱布尼茨(Newton-Lebniz)公式

$$\int_{z_0}^{z} f(\xi)\,\mathrm{d}\xi = \varPhi(z) - \varPhi(z_0).$$

该公式将计算解析函数的积分归结为寻找原函数的问题.

利用(3-13)式,我们可以通过求原函数的方法来计算解析函数的积分.需要注意的是这个公式仅适用于单连通区域上的解析函数.

例 5　计算 $\int_{0}^{\pi\mathrm{i}} \sin z\,\mathrm{d}z$.

解　函数 $w = \sin z$ 在复平面上解析,且 $w = -\cos z$ 是它的一个原函数,故

$$\int_{0}^{\pi\mathrm{i}} \sin z\,\mathrm{d}z = -\cos z \Big|_{0}^{\pi\mathrm{i}} = 1 - \cos \pi\mathrm{i}.$$

例 6　求积分 $\int_{0}^{\mathrm{i}} (z-1)\mathrm{e}^{-z}\,\mathrm{d}z$ 的值.

解　函数 $w = (z-1)\mathrm{e}^{-z}$ 在复平面上解析,可利用(3-13)式来计算.

$$\int_{0}^{\mathrm{i}} (z-1)\mathrm{e}^{-z}\,\mathrm{d}z = \int_{0}^{\mathrm{i}} z\mathrm{e}^{-z}\,\mathrm{d}z - \int_{0}^{\mathrm{i}} \mathrm{e}^{-z}\,\mathrm{d}z.$$

上式右边第一个积分的计算可采用分部积分法,得

$$\int_0^i (z - 1) e^{-z} dz = -z e^{-z} \Big|_0^i + \int_0^i e^{-z} dz - \int_0^i e^{-z} dz = -i e^{-i}.$$

> **习题 3-2**

1. 设 Γ 为连接点 0 到点 $2\pi a$ 的摆线
$$\begin{cases} x = a(\theta - \sin\theta), \\ y = a(1 - \cos\theta), \end{cases}$$
计算积分 $\int_{\Gamma} (2z^2 + 8z + 1) dz$.

2. 计算 $\oint_{\Gamma} (|z| - e^z \sin z) dz$,其中 Γ 为 $|z| = a > 0$ 且沿逆时针方向.

3. 计算积分 $\oint_{\Gamma} \dfrac{1}{z(z^2 + 1)} dz$,其中积分路径 Γ(沿逆时针方向)分别为

(1) Γ: $|z| = \dfrac{1}{2}$;　　　　　　(2) Γ: $|z| = \dfrac{3}{2}$;

(3) Γ: $|z+i| = \dfrac{1}{2}$;　　　　　(4) Γ: $|z-i| = \dfrac{3}{2}$.

4. 利用牛顿-莱布尼茨公式计算下列积分:

(1) $\displaystyle\int_0^{\pi+2i} \cos\dfrac{z}{2} dz$;　　　　(2) $\displaystyle\int_{-\pi i}^0 e^{-z} dz$;

(3) $\displaystyle\int_0^1 z\sin z\, dz$;　　　　　　(4) $\displaystyle\int_1^i \dfrac{1 + \tan z}{\cos^2 z} dz$.

第三节　柯西积分公式及解析函数的高阶导数公式

一、柯西积分公式

利用柯西-古尔萨定理,我们可以得到解析函数的积分表达式,并称之为柯西积分公式.这个公式可以帮助我们研究解析函数的各种局部性质,并获得解析函数的一系列重要性质.

定理 1　若 $f(z)$ 是区域 D 内的解析函数,C 为 D 内的简单闭曲线,C 所围的内部全含于 D 内,z 为 C 内部任一点,则

$$f(z) = \frac{1}{2\pi i} \oint_C \frac{f(\xi) d\xi}{\xi - z}, \tag{3-14}$$

其中积分沿曲线 C 的正向.

证明 取定 C 内部一点 z.因为 $f(z)$ 在 D 内解析,所以 $f(z)$ 在点 z 处连续,即对任给的 $\varepsilon>0$,必存在 $\delta>0$,当 $|\xi-z|<\delta$ 时,有 $|f(\xi)-f(z)|<\varepsilon$.现以 z 为中心、δ 为半径作圆周 C_1:$|\xi-z|=\delta$ (图 3-10),使圆 C_1 的内部及边界全含于 C 的内部,则 $\dfrac{f(\xi)}{\xi-z}$ 在由 C 和 C_1 所围的区域内解析.

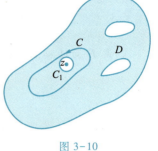

图 3-10

根据上一节定理 2,有

$$\oint_C \frac{f(\xi)\,\mathrm{d}\xi}{\xi-z} = \oint_{C_1} \frac{f(\xi)\,\mathrm{d}\xi}{\xi-z}.$$

上式右端积分与圆 C_1 的半径 δ 无关.令 $\delta\to 0$,只需证明

$$\oint_{C_1} \frac{f(\xi)\,\mathrm{d}\xi}{\xi-z} \to 2\pi\mathrm{i}f(z)$$

即可.由上一节例 3,并注意到 $f(z)$ 与 ξ 无关,于是有

$$\oint_{C_1} \frac{f(z)\,\mathrm{d}\xi}{\xi-z} = f(z)\oint_{C_1} \frac{\mathrm{d}\xi}{\xi-z} = 2\pi\mathrm{i}f(z),$$

从而

$$\left| \oint_{C_1} \frac{f(\xi)\,\mathrm{d}\xi}{\xi-z} - 2\pi\mathrm{i}f(z) \right| = \left| \oint_{C_1} \frac{f(\xi)\,\mathrm{d}\xi}{\xi-z} - \oint_{C_1} \frac{f(z)\,\mathrm{d}\xi}{\xi-z} \right|$$

$$= \left| \oint_{C_1} \frac{f(\xi)-f(z)}{\xi-z}\,\mathrm{d}\xi \right|$$

$$\leqslant \oint_{C_1} \frac{|f(\xi)-f(z)|}{|\xi-z|}\,|\mathrm{d}\xi|$$

$$\leqslant \varepsilon \oint_{C_1} \frac{\mathrm{d}s}{\delta} = 2\pi\varepsilon.$$

从而定理得证.

特别地,若 $f(z)$ 在 $\overline{D}$ 上解析,则

$$f(z) = \frac{1}{2\pi\mathrm{i}} \oint_{\partial D} \frac{f(\xi)\,\mathrm{d}\xi}{\xi-z}, \quad z\in D.$$

(请读者自证.)

(3-14)式称为**柯西积分公式**.它反映了解析函数在其解析区域边界上的值与区域内部各点处值之间的关系,函数 $f(z)$ 在边界曲线 C 上的值一旦确定,则它在 C 内部任一点处的值也随之确定.这是解析函数的重要特征.

在(3-14)式中,若 C 为圆周:$|\xi-z_0|=R$,即 $\xi=z_0+R\mathrm{e}^{\mathrm{i}\theta}(0\leqslant\theta\leqslant 2\pi)$,则

$$f(z_0) = \frac{1}{2\pi\mathrm{i}}\oint_C \frac{f(\xi)\,\mathrm{d}\xi}{\xi-z_0} = \frac{1}{2\pi\mathrm{i}}\int_0^{2\pi} \frac{f(z_0+R\mathrm{e}^{\mathrm{i}\theta})\mathrm{i}R\mathrm{e}^{\mathrm{i}\theta}}{R\mathrm{e}^{\mathrm{i}\theta}}\,\mathrm{d}\theta$$

$$= \frac{1}{2\pi} \int_0^{2\pi} f(z_0 + Re^{i\theta}) \, d\theta. \tag{3-15}$$

这就是说,一个解析函数在圆心处的值等于它在圆周上的平均值.

例1　设函数 $w=f(z)$ 在有界闭区域 $\overline{D}$ 上解析,且在边界 ∂D 上恒为常数 k,证明: $w=f(z)$ 在 $\overline{D}$ 上恒等于常数 k.

证明　设 z 为 D 中任意一点,由 $w=f(z)$ 在 $\overline{D}$ 上解析知,其在包含有界闭区域 $\overline{D}$ 的开区域上也解析,在此开区域上应用柯西积分公式有

$$w = f(z) = \frac{1}{2\pi i} \oint_{\partial D} \frac{f(\xi) \, d\xi}{\xi - z} = \frac{k}{2\pi i} \oint_{\partial D} \frac{1}{\xi - z} d\xi$$

$$= \frac{k}{2\pi i} \cdot 2\pi i = k.$$

下面的例子告诉我们,可以利用柯西积分公式来计算某些复积分.

例2　计算 $\oint_C \frac{e^z dz}{z(z-2i)}$,其中 C 为圆周 $|z-3i|=2$ 且沿正方向.

解　令 $f(z) = \frac{e^z}{z}$,则 $f(z)$ 在 $|z-3i| \leq 2$ 内是解析的,而 $2i$ 在 C 内部,由柯西积分公式得

$$\oint_C \frac{e^z dz}{z(z-2i)} = \oint_C \frac{f(z) \, dz}{z - 2i} = 2\pi i f(2i)$$

$$= 2\pi i \frac{e^{2i}}{2i} = \pi(\cos 2 + i \sin 2).$$

例3　计算积分 $\oint_C \frac{\sin \frac{\pi z}{6} dz}{z^2 - 1}$ 的值,其中 C(沿正向)分别为

(1) $\left|z - \frac{3}{2}\right| = 1$;　　(2) $\left|z + \frac{3}{2}\right| = 1$;　　(3) $|z| = 3$.

解　(1) 函数 $\frac{\sin \frac{\pi z}{6}}{z+1}$ 在 $\left|z-\frac{3}{2}\right|=1$ 的内部解析,于是由(3-14)式有

$$\oint_C \frac{\sin \frac{\pi z}{6}}{z^2 - 1} dz = \oint_C \frac{\frac{\sin \frac{\pi z}{6}}{z + 1} dz}{z - 1} = 2\pi i \left(\frac{\sin \frac{\pi z}{6}}{z + 1} \right) \Bigg|_{z=1} = \frac{\pi i}{2}.$$

(2) 函数 $\frac{\sin \frac{\pi z}{6}}{z-1}$ 在 $\left|z+\frac{3}{2}\right|=1$ 的内部解析,于是有

$$\oint_C \frac{\sin\frac{\pi z}{6}}{z^2 - 1}dz = \oint_C \frac{\frac{\sin\frac{\pi z}{6}}{z - 1}}{z + 1} = 2\pi i \left(\frac{\sin\frac{\pi z}{6}}{z - 1}\right)\Bigg|_{z=-1} = \frac{\pi i}{2}.$$

（3）被积函数 $\dfrac{\sin\frac{\pi z}{6}}{z^2 - 1}$ 在 $|z| = 3$ 的内部有两个不解析点 $z = \pm 1$. 在 C 的内部作两个互不包含且互不相交的正向圆周 C_1 和 C_2，其中 C_1 的内部包含 $z = 1$，C_2 的内部包含 $z = -1$. 由（3-10）式和上面得到的结果，有

$$\oint_C \frac{\sin\frac{\pi z}{6}}{z^2 - 1}dz = \oint_{C_1} \frac{\sin\frac{\pi z}{6}}{z^2 - 1}dz + \oint_{C_2} \frac{\sin\frac{\pi z}{6}}{z^2 - 1}dz = \frac{\pi i}{2} + \frac{\pi i}{2} = \pi i.$$

二、解析函数的高阶导数公式

在微积分学里，我们知道一个实函数在某点处有导数，并不能保证该函数在这点处有更高一阶的导数. 但对于解析函数情况就不同了，利用柯西积分公式可以证明，解析函数具有任意阶的导数.

定理 2 设 $f(z)$ 在区域 D 内解析，则在 D 内 $f(z)$ 有任意阶导数，且有

$$f^{(n)}(z) = \frac{n!}{2\pi i}\oint_C \frac{f(\xi)d\xi}{(\xi - z)^{n+1}} \quad (n = 1, 2, \cdots), \tag{3-16}$$

其中 C 为区域 D 内围绕 z 的任何一条正向简单闭曲线，它的内部完全含于 D 内.

证明 $\forall z \in D$，我们先证 $n = 1$ 时的情形，即要证明

$$f'(z) = \frac{1}{2\pi i}\oint_C \frac{f(\xi)d\xi}{(\xi - z)^2},$$

也就是要证明

$$\lim_{\Delta z \to 0}\frac{f(z + \Delta z) - f(z)}{\Delta z} = \frac{1}{2\pi i}\oint_C \frac{f(\xi)d\xi}{(\xi - z)^2}.$$

由柯西积分公式（3-14），有

$$f(z) = \frac{1}{2\pi i}\oint_C \frac{f(\xi)d\xi}{\xi - z},$$

$$f(z + \Delta z) = \frac{1}{2\pi i}\oint_C \frac{f(\xi)d\xi}{\xi - z - \Delta z},$$

于是

$$\frac{f(z + \Delta z) - f(z)}{\Delta z} = \frac{1}{2\pi i}\frac{1}{\Delta z}\oint_C \left[\frac{f(\xi)}{\xi - z - \Delta z} - \frac{f(\xi)}{\xi - z}\right]d\xi$$

$$= \frac{1}{2\pi i}\oint_C \frac{f(\xi)\,\mathrm{d}\xi}{(\xi - z - \Delta z)(\xi - z)},$$

而

$$\left| \frac{f(z + \Delta z) - f(z)}{\Delta z} - \frac{1}{2\pi i}\oint_C \frac{f(\xi)\,\mathrm{d}\xi}{(\xi - z)^2} \right|$$

$$= \left| \frac{1}{2\pi i}\oint_C \frac{f(\xi)\,\mathrm{d}\xi}{(\xi - z - \Delta z)(\xi - z)} - \frac{1}{2\pi i}\oint_C \frac{f(\xi)\,\mathrm{d}\xi}{(\xi - z)^2} \right|$$

$$= \left| \frac{1}{2\pi i}\oint_C \frac{\Delta z f(\xi)\,\mathrm{d}\xi}{(\xi - z - \Delta z)(\xi - z)^2} \right| = I.$$

由本章第一节积分不等式(3-4),得

$$I \leqslant \frac{1}{2\pi}\oint_C \frac{|\Delta z|\,|f(\xi)|}{|\xi - z - \Delta z|\,|\xi - z|^2}\mathrm{d}s.$$

因为 $f(z)$ 在区域 D 内解析,所以在闭曲线 C 上连续,故有 $|f(\xi)| \leqslant M, \xi \in C$.用 $2d$ 表示点 z 到 C 上各点的最短距离,则对于曲线 C 上的点 ξ,只要 $|\Delta z|$ 足够小且 $|\Delta z| < d$,就有

$$|\xi - z| \geqslant 2d, \quad |\xi - z - \Delta z| \geqslant |\xi - z| - |\Delta z| > d.$$

于是

$$I < \frac{1}{2\pi}\oint_C \frac{|\Delta z| M}{4d^3}\mathrm{d}s = \frac{ML}{8\pi d^3}|\Delta z|,$$

这里 L 为 C 的长度.令 $\Delta z \to 0$,则 $I \to 0$,从而有

$$f'(z) = \lim_{\Delta z \to 0} \frac{f(z + \Delta z) - f(z)}{\Delta z} = \frac{1}{2\pi i}\oint_C \frac{f(\xi)\,\mathrm{d}\xi}{(\xi - z)^2}.$$

以此类推,用数学归纳法可以证明(3-16)式成立.

推论 1　若 $f(z)$ 为定义在区域 D 内的解析函数,则其导函数 $f'(z)$ 也是 D 内的解析函数.

事实上,由定理 2 知,$f'(z)$ 在区域 D 内的导函数 $f''(z)$ 存在,从而 $f'(z)$ 在 D 内解析.

由第二章第二节的定理 2 和上述解析函数的性质,我们有下面的结果.

推论 2　函数 $f(z) = u(x,y) + iv(x,y)$ 在区域 D 内解析的充要条件是

(1) u_x, u_y, v_x, v_y 在 D 内连续;

(2) $u(x,y), v(x,y)$ 在 D 内满足柯西-黎曼方程.

证明　充分性.由于 u_x, u_y, v_x, v_y 在 D 内连续,由微积分结果知,$u(x,y), v(x,y)$ 在 D 内可微.于是由第二章第二节定理 2 知,$f(z)$ 在 D 内解析.

必要性.条件(2)直接由第二章第二节定理 2 得出.再来看条件(1),由推论 1,$f'(z)$ 在 D 内解析,从而 $f'(z)$ 在 D 内连续.而

$$f'(z) = u_x + iv_x = v_y - iu_y,$$

所以 u_x, u_y, v_x, v_y 在 D 内连续.

利用公式(3-16),我们可以通过求解析函数的高阶导数来求积分.

例 4　计算 $\oint_C \dfrac{\cos z \mathrm{d}z}{(z-\mathrm{i})^3}$,$C$ 是一条按逆时针绕点 i 一周的光滑的闭曲线.

解　由公式(3-16),得

$$\oint_C \frac{\cos z \mathrm{d}z}{(z-\mathrm{i})^3} = \frac{2\pi\mathrm{i}}{2!}\left.\frac{\mathrm{d}^2\cos z}{\mathrm{d}z^2}\right|_{z=\mathrm{i}} = -\pi\mathrm{i}\cos\mathrm{i}.$$

例 5　计算 $\oint_C \dfrac{\mathrm{e}^z \mathrm{d}z}{(z^2+1)^2}$,其中 C 为圆周 $|z|=2$ 且沿正向.

解　被积函数在 C 所围的区域内有不解析点 i 和 $-\mathrm{i}$.分别以点 i 和 $-\mathrm{i}$ 为中心作半径充分小的圆周 C_1 和 C_2(图 3-11),C_1 和 C_2 互不相交也互不包含,且全含于 C 内,则 $\dfrac{\mathrm{e}^z}{(z^2+1)^2}$ 在由 C, C_1 和 C_2 所围成的区域内解析. 由柯西-古尔萨定理,

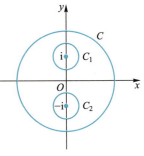

图 3-11

$$\oint_C \frac{\mathrm{e}^z \mathrm{d}z}{(z^2+1)^2} = \oint_{C_1} \frac{\mathrm{e}^z \mathrm{d}z}{(z^2+1)^2} + \oint_{C_2} \frac{\mathrm{e}^z \mathrm{d}z}{(z^2+1)^2},$$

积分沿 C, C_1 和 C_2 的正向.由(3-16)式有

$$\oint_{C_1} \frac{\mathrm{e}^z \mathrm{d}z}{(z^2+1)^2} = \oint_{C_1} \frac{\dfrac{\mathrm{e}^z}{(z+\mathrm{i})^2}\mathrm{d}z}{(z-\mathrm{i})^2} = \frac{2\pi\mathrm{i}}{(2-1)!}\left.\frac{\mathrm{d}\left(\dfrac{\mathrm{e}^z}{(z+\mathrm{i})^2}\right)}{\mathrm{d}z}\right|_{z=\mathrm{i}}$$

$$= \frac{\pi}{2}(1-\mathrm{i})\mathrm{e}^{\mathrm{i}},$$

$$\oint_{C_2} \frac{\mathrm{e}^z \mathrm{d}z}{(z^2+1)^2} = \oint_{C_2} \frac{\dfrac{\mathrm{e}^z}{(z-\mathrm{i})^2}\mathrm{d}z}{(z+\mathrm{i})^2} = \frac{2\pi\mathrm{i}}{(2-1)!}\left.\frac{\mathrm{d}\left(\dfrac{\mathrm{e}^z}{(z-\mathrm{i})^2}\right)}{\mathrm{d}z}\right|_{z=-\mathrm{i}}$$

$$= -\frac{\pi}{2}(1+\mathrm{i})\mathrm{e}^{-\mathrm{i}},$$

故

$$\oint_C \frac{\mathrm{e}^z \mathrm{d}z}{(z^2+1)^2} = \frac{\pi}{2}(1-\mathrm{i})\mathrm{e}^{\mathrm{i}} + \frac{-\pi}{2}(1+\mathrm{i})\mathrm{e}^{-\mathrm{i}}$$

$$= \mathrm{i}\pi\sqrt{2}\sin\left(1-\frac{\pi}{4}\right).$$

1. 求积分 $\displaystyle\oint_{|z|=r}\frac{1}{z^2(z+1)(z-1)}\mathrm{d}z$，其中 $r\neq 1$.

2. 计算积分 $\displaystyle\oint_{\Gamma}\frac{\mathrm{e}^z}{z(z^2-1)}\mathrm{d}z$，其中 Γ 为正向圆周 $|z|=4$.

3. 计算积分 $\displaystyle\int_{\Gamma}\frac{z}{\overline{z}}\mathrm{d}z$，其中 Γ 为两个圆周 $|z|=1$ 和 $|z|=2$ 的上半部分与实轴所围成的区域的边界，积分沿边界的正向.

4. 计算积分 $\displaystyle\oint_{\Gamma}\frac{\mathrm{e}^z}{z}\mathrm{d}z$，$\Gamma$ 为正向圆周 $|z|=1$，并证明：

$$\int_0^{\pi}\mathrm{e}^{\cos\theta}\cos(\sin\theta)\mathrm{d}\theta=\pi.$$

5. 求下列积分的值，其中路径 Γ 为 $|z|=1$ 且沿正向：

(1) $\displaystyle\oint_{\Gamma}\frac{\cos z}{z^3}\mathrm{d}z$；　　　　　　(2) $\displaystyle\oint_{\Gamma}\frac{\tan\dfrac{z}{2}}{(z-z_0)^2}\mathrm{d}z$，$|z_0|<\dfrac{1}{2}$.

6. 计算积分 $\displaystyle\oint_{\Gamma}\frac{\mathrm{d}z}{(z-1)^3(z+1)^3}$，其中 Γ 分别为

(1) 圆心位于点 $z=1$、半径 $R<2$ 的正向圆周；
(2) 圆心位于点 $z=-1$、半径 $R<2$ 的正向圆周；
(3) 圆心位于点 $z=1$、半径 $R>2$ 的正向圆周；
(4) 圆心位于点 $z=-1$、半径 $R>2$ 的正向圆周.

7. 设 $P(z)=(z-a_1)(z-a_2)\cdots(z-a_n)$，其中 $a_i(i=1,2,\cdots,n)$ 各不相同，周线 C 不通过 $a_1,a_2,\cdots,a_n$，证明积分

$$\frac{1}{2\pi\mathrm{i}}\oint_{C}\frac{P'(z)}{P(z)}\mathrm{d}z$$

等于位于 C 内的 $P(z)$ 的零点的个数.

*8. 试证明下述定理(无界区域的柯西积分公式)：设 $f(z)$ 在周线 C 及其外部区域 D 内解析，且 $\lim\limits_{z\to\infty}f(z)=A\neq\infty$，则

$$\frac{1}{2\pi\mathrm{i}}\oint_{C}\frac{f(\xi)\mathrm{d}\xi}{\xi-z}=\begin{cases}-f(z)+A,&z\in D,\\ A,&z\in G,\end{cases}$$

其中 G 为 C 所围内部区域.

第四节　解析函数和调和函数的关系

调和函数是流体力学、电磁学和热学中经常遇到的一类重要函数.由于解析函数的实部和虚部是共轭的调和函数,因此我们可以借助解析函数的有关理论来研究调和函数.

定义 1　在区域 D 内具有二阶连续偏导数并且满足拉普拉斯(Laplace)方程

$$\frac{\partial^2 \varphi}{\partial x^2} + \frac{\partial^2 \varphi}{\partial y^2} = 0$$

的二元实函数 $\varphi(x,y)$ 称为 D 内的**调和函数**.

定理 1　任何在区域 D 内解析的函数,它的实部和虚部都是 D 内的调和函数.

证明　设 $f(z) = u(x,y) + \mathrm{i}v(x,y)$ 为 D 内的一个解析函数,由 C-R 方程有

$$\frac{\partial u}{\partial x} = \frac{\partial v}{\partial y}, \qquad \frac{\partial u}{\partial y} = -\frac{\partial v}{\partial x}.$$

又由上一节推论 1,$u(x,y)$ 与 $v(x,y)$ 具有任意阶连续偏导数,从而有

$$\frac{\partial^2 u}{\partial x^2} = \frac{\partial^2 v}{\partial y \partial x}, \qquad \frac{\partial^2 u}{\partial y^2} = -\frac{\partial^2 v}{\partial x \partial y}.$$

并且

$$\frac{\partial^2 v}{\partial y \partial x} = \frac{\partial^2 v}{\partial x \partial y},$$

所以

$$\frac{\partial^2 u}{\partial x^2} + \frac{\partial^2 u}{\partial y^2} = 0.$$

同理可证

$$\frac{\partial^2 v}{\partial x^2} + \frac{\partial^2 v}{\partial y^2} = 0,$$

即 $u(x,y)$ 和 $v(x,y)$ 都是调和函数.

定义 2　设 $u=u(x,y)$ 和 $v=v(x,y)$ 均为区域 D 上的调和函数,并且它们之间满足 C-R 方程 $u_x = v_y$ 和 $u_y = -v_x$,则称 $u(x,y)$ 和 $v(x,y)$ 为一对**共轭调和函数**.

由定理 1,解析函数的实部和虚部为一对共轭调和函数.反过来,一对共轭调和函数,可以构成一个解析函数.但是应该注意,u 和 v 的关系不能错位,而且任意两个调和函数 u 和 v 所构成的函数 $u+\mathrm{i}v$ 不一定就是解析函数.例如,

$$f(z) = z^2 = x^2 - y^2 + 2xy\mathrm{i},$$

其中实部 $u = x^2 - y^2$,虚部 $v = 2xy$.由于 $f(z) = z^2$ 解析,显然 $u = x^2 - y^2$ 和 $v = 2xy$ 是一对共

轭调和函数.但函数

$$g(z) = 2xy + i(x^2 - y^2) = v + iu$$

并不解析,这是因为此时的实部和虚部不满足 C-R 方程.

根据解析函数和调和函数的上述关系,我们可以从一个已知调和函数 $u(x,y)$ 出发,利用 C-R 方程确定出另一个调和函数 $v(x,y)$,并使 $f(z) = u(x,y) + iv(x,y)$ 为解析函数.

例 1　已知 $u(x,y) = 2(x-1)y, f(2) = -i$,求其共轭调和函数 $v(x,y)$,使 $f(z) = u + iv$ 为解析的,并写出 $f(z)$ 的形式.

解　由 C-R 方程,有 $v_y = u_x = 2y$,此式两边关于 y 积分,得

$$v = \int \frac{\partial u}{\partial x} dy + g(x) = \int 2y dy + g(x) = y^2 + g(x).$$

而 $v_x = g'(x)$,又

$$v_x = -u_y = 2(1-x),$$

所以

$$g(x) = \int g'(x) dx = \int 2(1-x) dx = 2x - x^2 + C,$$

其中 C 为实常数,于是

$$v = y^2 - x^2 + 2x + C.$$

从而

$$f(z) = 2(x-1)y + i(y^2 - x^2 + 2x + C).$$

由条件 $f(2) = -i$,得 $c = -1$,故

$$f(z) = 2(x-1)y + i(y^2 - x^2 + 2x - 1)$$
$$= -i[x^2 - y^2 + 2ixy - 2(x + iy) + 1]$$
$$= -i(z-1)^2.$$

例 2　已知解析函数 $f(z)$ 的虚部 $v(x,y) = 2x^2 - 2y^2 + x$,求此解析函数.

解　因为

$$v_x = 4x + 1, \quad v_y = -4y.$$

由 C-R 方程(2-3)和 $f'(z)$ 的计算公式(2-4),有

$$f'(z) = u_x + iv_x = v_y + iv_x$$
$$= -4y + i(4x + 1)$$
$$= i(4yi + 4x) + i$$
$$= 4iz + i,$$

从而

$$f(z) = \int f'(z) dz = \int (4iz + i) dz = 2iz^2 + iz + C.$$

习题 3-4

1. 设函数 $f(z) = ax^3 + bx^2y + cxy^2 + dy^3$ 是调和函数,其中 a, b, c, d 均为常数.问 a, b, c, d 应满足什么关系?

2. 证明:函数 $u = x^2 - y^2$, $v = \dfrac{x}{x^2 + y^2}$ 都是调和函数,但 $f(z) = u + iv$ 不是解析函数.

3. 由下列各已知调和函数,求解析函数 $f(z) = u + iv$:

(1) $u = x^2 - y^2 + xy$;

(2) $u = \dfrac{y}{x^2 + y^2}, f(1) = 0$;

(3) $v = e^x(y\cos y + x\sin y) + x + y, f(0) = 2$;

(4) $v = \arctan \dfrac{y}{x}, x > 0$.

综合练习题 3

第四章

解析函数的级数展开

在微积分学中,无穷级数是一个十分重要的内容,它是用来研究函数性质以及进行数值计算的一种工具.在复变函数中,复数项级数和复变函数项级数的某些概念和定理都是实变函数的相应内容在复变函数范围内的直接推广.本章将利用上一章的柯西积分公式证明解析函数可以用级数来表示:圆盘中的解析函数可以用泰勒(Taylor)级数来表示;圆环中的解析函数可以用洛朗(Laurent)级数来表示.从级数的表示又可得到解析函数理论的一系列重要应用.

第一节 复数项级数

一、复数列和复数列的极限

定义 1 设 $\{a_n\}$ 为一复数列,其中 $a_n = \alpha_n + \mathrm{i}\beta_n (n = 1, 2, \cdots)$. $a = \alpha + \mathrm{i}\beta$ 为一复常数.如果对任意的正数 ε,存在正整数 N_ε,使得当 $n > N_\varepsilon$ 时,有

$$|a_n - a| < \varepsilon$$

成立,则称 a 为复数列 $\{a_n\}$ 当 $n \to \infty$ 时的极限,记作

$$\lim_{n \to \infty} a_n = a,$$

并称**复数列** $\{a_n\}$ **收敛于** a.

下面的定理说明复数列的收敛等价于各项的实部构成的数列和虚部构成的数列都收敛.

定理 1 复数列 $\{a_n = \alpha_n + \mathrm{i}\beta_n\}$ 收敛于 a 的充要条件是 $\lim\limits_{n \to \infty} \alpha_n = \alpha$, $\lim\limits_{n \to \infty} \beta_n = \beta$.

证明 如果 $\lim\limits_{n \to \infty} a_n = a$,则 $\forall \varepsilon > 0$, $\exists N_\varepsilon > 0$,使得当 $n > N_\varepsilon$ 时,有

$$|a_n - a| < \varepsilon.$$

从而有

$$|\alpha_n - \alpha| \leqslant |a_n - a| < \varepsilon,$$

所以有

$$\lim_{n\to\infty}\alpha_n = \alpha.$$

同理有

$$\lim_{n\to\infty}\beta_n = \beta.$$

反之,如果 $\lim\limits_{n\to\infty}\alpha_n=\alpha$,$\lim\limits_{n\to\infty}\beta_n=\beta$.于是 $\forall\varepsilon>0$,总存在正整数 N_ε,使得当 $n>N_\varepsilon$ 时,有

$$\left|\alpha_n - \alpha\right| < \frac{\varepsilon}{2},\quad \left|\beta_n - \beta\right| < \frac{\varepsilon}{2},$$

所以有

$$\left|a_n - a\right| \leqslant \left|\alpha_n - \alpha\right| + \left|\beta_n - \beta\right| < \varepsilon,$$

即

$$\lim_{n\to\infty}a_n = a.$$

二、复数项级数

设 $a_n = \alpha_n + \mathrm{i}\beta_n (n=1,2,\cdots)$ 为一复数列,表达式

$$\sum_{n=1}^{\infty} a_n = a_1 + a_2 + \cdots + a_n + \cdots \tag{4-1}$$

称为复数项的无穷级数,简称为复级数或级数.记该级数的前 n 项部分和为

$$S_n = a_1 + a_2 + \cdots + a_n,$$

并称 $\{S_n\}$ 为该级数的**部分和数列**.

显然,若一般项 a_n 的虚部 $\beta_n = 0 (n=1,2,\cdots)$,则级数 $\sum\limits_{n=1}^{\infty} a_n$ 实质上是实级数,因此实级数可以看成复级数的特例.

定义 2 　 若级数 $\sum\limits_{n=1}^{\infty} a_n$ 对应的部分和数列 $\{S_n\}$ 收敛于常数 S,即

$$\lim_{n\to\infty}S_n = S,$$

那么称 $\sum\limits_{n=1}^{\infty} a_n$ 为**收敛的级数**.数 S 叫做该**级数的和**,记为

$$\sum_{n=1}^{\infty} a_n = S.$$

若 $\lim\limits_{n\to\infty}S_n$ 不存在,则称 $\sum\limits_{n=1}^{\infty} a_n$ 为**发散的级数**.

对于级数(4-1)的收敛问题,我们有如下定理:

定理 2 　 复数项级数 $\sum\limits_{n=1}^{\infty} a_n$ 收敛于 S 的充要条件是实级数 $\sum\limits_{n=1}^{\infty}\alpha_n$ 和 $\sum\limits_{n=1}^{\infty}\beta_n$ 分别收敛于 δ 和 τ,其中 $S = \delta + \mathrm{i}\tau$,$a_n = \alpha_n + \mathrm{i}\beta_n (n=1,2,\cdots)$.

证明　部分和

$$S_n = a_1 + a_2 + \cdots + a_n$$

$$= (\alpha_1 + \alpha_2 + \cdots + \alpha_n) + i(\beta_1 + \beta_2 + \cdots + \beta_n)$$
$$= \delta_n + i\tau_n,$$

其中 $\delta_n = \sum_{k=1}^{n} \alpha_k, \tau_n = \sum_{k=1}^{n} \beta_k$，它们分别为实级数 $\sum_{n=1}^{\infty} \alpha_n$ 和 $\sum_{n=1}^{\infty} \beta_n$ 的部分和. 由定义 2 和定理 1，S_n 收敛于 S 的充要条件是 $\{\delta_n\}$ 和 $\{\tau_n\}$ 分别收敛于 δ 和 τ，从而定理得证.

　　定理 2 表明复级数的收敛问题可以转化为实级数的收敛问题，因此，有关实级数的收敛判别和性质可以推广到复级数中去. 下面我们将看到实级数的一些重要性质的推广.

　　定理 3　复级数 $\sum_{n=1}^{\infty} a_n$ 收敛的必要条件是

$$\lim_{n \to \infty} a_n = 0.$$

　　证明　由定理 2，$\sum_{n=1}^{\infty} a_n$ 收敛的充要条件是对应的两个实级数 $\sum_{n=1}^{\infty} \alpha_n$ 和 $\sum_{n=1}^{\infty} \beta_n$ 均收敛，其中 $a_n = \alpha_n + i\beta_n (n = 1, 2, \cdots)$. 微积分的结论指出：实级数收敛的必要条件是其通项的极限为零，于是有

$$\lim_{n \to \infty} \alpha_n = 0, \quad \lim_{n \to \infty} \beta_n = 0.$$

从而得到

$$\lim_{n \to \infty} a_n = 0.$$

　　定义 3　对于复级数 $\sum_{n=1}^{\infty} a_n$，若 $\sum_{n=1}^{\infty} |a_n|$ 收敛，则称级数 $\sum_{n=1}^{\infty} a_n$ **绝对收敛**；若 $\sum_{n=1}^{\infty} |a_n|$ 发散，而 $\sum_{n=1}^{\infty} a_n$ 收敛，则称级数 $\sum_{n=1}^{\infty} a_n$ **条件收敛**.

　　定理 4　如果级数 $\sum_{n=1}^{\infty} a_n$ 绝对收敛，则 $\sum_{n=1}^{\infty} a_n$ 也收敛，且

$$\left| \sum_{n=1}^{\infty} a_n \right| \le \sum_{n=1}^{\infty} |a_n|.$$

　　证明　记 $a_n = \alpha_n + i\beta_n, n = 1, 2, \cdots$，则有

$$\sum_{n=1}^{\infty} |a_n| = \sum_{n=1}^{\infty} \sqrt{\alpha_n^2 + \beta_n^2}.$$

由于 $|\alpha_n| \le \sqrt{\alpha_n^2 + \beta_n^2}$，$|\beta_n| \le \sqrt{\alpha_n^2 + \beta_n^2}$，根据正项级数的比较判别法，得知 $\sum_{n=1}^{\infty} \alpha_n$ 和 $\sum_{n=1}^{\infty} \beta_n$ 均收敛，于是 $\sum_{n=1}^{\infty} a_n$ 是收敛的. 又由三角不等式，

$$\left| \sum_{k=1}^{n} a_k \right| \le \sum_{k=1}^{n} |a_k|.$$

于是

$$\lim_{n \to \infty} \left| \sum_{k=1}^{n} a_k \right| \le \lim_{n \to \infty} \sum_{k=1}^{n} |a_k|,$$

即

$$\left| \sum_{k=1}^{\infty} a_k \right| \le \sum_{k=1}^{\infty} |a_k|.$$

利用不等式

$$|\alpha_n| \leqslant |a_n| \leqslant |\alpha_n| + |\beta_n|,$$

$$|\beta_n| \leqslant |a_n| \leqslant |\alpha_n| + |\beta_n|,$$

我们容易得到下面的结论:

　　推论　设 $a_n = \alpha_n + i\beta_n (n = 1, 2, \cdots)$,则级数 $\sum\limits_{n=1}^{\infty} a_n$ 绝对收敛的充要条件是级数 $\sum\limits_{n=1}^{\infty} \alpha_n$ 和 $\sum\limits_{n=1}^{\infty} \beta_n$ 都绝对收敛.

　　顺便指出,由于 $\sum\limits_{n=1}^{\infty} |a_n|$ 的各项都是非负的实数,所以它的收敛性可用正项级数判别法来确定.

　　例 1　下列级数是否收敛?是否绝对收敛?

$$(1)\ \sum_{n=1}^{\infty} \frac{(3i)^n}{n!}; \qquad (2)\ \sum_{n=1}^{\infty} \left(1 + \frac{1}{n}\right) e^{i\frac{\pi}{n}}; \qquad (3)\ \sum_{n=1}^{\infty} \left[\frac{(-1)^n}{n} + \frac{1}{3^n}i\right].$$

　　解　(1) $\left|\dfrac{(3i)^n}{n!}\right| = \dfrac{3^n}{n!}$.由正项级数的比值判别法知 $\sum\limits_{n=1}^{\infty} \dfrac{3^n}{n!}$ 收敛,故原级数绝对收敛.

　　(2) $\left(1 + \dfrac{1}{n}\right) e^{i\frac{\pi}{n}} = \left(1 + \dfrac{1}{n}\right) \cos\dfrac{\pi}{n} + i\left(1 + \dfrac{1}{n}\right) \sin\dfrac{\pi}{n}$,因为

$$\lim_{n \to \infty} \left(1 + \frac{1}{n}\right) \cos\frac{\pi}{n} = 1, \qquad \lim_{n \to \infty} \left(1 + \frac{1}{n}\right) \sin\frac{\pi}{n} = 0,$$

所以级数的一般项的极限为

$$\lim_{n \to \infty} \left(1 + \frac{1}{n}\right) e^{i\frac{\pi}{n}} = 1.$$

由定理 3 知 $\sum\limits_{n=1}^{\infty} \left(1 + \dfrac{1}{n}\right) e^{i\frac{\pi}{n}}$ 发散.

　　(3) 因为 $\sum\limits_{n=1}^{\infty} \dfrac{(-1)^n}{n}$ 收敛,$\sum\limits_{n=1}^{\infty} \dfrac{1}{3^n}$ 收敛,所以原级数收敛.但 $\sum\limits_{n=1}^{\infty} \dfrac{(-1)^n}{n}$ 条件收敛,由定理 4 的推论知原级数条件收敛.

> **习题 4-1**

　　1. 下列级数是否收敛?若收敛,请判断是绝对收敛还是条件收敛?

$$(1)\ \sum_{n=1}^{\infty} \frac{1 + i^{2n+1}}{n}; \qquad\qquad (2)\ \sum_{n=1}^{\infty} \left(\frac{1 + 5i}{2}\right)^n;$$

$$(3) \sum_{n=2}^{\infty} \frac{i^n}{\ln n}; \qquad\qquad (4) \sum_{n=0}^{\infty} \frac{\cos in}{2^n}.$$

2. 证明：若 $\mathrm{Re}\, a_n \geqslant 0$，且 $\sum_{n=1}^{\infty} a_n$ 和 $\sum_{n=1}^{\infty} a_n^2$ 都收敛，则级数 $\sum_{n=1}^{\infty} a_n^2$ 绝对收敛.

第二节　幂　级　数

一、幂级数的概念

所谓**幂级数**，是指形如

$$\sum_{n=0}^{\infty} a_n(z-z_0)^n = a_0 + a_1(z-z_0) + \cdots + a_n(z-z_0)^n + \cdots \qquad (4\text{-}2)$$

的表达式，它的一般项是幂函数 $a_n(z-z_0)^n$，这里 $a_n(n=0,1,2,\cdots)$ 和 z_0 是复常数，而 z 是复变数.

给定 z 的一个确定值 z_1，则级数（4-2）为复常数项级数

$$\sum_{n=0}^{\infty} a_n(z_1-z_0)^n = a_0 + a_1(z_1-z_0) + \cdots + a_n(z_1-z_0)^n + \cdots. \qquad (4\text{-}3)$$

若（4-3）式所表示的级数收敛，则称幂级数（4-2）在点 z_1 处收敛，z_1 称为级数（4-2）式的一个**收敛点**，否则称为**发散点**.我们把（4-2）式表示的级数的所有收敛点集合 D 称为**收敛域**.显然 D 为非空集，因为 $z_0 \in D$.在收敛域上，级数的和确定一个函数 $S(z)$：

$$S(z) = a_0 + a_1(z-z_0) + \cdots + a_n(z-z_0)^n + \cdots, \quad z \in D, \qquad (4\text{-}4)$$

称 $S(z)$ 为幂级数（4-2）的**和函数**.

对于幂级数（4-2），我们需要知道它在哪些点处收敛，它的和函数具有什么性质.为了讨论简便起见，不妨假定 $z_0 = 0$，这时级数成为

$$\sum_{n=0}^{\infty} a_n z^n = a_0 + a_1 z + \cdots + a_n z^n + \cdots. \qquad (4\text{-}5)$$

通常只要作变换 $w = z - z_0$，就可以把幂级数（4-2）化为幂级数（4-5）.

同微积分中的实幂级数一样，复幂级数也有相应的阿贝尔（Abel）定理.

定理1　如果幂级数 $\sum_{n=0}^{\infty} a_n z^n$ 在 $z = z_1(\neq 0)$ 处收敛，则对于满足 $|z| < |z_1|$ 的 z，该幂级数必绝对收敛；如果幂级数 $\sum_{n=0}^{\infty} a_n z^n$ 在 $z = z_2$ 处发散，则对于满足 $|z| > |z_2|$ 的 z，该幂级数必发散.

证明　我们只证明定理的前半部分，后半部分的证明留给读者.

由于级数 $\sum\limits_{n=0}^{\infty} a_n z_1^n$ 收敛,根据上一节定理 3,有

$$\lim_{n\to\infty} a_n z_1^n = 0,$$

因而存在正数 M,使对所有的 n,

$$|a_n z_1^n| < M.$$

如果 $|z| < |z_1|$,那么 $\dfrac{|z|}{|z_1|} = q < 1$,而

$$|a_n z^n| = |a_n z_1^n| \left| \frac{z}{z_1} \right|^n < Mq^n.$$

由于 $\sum\limits_{n=0}^{\infty} Mq^n$ 是公比小于 1 的等比级数,故收敛.由正项级数的比较判别法知级数

$$\sum_{n=0}^{\infty} |a_n z^n| = |a_0| + |a_1 z| + \cdots + |a_n z^n| + \cdots$$

收敛,从而级数 $\sum\limits_{n=0}^{\infty} a_n z^n$ 是绝对收敛的.

二、收敛半径和收敛圆

根据定理 1,幂级数(4-5)的收敛情况必是下列情况之一:

(1)除 $z=0$ 外,幂级数处处发散;

(2)对于所有 z,幂级数都收敛,由定理 1 知,幂级数在复平面上处处绝对收敛;

(3)存在一个正实数 R,使幂级数在 $|z|<R$ 内收敛,在 $|z|>R$ 中发散.

我们把该正实数 R 称为幂级数(4-5)的**收敛半径**,以原点为中心、R 为半径的圆盘称为级数的**收敛圆**.对幂级数(4-2)而言,它的收敛圆是以 z_0 为中心、R 为半径的圆盘.要注意的是,在收敛圆的圆周上,幂级数收敛还是发散,不能作出一般性结论,要根据具体幂级数进行分析判断.

例 1　讨论幂级数

$$\sum_{n=0}^{\infty} z^n = 1 + z + z^2 + \cdots + z^n + \cdots \tag{4-6}$$

的收敛范围及其和函数.

解　级数的部分和为

$$S_n(z) = 1 + z + \cdots + z^{n-1} = \begin{cases} \dfrac{1-z^n}{1-z}, & z \neq 1, \\ n, & z = 1, \end{cases}$$

于是当 $|z|<1$ 时,

$$\lim_{n\to\infty} S_n(z) = \frac{1}{1-z},$$

当 $|z| \geq 1$ 时,$\lim\limits_{n\to\infty} S_n(z)$ 发散.因此,该级数的收敛半径为 1,收敛圆为 $|z|<1$,其和函数为 $S(z) = \dfrac{1}{1-z}$,且在圆周 $|z|=1$ 上处处发散.

三、收敛半径的求法

对于某些幂级数,我们可以根据下面的定理来求其收敛半径.

定理 2　若 $\sum\limits_{n=0}^{\infty} a_n z^n$ 的系数满足

$$\lim_{n \to \infty} \frac{|a_{n+1}|}{|a_n|} = \rho,$$

则

(1) 当 $0 < \rho < +\infty$ 时,收敛半径 $R = \dfrac{1}{\rho}$;

(2) 当 $\rho = 0$ 时,收敛半径 $R = +\infty$(处处收敛);

(3) 当 $\rho = +\infty$ 时,收敛半径 $R = 0$(仅有一个收敛点 $z = 0$).

证明　考虑正项级数

$$\sum_{n=0}^{\infty} |a_n z^n| = |a_0| + |a_1 z| + \cdots + |a_n z^n| + \cdots.$$

由于

$$\lim_{n \to \infty} \left| \frac{a_{n+1} z^{n+1}}{a_n z^n} \right| = \lim_{n \to \infty} \frac{|a_{n+1}|}{|a_n|} |z| = \rho |z|, \tag{4-7}$$

若 $0 < \rho < +\infty$,当 $\rho |z| < 1$,即 $|z| < \dfrac{1}{\rho}$ 时,由正项级数的比值判别法,$\sum\limits_{n=0}^{\infty} |a_n z^n|$ 收敛,从而 $\sum\limits_{n=1}^{\infty} a_n z^n$ 收敛.而当 $\rho |z| > 1$,即 $|z| > \dfrac{1}{\rho}$ 时,由(4-7)式知

$$\lim_{n \to \infty} \frac{|a_{n+1} z^{n+1}|}{|a_n z^n|} > 1.$$

故当 n 充分大时,有 $|a_{n+1} z^{n+1}| \geqslant |a_n z^n|$,所以,当 $n \to \infty$ 时,一般项 $|a_n z^n|$ 不能趋于零.由上一节定理 3 可知级数 $\sum\limits_{n=0}^{\infty} a_n z^n$ 发散,故收敛半径 $R = \dfrac{1}{\rho}$.

若 $\rho = 0$,则 $\rho |z| < 1$,由(4-7)式及比值判别法知,对任何 z,级数 $\sum\limits_{n=0}^{\infty} |a_n z^n|$ 收敛,从而 $\sum\limits_{n=0}^{\infty} a_n z^n$ 收敛,即收敛半径 $R = +\infty$.

若 $\rho = +\infty$,则对任意 $z \neq 0$,当 n 充分大时,必有

$$|a_{n+1} z^{n+1}| \geqslant |a_n z^n|,$$

由此得 $\sum\limits_{n=0}^{\infty} a_n z^n$ 发散,故收敛半径 $R = 0$.

定理 3　若幂级数 $\sum\limits_{n=0}^{\infty} a_n z^n$ 的系数满足

$$\lim_{n\to\infty}\sqrt[n]{|a_n|}=\rho,$$

则

（1）当 $0<\rho<+\infty$ 时，收敛半径 $R=\dfrac{1}{\rho}$；

（2）当 $\rho=0$ 时，收敛半径 $R=+\infty$；

（3）当 $\rho=+\infty$ 时，收敛半径 $R=0$.

证明请读者自己完成.

四、幂级数的运算及和函数的性质

下面给出复幂级数的一些性质，其证明从略.

设幂级数 $\sum\limits_{n=0}^{\infty}a_nz^n$ 和 $\sum\limits_{n=0}^{\infty}b_nz^n$ 的收敛半径分别为 R_1 和 R_2，则当 $|z|<R=\min\{R_1,R_2\}$ 时，它们可以进行有理运算.

（1）加、减运算：

$$\sum_{n=0}^{\infty}a_nz^n\pm\sum_{n=0}^{\infty}b_nz^n=\sum_{n=0}^{\infty}(a_n\pm b_n)z^n,\quad|z|<R.$$

（2）乘法运算：

$$\left(\sum_{n=0}^{\infty}a_nz^n\right)\cdot\left(\sum_{n=0}^{\infty}b_nz^n\right)=a_0b_0+(a_0b_1+a_1b_0)z+\cdots+$$

$$\left(\sum_{k=0}^{n}a_kb_{n-k}\right)z^n+\cdots,\quad|z|<R.$$

上述性质说明了由两个幂级数经过加、减运算或乘法运算后，所得到的幂级数的收敛半径要大于或等于 $R=\min\{R_1,R_2\}$，并在 $|z|<R$ 内其和函数可以由上面的关系来计算.下面举一个例子来说明.

例 2　设有幂级数 $\sum\limits_{n=0}^{\infty}z^n$ 和 $\sum\limits_{n=0}^{\infty}\dfrac{1}{1+a^n}z^n(0<a<1)$ 以及 $\sum\limits_{n=0}^{\infty}\dfrac{a^n}{1+a^n}z^n$，分别求它们的收敛半径，并讨论它们之间的关系.

解　由定理 2 和定理 3，容易得到 $\sum\limits_{n=0}^{\infty}z^n$ 和 $\sum\limits_{n=0}^{\infty}\dfrac{1}{1+a^n}z^n$ 的收敛半径为 1，而 $\sum\limits_{n=0}^{\infty}\dfrac{a^n}{1+a^n}z^n$ 的收敛半径为 $\dfrac{1}{a}\left(\dfrac{1}{a}>1\right)$.

又由于 $1-\dfrac{1}{1+a^n}=\dfrac{a^n}{1+a^n}$，根据级数的加、减运算公式，有

$$\sum_{n=0}^{\infty}z^n-\sum_{n=0}^{\infty}\frac{1}{1+a^n}z^n=\sum_{n=0}^{\infty}\left(1-\frac{1}{1+a^n}\right)z^n$$

$$=\sum_{n=0}^{\infty}\frac{a^n}{1+a^n}z^n,\quad|z|<1.$$

但应该注意,当 $1 \leqslant |z| < \dfrac{1}{a}$ 时,上面等号右边的级数收敛而左边的两个级数都不收敛,因此,上面等式成立的范围为 $|z| < 1$,而不能扩充到 $|z| < \dfrac{1}{a}$ 上去.

类似于实幂级数,复幂级数在其收敛圆内的和函数有如下重要性质(证明略):

定理 4　设幂级数 $\displaystyle\sum_{n=0}^{\infty} a_n(z-z_0)^n$ 的收敛半径为 R,那么

(1) 它的和函数 $f(z) = \displaystyle\sum_{n=0}^{\infty} a_n(z-z_0)^n$ 在收敛圆 $|z-z_0| < R$ 内是解析函数;

(2) $f(z)$ 的导数可通过对其幂级数逐项求导得到,即

$$f'(z) = \sum_{n=1}^{\infty} n a_n(z-z_0)^{n-1}; \tag{4-8}$$

(3) $f(z)$ 在 $|z-z_0| < R$ 内可以逐项积分,即

$$\int_C f(z)\,\mathrm{d}z = \sum_{n=0}^{\infty} a_n \int_C (z-z_0)^n\,\mathrm{d}z, \tag{4-9}$$

其中 C 为 $|z-z_0| < R$ 内的有向光滑曲线.

利用上面的结果,我们可以求得一些幂级数的和函数.

例 3　求下列幂级数的和函数:

(1) $\displaystyle\sum_{n=1}^{\infty}(2^n - 1)z^{n-1}$; 　　　　　(2) $\displaystyle\sum_{n=0}^{\infty}(n+1)z^n$.

解　(1) 因为

$$\lim_{n\to\infty} \frac{|a_{n+1}|}{|a_n|} = \lim_{n\to\infty} \frac{|2^{n+1} - 1|}{|2^n - 1|} = 2,$$

故收敛半径 $R = \dfrac{1}{2}$.同样 $\displaystyle\sum_{n=1}^{\infty} 2^n z^{n-1}$ 和 $\displaystyle\sum_{n=1}^{\infty} z^{n-1}$ 的收敛半径分别为 $R_1 = \dfrac{1}{2}$ 和 $R_2 = 1$,于是,由级数的加、减运算公式,当 $|z| < \dfrac{1}{2}$ 时,

$$\sum_{n=1}^{\infty}(2^n - 1)z^{n-1} = \sum_{n=1}^{\infty} 2^n z^{n-1} - \sum_{n=1}^{\infty} z^{n-1} = 2\sum_{n=1}^{\infty}(2z)^{n-1} - \sum_{n=1}^{\infty} z^{n-1}$$

$$= 2\left(\frac{1}{1-2z}\right) - \frac{1}{1-z} = \frac{1}{(1-2z)(1-z)}.$$

(2) 因为

$$\lim_{n\to\infty} \frac{|a_{n+1}|}{|a_n|} = \lim_{n\to\infty} \frac{n+2}{n+1} = 1,$$

故收敛半径 $R = 1$.在 $|z| < 1$ 内取一条连接 0 和 z 的简单光滑曲线 C,由逐项积分 (4-9) 式,得

$$\int_0^z \left(\sum_{n=0}^{\infty} (n+1)z^n \right) \mathrm{d}z = \sum_{n=0}^{\infty} \int_0^z (n+1)z^n \mathrm{d}z$$

$$= \sum_{n=0}^{\infty} z^{n+1} = \frac{z}{1-z},$$

所以

$$\sum_{n=0}^{\infty} (n+1)z^n = \left(\frac{z}{1-z} \right)' = \frac{1}{(1-z)^2}, \quad |z| < 1.$$

> **习题 4-2**

1. 讨论级数 $\sum\limits_{n=0}^{\infty} (z^{n+1} - z^n)$ 的收敛性.

2. 幂级数 $\sum\limits_{n=0}^{\infty} c_n(z-2)^n$ 能否在点 $z=0$ 处收敛,而在点 $z=3$ 处发散?

3. 设级数 $\sum\limits_{n=0}^{\infty} c_n$ 收敛,而级数 $\sum\limits_{n=0}^{\infty} |c_n|$ 发散,证明:$\sum\limits_{n=0}^{\infty} c_n z^n$ 的收敛半径为 1.

4. 证明:若 $\sum\limits_{n=0}^{\infty} c_n z^n$ 在点 z_0 处发散,则对于所有满足 $|z| > |z_0|$ 的点 z,该幂级数都发散.

5. 求下列级数的收敛半径,并写出收敛圆:

(1) $\sum\limits_{n=1}^{\infty} \frac{(z-\mathrm{i})^n}{n^p}$($p$ 为正整数);

(2) $\sum\limits_{n=1}^{\infty} (-\mathrm{i})^{n-1} \frac{2n-1}{2^n} z^{2n-1}$;

(3) $\sum\limits_{n=1}^{\infty} \left(\frac{\mathrm{i}}{n} \right)^n (z-1)^n$.

6. 求出下列级数的和函数:

(1) $\sum\limits_{n=1}^{\infty} (-1)^{n-1} n z^n$;

(2) $\sum\limits_{n=0}^{\infty} (-1)^n \frac{z^{2n}}{(2n)!}$.

第三节 解析函数的泰勒展开式

上一节定理 4 指出,幂级数在它的收敛圆内的和函数是一个解析函数.本节将给出解析函数另一个重要性质:在圆盘内的解析函数可以用幂级数表示.这样,解析函数可以用一种最简明的分析表达式来表示,幂级数自然成为研究解析函数性质的有力工具.

一、解析函数的泰勒展开定理

定理 1 设 $f(z)$ 在圆 D:$|z-z_0| < R$ 内解析,则当 $z \in D$ 时,

$$f(z) = f(z_0) + \frac{f'(z_0)}{1!}(z - z_0) + \frac{f''(z_0)}{2!}(z - z_0)^2 + \cdots +$$

$$\frac{f^{(n)}(z_0)}{n!}(z - z_0)^n + \cdots, \tag{4-10}$$

即 (4-10) 式右端的级数在圆盘 D 内收敛于 $f(z)$. 此时, (4-10) 式称为 $f(z)$ 在点 z_0 处的**泰勒展开式**, 右端的级数称为 $f(z)$ 的**泰勒级数**.

证明　任取 z, ξ, 使得

$$|z - z_0| = r_1 < R, \quad r_1 < |\xi - z_0| = r_2 < R,$$

且记 C 为圆周: $|z - z_0| = r_2$.

因为点 z 在 C 的内部, 且 $f(z)$ 在 $|z - z_0| \leqslant r_2$ 上解析, 则由柯西积分公式有

$$f(z) = \frac{1}{2\pi i} \oint_C \frac{f(\xi) \, d\xi}{\xi - z}, \tag{4-11}$$

其中 C 取正方向.

注意到

$$\frac{1}{\xi - z} = \frac{1}{(\xi - z_0) - (z - z_0)} = \frac{1}{\xi - z_0} \frac{1}{1 - \dfrac{z - z_0}{\xi - z_0}},$$

利用等比数列求和公式, 我们得到

$$\frac{1}{\xi - z} = \frac{1}{\xi - z_0} \left[1 + \frac{z - z_0}{\xi - z_0} + \cdots + \left(\frac{z - z_0}{\xi - z_0} \right)^{N-1} + \frac{\left(\dfrac{z - z_0}{\xi - z_0} \right)^N}{1 - \dfrac{z - z_0}{\xi - z_0}} \right],$$

从而

$$\frac{f(\xi)}{\xi - z} = \frac{f(\xi)}{\xi - z_0} + \frac{f(\xi)}{(\xi - z_0)^2}(z - z_0) + \cdots +$$

$$\frac{f(\xi)}{(\xi - z_0)^N}(z - z_0)^{N-1} + \frac{f(\xi)(z - z_0)^N}{(\xi - z)(\xi - z_0)^N},$$

以此代入 (4-11) 式有

$$f(z) = \frac{1}{2\pi i} \oint_C \frac{f(\xi) \, d\xi}{\xi - z_0} + \frac{1}{2\pi i} \oint_C \frac{f(\xi)}{(\xi - z_0)^2}(z - z_0) \, d\xi + \cdots +$$

$$\frac{1}{2\pi i} \oint_C \frac{f(\xi)}{(\xi - z_0)^N}(z - z_0)^{N-1} \, d\xi + \frac{1}{2\pi i} \oint_C \frac{f(\xi)(z - z_0)^N}{(\xi - z)(\xi - z_0)^N} \, d\xi.$$

由解析函数的高阶导数公式,上式可写成

$$f(z) = f(z_0) + \frac{f'(z_0)}{1!}(z - z_0) + \cdots + \frac{f^{(N-1)}(z_0)}{(N-1)!}(z - z_0)^{N-1} + R_N(z),$$

其中

$$R_N(z) = \frac{(z - z_0)^N}{2\pi i} \oint_C \frac{f(\xi)\,d\xi}{(\xi - z)(\xi - z_0)^N}.$$

由于

$$|z - z_0| = r_1, \quad |\xi - z_0| = r_2 > r_1,$$

所以

$$|\xi - z| \geqslant |\xi - z_0| - |z - z_0| = r_2 - r_1.$$

现令

$$M = \max_{|\xi - z_0| = r_2} |f(\xi)|,$$

因为 $0 < \dfrac{r_1}{r_2} < 1$,则当 $N \to \infty$ 时,

$$|R_N(z)| \leqslant \frac{M \cdot r_2}{(r_2 - r_1)} \left(\frac{r_1}{r_2}\right)^N \to 0,$$

所以 $\lim\limits_{N \to \infty} R_N(z) = 0$ 在圆 $|z - z_0| < R$ 内成立,即(4-10)式是成立的.

下面来证 $f(z)$ 的展开式(4-10)是唯一的.假设有展开式

$$f(z) = \sum_{n=0}^{\infty} a_n (z - z_0)^n, \quad z \in D.$$

由上一节定理4,有

$$f^{(k)}(z) = \sum_{n=k}^{\infty} n(n-1)\cdots(n-k+1)a_n(z - z_0)^{n-k}.$$

令 $z = z_0$,即得 $f^{(k)}(z_0) = k!\, a_k$,所以有公式

$$a_n = \frac{f^{(n)}(z_0)}{n!}, \quad n = 0, 1, 2, \cdots.$$

综合上一节定理4和本节定理1,我们有如下解析函数的重要性质:

定理2　$f(z)$ 在点 z_0 处解析的充要条件是 $f(z)$ 在 z_0 的邻域内有泰勒展开式(4-10).

要注意的是:对于实函数而言,上述定理一般是不成立的.也就是说,即使实函数 $f(x)$ 在点 $x = x_0$ 处有任意阶导数 $f^{(n)}(x_0)$,$f(x)$ 也不一定能展开成泰勒级数.但对解析函数来说,问题要简单得多,这说明:解析函数在局部可以近似看成一个多

项式.

例1 将函数 $f(z) = \mathrm{e}^z$ 在点 $z = 0$ 处展开成泰勒级数.

解 因为 $f(z) = \mathrm{e}^z, n = 0, 1, 2, \cdots$, 所以

$$\mathrm{e}^z = 1 + \frac{z}{1!} + \frac{z^2}{2!} + \cdots + \frac{z^n}{n!} + \cdots, \quad |z| < +\infty.$$

类似地,

$$\sin z = z - \frac{z^3}{3!} + \frac{z^5}{5!} + \cdots + (-1)^n \frac{z^{2n+1}}{(2n+1)!} + \cdots, \quad |z| < +\infty,$$

$$\cos z = 1 - \frac{z^2}{2!} + \frac{z^4}{4!} + \cdots + (-1)^n \frac{z^{2n}}{(2n)!} + \cdots, \quad |z| < +\infty,$$

$$\mathrm{sh}\, z = z + \frac{z^3}{3!} + \frac{z^5}{5!} + \cdots + \frac{z^{2n+1}}{(2n+1)!} + \cdots, \quad |z| < +\infty,$$

$$\mathrm{ch}\, z = 1 + \frac{z^2}{2!} + \frac{z^4}{4!} + \cdots + \frac{z^{2n}}{(2n)!} + \cdots, \quad |z| < +\infty.$$

例2 求 $f(z) = (1+z)^\alpha$(取 $f(0) = 1$ 的那个分支)在点 $z = 0$ 处的泰勒展开式,其中 α 为复常数.

解 由第二章第三节知,函数

$$f(z) = (1+z)^\alpha = \mathrm{e}^{\alpha \mathrm{Ln}\,(1+z)}$$

是由 $w = \mathrm{e}^\xi$ 和 $\xi = \alpha \mathrm{Ln}\,(1+z)$ 复合而成的.由于

$$\xi = \alpha \mathrm{Ln}\,(1+z) = \alpha[\ln|1+z| + \mathrm{i}\arg(1+z) + 2k\pi\mathrm{i}]$$

是多值的,故 $f(z) = (1+z)^\alpha$ 是多值函数,且取定一个 k 就得到 $f(z)$ 的一个分支.容易看出,当 $k = 0$ 时,就得到 $f(0) = 1$ 的那个分支,即有 $f(z) = \mathrm{e}^{\alpha \ln(1+z)}$.由复合函数求导法则,得

$$f^{(n)}(z) = \alpha(\alpha-1)\cdots(\alpha-n+1)(1+z)^{\alpha-n}, \quad n = 1, 2, \cdots,$$

所以

$$\frac{f^{(n)}(0)}{n!} = \frac{\alpha(\alpha-1)\cdots(\alpha-n+1)}{n!}, \quad n = 1, 2, \cdots,$$

从而 $f(z)$ 在点 $z = 0$ 处的泰勒级数为

$$(1+z)^\alpha = 1 + \frac{\alpha}{1!}z + \frac{\alpha(\alpha-1)}{2!}z^2 + \cdots +$$

$$\frac{\alpha(\alpha-1)\cdots(\alpha-n+1)}{n!}z^n + \cdots, \quad |z| < 1.$$

例1和例2都是直接利用公式

$$a_n = \frac{f^{(n)}(z_0)}{n!} \quad (n = 0, 1, 2, \cdots)$$

来计算解析函数 $f(z)$ 的泰勒展开式中的各项系数,这种方法称为**直接法**.由于解析函数在一点处的泰勒展开式是唯一的,我们可以借助于已知函数的展开式并利用幂级数的一些性质来求函数的泰勒展开式,这种方法称为**间接法**.

例 3　求下列函数在指定点 z_0 处的泰勒展开式:

(1) $\sin z$ 在点 $z = 0$ 处;　(2) $\dfrac{1}{(1+z)^2}$ 在点 $z = 1$ 处.

解　(1) $\sin z = \dfrac{1}{2\mathrm{i}}(\mathrm{e}^{\mathrm{i}z} - \mathrm{e}^{-\mathrm{i}z}) = \dfrac{1}{2\mathrm{i}}\left[\sum\limits_{n=0}^{\infty} \dfrac{(\mathrm{i}z)^n}{n!} - \sum\limits_{n=0}^{\infty} \dfrac{(-\mathrm{i}z)^n}{n!}\right]$

$$= \sum_{n=0}^{\infty} (-1)^n \frac{z^{2n+1}}{(2n+1)!}.$$

(2) $\dfrac{1}{(1+z)^2} = \dfrac{1}{4} \dfrac{1}{\left(1 + \dfrac{z-1}{2}\right)^2} = \dfrac{1}{4} \dfrac{1}{(1+\xi)^2}$　$\left(\text{令 } \xi = \dfrac{z-1}{2}\right)$.

把(4-6)式中的 z 换成 $-\xi$,得

$$\frac{1}{1+\xi} = 1 - \xi + \xi^2 + \cdots + (-1)^n \xi^n + \cdots, \quad |\xi| < 1.$$

上式两边逐项求导,得

$$\frac{1}{(1+\xi)^2} = 1 - 2\xi + 3\xi^2 - 4\xi^3 + \cdots + (-1)^{n-1} n \xi^{n-1} + \cdots, \quad |\xi| < 1.$$

于是有

$$\frac{1}{(1+z)^2} = \frac{1}{4}(1 - 2\xi + 3\xi^2 - 4\xi^3 + \cdots + (-1)^{n-1} n \xi^{n-1} + \cdots)$$

$$= \frac{1}{4}\left[1 - 2\left(\frac{z-1}{2}\right) + 3\left(\frac{z-1}{2}\right)^2 + \cdots + \right.$$

$$\left. (-1)^{n-1} n \left(\frac{z-1}{2}\right)^{n-1} + \cdots\right]$$

$$= \sum_{n=1}^{\infty} (-1)^{n-1} \frac{n}{2^{n+1}} (z-1)^{n-1} \quad (|z-1| < 2).$$

二、解析函数在零点附近的性质

利用解析函数的泰勒展开式可以研究解析函数在零点附近的性质.

设 z_0 为 $f(z)$ 的零点,若 $f(z)$ 在点 z_0 处解析,且

$$f(z_0) = f'(z_0) = \cdots = f^{(m-1)}(z_0) = 0, \quad f^{(m)}(z_0) \neq 0,$$

则称 z_0 是 $f(z)$ 的 m **阶零点**.例如,显然 $z = 0$ 为 $f(z) = z\sin z$ 的零点,又

$$f'(z)\Big|_{z=0} = (\sin z + z\cos z)\Big|_{z=0} = 0,$$

而

$$f''(z)\Big|_{z=0} = (2\cos z - z\sin z)\Big|_{z=0} = 2 \neq 0,$$

所以 $z=0$ 是 $z\sin z$ 的二阶零点.

定理 3　设 $f(z)$ 在点 z_0 处解析,则 z_0 为 $f(z)$ 的 m 阶零点的充要条件是 $f(z)$ 在 z_0 的邻域内可以表示为

$$f(z) = (z - z_0)^m g(z),\tag{4-12}$$

其中 $g(z)$ 在点 z_0 处解析,且 $g(z_0) \neq 0$.

证明　充分性是显然的,下面证明必要性.由于 $f(z)$ 在点 z_0 处解析,则 $f(z)$ 在 z_0 的邻域内有泰勒展开式

$$f(z) = f(z_0) + \cdots + \frac{f^{(m-1)}(z_0)}{(m-1)!}(z - z_0)^{(m-1)} +$$

$$\frac{f^{(m)}(z_0)}{m!}(z - z_0)^m + \cdots.$$

又由于 z_0 是 $f(z)$ 的 m 阶零点,则上式为

$$f(z) = \frac{f^{(m)}(z_0)}{m!}(z - z_0)^m + \frac{f^{(m+1)}(z_0)}{(m+1)!}(z - z_0)^{m+1} + \cdots$$

$$= (z - z_0)^m \left[\frac{f^{(m)}(z_0)}{m!} + \frac{f^{(m+1)}(z_0)}{(m+1)!}(z - z_0) + \cdots \right]$$

$$= (z - z_0)^m g(z),$$

其中 $g(z)$ 是 $\displaystyle\sum_{k=0}^{\infty} \frac{f^{(m+k)}(z_0)}{(m+k)!}(z - z_0)^k$ 的和函数,它在点 $z = z_0$ 处解析且

$$g(z_0) = \frac{f^{(m)}(z_0)}{m!} \neq 0.$$

命题得证.

根据(4-12)式,我们可以通过 $f(z)$ 的分解式得出 $f(z)$ 在零点处的一些信息.例如, $z=0$ 和 $z=2$ 分别是 $f(z) = z^2(z-2)^3$ 的二阶和三阶零点,而表达式(4-12)中相应的 $g(z)$ 分别是 $(z-2)^3$ 和 z^2.

若 z_0 是 $f(z)$ 的零点,且存在 z_0 的邻域 $D(z_0,\delta)$,使 z_0 是 $f(z)$ 在 $D(z_0,\delta)$ 中的唯一零点,则称 z_0 是 $f(z)$ 的**孤立零点**.下面的定理揭示出解析函数的零点是孤立的.

定理 4　设 $f(z)$ 在点 z_0 处解析,且 z_0 为 $f(z)$ 的零点,则存在 z_0 的一个邻域 $D(z_0,\delta)$,使得

$$f(z) \equiv 0, \quad z \in D(z_0,\delta)$$

或

$$f(z) \neq 0, \quad z \in D(z_0,\delta) \setminus \{z_0\}.$$

证明　若 z_0 是 $f(z)$ 的 m 阶零点,则由定理 3,有

$$f(z) = (z - z_0)^m g(z) \quad 且 \quad g(z_0) = \frac{f^{(m)}(z_0)}{m!} \neq 0.$$

因为 $g(z)$ 在点 z_0 处解析,所以在 z_0 处连续,从而存在 $\delta > 0$ 使得当 $|z - z_0| < \delta$ 时,

$$|g(z) - g(z_0)| < \frac{|g(z_0)|}{2},$$

利用三角不等式,

$$|g(z)| > \frac{|g(z_0)|}{2} > 0.$$

从而在点 z_0 的邻域 $D(z_0, \delta)$ 内,有 $f(z) \neq 0, z \in D(z_0, \delta) \backslash \{z_0\}$.

若 $f(z)$ 在点 z_0 处的任意阶导数都为零,即

$$f^{(n)}(z_0) = 0 \quad (n = 0, 1, 2, \cdots),$$

则由定理 1 知,存在 $\delta > 0$,使 $f(z)$ 在 $D(z_0, \delta)$ 内恒为零.

这个结果说明:一个不恒为零的解析函数的零点是孤立的.可导的实变函数不具备这种性质.例如,

$$\varphi(x) = \begin{cases} 0, & x = 0, \\ \mathrm{e}^{-1/x^2}, & x \neq 0 \end{cases}$$

在实轴上各点处有任意阶导数,且 $\varphi^{(n)}(0) = 0 (n = 0, 1, 2, \cdots)$,然而 $\varphi(x)$ 在点 0 的任何邻域内不恒等于零.

推论 1(洛比达(L'Hospital)法则) 若函数 $f(z)$ 和 $g(z)$ 在点 z_0 处解析,且 $f(z_0) = g(z_0) = 0$,但 $g'(z_0) \neq 0$,则

$$\lim_{z \to z_0} \frac{f(z)}{g(z)} = \frac{f'(z_0)}{g'(z_0)}.$$

证明 因为 $g'(z_0) \neq 0$,由定理 4 的证明知,z_0 是 $g(z)$ 的一个孤立零点,即存在 z_0 的一个邻域 $D(z_0, \delta)$,使得当 $z \in D(z_0, \delta) \backslash \{z_0\}$ 时,$g(z) \neq 0$.从而

$$\frac{f(z)}{g(z)} = \frac{f(z) - f(z_0)}{g(z) - g(z_0)}$$

在 $D(z_0, \delta) \backslash \{z_0\}$ 中有定义,所以

$$\lim_{z \to z_0} \frac{f(z)}{g(z)} = \lim_{z \to z_0} \frac{f(z) - f(z_0)}{g(z) - g(z_0)} = \lim_{z \to z_0} \frac{\dfrac{f(z) - f(z_0)}{z - z_0}}{\dfrac{g(z) - g(z_0)}{z - z_0}} = \frac{f'(z_0)}{g'(z_0)}.$$

推论 2(解析函数的唯一性) 设 $f_1(z), f_2(z)$ 在区域 D 内解析,若存在点列 $\{z_n\} \subset D$,使得 $f_1(z_n) = f_2(z_n), n = 1, 2, \cdots,$ 且 $\lim\limits_{n \to \infty} z_n = a \in D$,则在区域 D 中有

$$f_1(z) = f_2(z).$$

证明　令 $\varphi(z)=f_1(z)-f_2(z)$，则 $\varphi(z_n)=0,n=1,2,\cdots$．因为 $\varphi(z)$ 在 D 内解析，从而在 D 内连续，所以有

$$\varphi(a)=\lim_{n\to\infty}\varphi(z_n)=0,$$

即 a 是 $\varphi(z)$ 的一个零点．由于 z_n 也是 $\varphi(z)$ 的零点，且 $z_n\to a$，所以 a 不是孤立的．由定理 4，有 $\varphi(z)\equiv 0$，即

$$f_1(z)=f_2(z).$$

> **习题 4-3**

1. 用直接法将 $\dfrac{1}{1+z^2}$ 在 $|z-1|<\sqrt{2}$ 中展开为泰勒级数（到 z^4 的项），并指出其收敛半径．

2. 用间接法将下列函数展开为泰勒级数，并指出收敛半径：

(1) $\dfrac{1}{2z-3}$ 分别在点 $z=0$ 和 $z=1$ 处；　　(2) $\sin^3 z$ 在点 $z=0$ 处；

(3) $\arctan z$ 在点 $z=0$ 处；　　(4) $\dfrac{z}{(z+1)(z+2)}$ 在点 $z=2$ 处；

(5) $\dfrac{1}{(1+z^2)^2}$ 在点 $z=0$ 处；　　(6) $\displaystyle\int_0^z \mathrm{e}^{z^2}\mathrm{d}z$ 在点 $z=0$ 处．

3. 设函数 $f(z)=\displaystyle\sum_{n=0}^{\infty}(3+(-1)^n)^n z^n$，计算 $f^{(10)}(0)$．

4. 为什么在区域 $|z|<R$ 内解析且在区间 $(-R,R)$ 上取实数值的函数 $f(z)$ 展开成 z 的幂级数时，展开式的系数都是实数？

第四节　洛朗级数、解析函数的洛朗展开式

上一节已经证明了在以点 z_0 为中心的圆盘内解析的函数 $f(z)$ 一定可以展开为 $z-z_0$ 的幂级数．现在我们要问，在圆环 $r<|z-z_0|<R$ 内解析的函数 $f(z)$（在点 z_0 处不解析）是否也可以展开为 $z-z_0$ 的幂级数？回答是否定的，因为幂级数的和函数在它的收敛圆中是解析的（包括点 z_0）．本节将讨论在以点 z_0 为中心的圆环内解析的函数的级数表示法．

我们称形如

$$\sum_{n=-\infty}^{\infty}a_n(z-z_0)^n=\sum_{n=0}^{\infty}a_n(z-z_0)^n+\sum_{n=1}^{\infty}a_{-n}(z-z_0)^{-n}\qquad(4\text{-}13)$$

的级数为**洛朗级数**,其中 z_0 和 $a_n (n = 0, \pm 1, \pm 2, \cdots)$ 为常数,z 为变量.洛朗级数(4-13)式由两个部分组成,第一部分是 $z-z_0$ 的正幂级数

$$\sum_{n=0}^{\infty} a_n (z - z_0)^n = a_0 + a_1 (z - z_0) + \cdots + a_n (z - z_0)^n + \cdots, \quad (4\text{-}14)$$

称之为洛朗级数的**解析部分**;第二部分是 $z-z_0$ 的负幂级数

$$\sum_{n=1}^{\infty} a_{-n} (z - z_0)^{-n} = a_{-1} (z - z_0)^{-1} + a_{-2} (z - z_0)^{-2} + \cdots + a_{-n} (z - z_0)^{-n} + \cdots,$$

$$(4\text{-}15)$$

称之为洛朗级数的**主要部分**.

如果在点 $z=z_1$ 处,级数(4-14)和级数(4-15)都收敛,就称 z_1 为级数(4-13)的一个收敛点.不是收敛点的点就称为级数(4-13)的发散点.

我们首先来讨论级数(4-13)的全体收敛点的集合.

级数(4-14)是 $z-z_0$ 的幂级数,它的收敛范围是圆盘 $|z-z_0| < R$,且 $|z-z_0| > R$ 时级数发散.

对于级数(4-15)而言,作变换 $\xi = \dfrac{1}{z-z_0}$,就得到 ξ 的幂级数

$$\sum_{n=1}^{\infty} a_{-n} (z - z_0)^{-n} = \sum_{n=1}^{\infty} a_{-n} \xi^n,$$

设它的收敛半径为 ρ,则上述级数当 $|\xi| < \rho$ 时收敛,当 $|\xi| > \rho$ 时发散.记 $r = \dfrac{1}{\rho}$,于是负幂级数(4-15)当 $|z-z_0| > r$ 时收敛,当 $|z-z_0| < r$ 时发散.

综上所述,级数(4-13)的收敛集合就取决于 r 和 R.

(1)若 $r > R$(图4-1(a)),此时级数(4-14)和级数(4-15)没有公共的收敛部分,故洛朗级数(4-13)在复平面上处处发散.

(2)若 $r < R$(图4-1(b)),此时级数(4-14)和级数(4-15)的公共收敛部分为圆环 $r < |z-z_0| < R$,所以级数(4-13)在这个圆环内收敛,而在其外部发散.在其边界 $|z-z_0| = r$ 和 $|z-z_0| = R$ 上,级数(4-13)可能有收敛点,也可能有发散点,要根据具体情况而定.

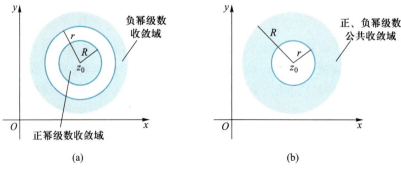

图 4-1

（3）若 $r=R$，此时级数在 $|z-z_0|=R$ 以外的点处处发散，而在 $|z-z_0|=R$ 上的点处的收敛性，要根据具体情况而定.

洛朗级数（4-13）在其收敛圆环上的和函数也有类似于幂级数的性质，比如下面的结果成立.

定理 1　洛朗级数（4-13）在其收敛圆环内的和函数是解析的，而且可以逐项求积分和逐项求导数.（证明从略）

例 1　讨论级数 $\sum\limits_{n=1}^{\infty} \dfrac{a^n}{z^n} + \sum\limits_{n=0}^{\infty} \dfrac{z^n}{b^n}$ 的收敛圆环，并求和函数，其中 a 与 b 为复常数，且 $|a|<|b|$.

解　我们分别讨论负幂级数和正幂级数.负幂级数

$$\sum_{n=1}^{\infty} \frac{a^n}{z^n} = \sum_{n=1}^{\infty} \left(\frac{a}{z}\right)^n,$$

当 $\left|\dfrac{a}{z}\right|<1$，即 $|z|>|a|$ 时收敛，且和函数为 $\dfrac{a}{z-a}$.正幂级数

$$\sum_{n=0}^{\infty} \frac{z^n}{b^n} = \sum_{n=0}^{\infty} \left(\frac{z}{b}\right)^n,$$

当 $\left|\dfrac{z}{b}\right|<1$，即 $|z|<|b|$ 时收敛，且和函数为 $\dfrac{b}{b-z}$.所以，当 $|a|<|b|$ 时，原级数收敛且收敛圆环为 $|a|<|z|<|b|$，和函数为

$$\frac{a}{z-a} + \frac{b}{b-z} = \frac{(a-b)z}{(a-z)(b-z)}, \quad |a|<|z|<|b|.$$

此例还告诉我们这样一个事实：在圆环 $|a|<|z|<|b|$ 内解析的函数

$$f(z) = \frac{(a-b)z}{(a-z)(b-z)}$$

可以展开为级数，即

$$\frac{(a-b)z}{(a-z)(b-z)} = \sum_{n=1}^{\infty} \frac{a^n}{z^n} + \sum_{n=0}^{\infty} \frac{z^n}{b^n}, \quad |a|<|z|<|b|.$$

现在我们要问：在圆环内的任意一个解析函数是否一定能展开成幂级数？回答是肯定的.

定理 2　设 $f(z)$ 在圆环 $r<|z-z_0|<R$ 内解析，那么

$$f(z) = \sum_{n=-\infty}^{\infty} a_n(z-z_0)^n, \quad r<|z-z_0|<R, \tag{4-16}$$

其中

$$a_n = \frac{1}{2\pi i} \oint_C \frac{f(\xi)\,\mathrm{d}\xi}{(\xi-z_0)^{n+1}}, \quad n=0,\ \pm 1,\ \pm 2,\cdots. \tag{4-17}$$

这里 C 为圆环内任何一条绕点 z_0 的正向简单闭曲线(图 4-2)且(4-16)式是唯一的.

证明　任取 $z \in D = \{z \mid r < |z - z_0| < R\}$,在 D 中以点 z_0 为圆心作正向圆周

$$K_1 : |\xi - z_0| = r_1, \quad K_2 : |\xi - z_0| = r_2,$$

使得 $r < r_1 < r_2 < R$ 且 $r_1 < |z - z_0| < r_2$,即 z 在由 K_1 和 K_2 所围成的圆环中(图 4-2).由第三章第三节定理 1(柯西积分公式),

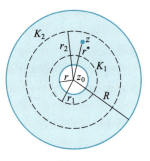

图 4-2

$$f(z) = \frac{1}{2\pi i} \oint_{K_2 + K_1^-} \frac{f(\xi)\,\mathrm{d}\xi}{\xi - z} = \frac{1}{2\pi i} \oint_{K_2} \frac{f(\xi)\,\mathrm{d}\xi}{\xi - z} - \frac{1}{2\pi i} \oint_{K_1} \frac{f(\xi)\,\mathrm{d}\xi}{\xi - z}. \tag{4-18}$$

对于(4-18)式的第一个积分,因为 $|f(z)|$ 在 K_2 上连续,且 $\left|\dfrac{z - z_0}{\xi - z_0}\right| < 1$,类似于本章第三节定理 1 的证明,可以得到

$$\frac{1}{2\pi i} \oint_{K_2} \frac{f(\xi)\,\mathrm{d}\xi}{\xi - z} = \sum_{n=0}^{\infty} a_n (z - z_0)^n, \tag{4-19}$$

其中

$$a_n = \frac{1}{2\pi i} \oint_{K_2} \frac{f(\xi)\,\mathrm{d}\xi}{(\xi - z_0)^{n+1}} \quad (n = 0, 1, 2, \cdots),$$

对于(4-18)式的第二个积分,此时点 ξ 在圆周 K_1 上,因而有

$$\frac{1}{\xi - z} = \frac{1}{\xi - z_0 - (z - z_0)} = -\frac{1}{z - z_0} \cdot \frac{1}{1 - \dfrac{\xi - z_0}{z - z_0}}$$

$$= -\frac{1}{z - z_0}\left(1 + \frac{\xi - z_0}{z - z_0} + \cdots + \left(\frac{\xi - z_0}{z - z_0}\right)^{N-1} + \frac{\left(\dfrac{\xi - z_0}{z - z_0}\right)^N}{1 - \dfrac{\xi - z_0}{z - z_0}}\right),$$

从而

$$\frac{f(\xi)}{\xi - z} = -\left(\frac{f(\xi)}{z - z_0} + \frac{f(\xi)}{(\xi - z_0)^{-1}(z - z_0)^2} + \cdots + \right.$$

$$\left. \frac{f(\xi)}{(\xi - z_0)^{-N+1}(z - z_0)^N} + \frac{f(\xi)}{z - \xi}\left(\frac{\xi - z_0}{z - z_0}\right)^N\right),$$

于是

$$\frac{1}{2\pi i} \oint_{K_1} \frac{f(\xi)\,\mathrm{d}\xi}{\xi - z} = -\sum_{n=1}^{N}\left(\frac{1}{2\pi i}\oint_{K_1} \frac{f(\xi)\,\mathrm{d}\xi}{(\xi - z_0)^{-n+1}}\right)(z - z_0)^{-n} + Q_N(z),$$

其中

$$Q_N(z) = \frac{1}{2\pi i} \oint_{K_1} \frac{f(\xi)}{\xi - z} \left(\frac{\xi - z_0}{z - z_0} \right)^N d\xi.$$

令 $|z - z_0| = r^*$，因为上式中的 ξ 在圆周 K_1 上，即 $|\xi - z_0| = r_1$，所以

$$\left| \frac{\xi - z_0}{z - z_0} \right| = \frac{r_1}{r^*} < 1$$

及

$$|\xi - z| \geqslant |z - z_0| - |\xi - z_0| = r^* - r_1.$$

又由于 $|f(\xi)|$ 在 K_1 上是连续函数，再令 $M = \max\limits_{\zeta \in K_1} |f(\xi)|$，便得

$$|Q_N(z)| \leqslant \frac{1}{2\pi} \oint_{K_1} \left| \frac{f(\xi)}{\xi - z} \right| \left| \frac{\xi - z_0}{z - z_0} \right|^N |d\xi|$$

$$\leqslant \frac{1}{2\pi} \frac{M}{r^* - r_1} \left(\frac{r_1}{r^*} \right)^N 2\pi r_1 \to 0 \quad (\text{当 } N \to \infty \text{ 时}).$$

这样 (4-18) 式的第二个积分可以表示为

$$\frac{1}{2\pi i} \oint_{K_1} \frac{f(\xi) d\xi}{\xi - z} = - \sum_{n=1}^{\infty} a_{-n} (z - z_0)^{-n}, \qquad (4\text{-}20)$$

其中

$$a_{-n} = \frac{1}{2\pi i} \oint_{K_1} \frac{f(\xi) d\xi}{(\xi - z_0)^{-n+1}} \quad (n = 1, 2, \cdots).$$

将 (4-19) 式和 (4-20) 式代入 (4-18) 式得到

$$f(z) = \sum_{n=0}^{\infty} a_n (z - z_0)^n + \sum_{n=1}^{\infty} a_{-n} (z - z_0)^{-n}.$$

由第三章第二节定理 2 (公式 (3-11))，(4-19) 式和 (4-20) 式可以统一表示为

$$a_n = \frac{1}{2\pi i} \oint_C \frac{f(\xi) d\xi}{(\xi - z_0)^{n+1}} \quad (n = 0, \pm 1, \pm 2, \cdots),$$

其中 C 为圆环区域 D 中任意一条绕点 z_0 的闭曲线，因此 $f(z)$ 在 D 上有形如 (4-16) 式的级数形式. 公式 (4-16) 称为函数 $f(z)$ 在以点 z_0 为中心的圆环 $r < |z - z_0| < R$ 内的洛朗展开式. 它的右端称为 $f(z)$ 在此圆环内的洛朗级数.

现在来证明唯一性. 设 $f(z)$ 在区域 D 内还有另一个洛朗级数展开式

$$f(z) = \sum_{n=-\infty}^{\infty} b_n (z - z_0)^n,$$

上式两边同乘 $\dfrac{1}{(z-z_0)^{m+1}}$，则

$$\frac{f(z)}{(z-z_0)^{m+1}} = \sum_{n=-\infty}^{\infty} b_n (z-z_0)^{n-m-1},$$

两边积分便得

$$\frac{1}{2\pi i}\oint_C \frac{f(\xi)\,\mathrm{d}\xi}{(\xi-z_0)^{m+1}} = \sum_{n=-\infty}^{\infty} \frac{b_n}{2\pi i}\oint_C (\xi-z_0)^{n-m-1}\,\mathrm{d}\xi = b_m,$$

于是 $b_n = a_n (n=0,\pm1,\pm2,\cdots)$.

读者应该注意,在上一节的泰勒展开式(4-10)中,幂级数的各项系数可以用函数 $f(z)$ 在点 z_0 处的高阶导数来计算,即

$$a_n = \frac{f^{(n)}(z_0)}{n!} \quad (n=0,1,2,\cdots),$$

并且由第三章第三节(3-16)式有

$$a_n = \frac{1}{2\pi i}\oint_C \frac{f(\xi)\,\mathrm{d}\xi}{(\xi-z_0)^{n+1}} \quad (n=0,1,2,\cdots),$$

但在洛朗级数(4-16)中的系数

$$\frac{1}{2\pi i}\oint_C \frac{f(\xi)\,\mathrm{d}\xi}{(\xi-z_0)^{n+1}} \quad (n=0,\pm1,\pm2,\cdots)$$

不能用 $\dfrac{f^{(n)}(z_0)}{n!}$ 来代替,这两者并不相等.这是因为此时的函数 $f(z)$ 在点 z_0 处不解析.

另外,虽然(4-17)式给出了求函数的洛朗展开式的一般方法,但用它直接求系数 a_n 通常很困难.实际上,我们可以像上一节求解析函数的泰勒展开式那样采用间接法,对于一些函数的展开会简便得多.

洛朗级数的
解析圆环
视频讲解

例 2　求函数 $f(z) = \dfrac{1}{(z-1)(z-2)}$ 在下列圆环内的洛朗级数:

(1) $0 < |z| < 1$;　　　(2) $1 < |z| < 2$;　　　(3) $2 < |z| < +\infty$;

(4) $0 < |z-1| < 1$;　　(5) $1 < |z-1| < +\infty$.

解　将函数表示成

$$f(z) = \frac{1}{1-z} - \frac{1}{2-z}.$$

(1) 在 $0 < |z| < 1$ 内,由于 $|z| < 1$,因此 $\left|\dfrac{z}{2}\right| < 1$,从而有

$$\frac{1}{1-z} = 1 + z + z^2 + \cdots + z^n + \cdots$$

和

$$\frac{1}{2-z} = \frac{1}{2}\,\frac{1}{1-\dfrac{z}{2}} = \frac{1}{2}\left(1 + \frac{z}{2} + \cdots + \frac{z^n}{2^n} + \cdots\right).$$

因此

$$f(z) = (1 + z + \cdots + z^n + \cdots) - \frac{1}{2}\left(1 + \frac{z}{2} + \cdots + \frac{z^n}{2^n} + \cdots\right)$$

$$= \frac{1}{2} + \frac{3}{4}z + \frac{7}{8}z^2 + \cdots.$$

注意,展开式中不含有 z 的负幂项,这是因为 $f(z) = \dfrac{1}{(z-1)(z-2)}$ 在点 $z=0$ 处解析,故 $f(z)$ 在圆盘 $|z|<1$ 内的泰勒展开式和它在圆环 $0<|z|<1$ 内的洛朗展开式是相同的.因此可认为泰勒级数是洛朗级数的特殊情形.

(2) 在 $1<|z|<2$ 内, $\left|\dfrac{1}{z}\right|<1$, $\left|\dfrac{z}{2}\right|<1$,故

$$f(z) = \frac{1}{1-z} - \frac{1}{2-z} = -\frac{1}{z}\,\frac{1}{1-1/z} - \frac{1}{2}\,\frac{1}{1-z/2}$$

$$= -\frac{1}{z}\left(1 + \frac{1}{z} + \cdots + \frac{1}{z^n} + \cdots\right) - \frac{1}{2}\left(1 + \frac{z}{2} + \frac{z^2}{4} + \cdots\right)$$

$$= -\sum_{n=0}^{\infty} \frac{1}{z^{n+1}} - \sum_{n=0}^{\infty} \frac{z^n}{2^{n+1}}.$$

(3) 在 $2<|z|<+\infty$ 内,有 $\left|\dfrac{1}{z}\right|<1$, $\left|\dfrac{2}{z}\right|<1$,故

$$f(z) = \frac{1}{1-z} - \frac{1}{2-z} = \frac{1}{z}\,\frac{1}{1-2/z} - \frac{1}{z}\,\frac{1}{1-1/z}$$

$$= \frac{1}{z}\left(1 + \frac{2}{z} + \frac{4}{z^2} + \cdots\right) - \frac{1}{z}\left(1 + \frac{1}{z} + \cdots + \frac{1}{z^n} + \cdots\right)$$

$$= \frac{1}{z^2} + \frac{3}{z^3} + \frac{7}{z^4} + \cdots.$$

(4) 在 $0<|z-1|<1$ 内,有

$$f(z) = \frac{1}{z-2} - \frac{1}{z-1} = -\frac{1}{1-(z-1)} - \frac{1}{z-1}$$

$$= -\sum_{n=0}^{\infty} (z-1)^n - \frac{1}{z-1}$$

$$= -\frac{1}{z-1} - 1 - (z-1) - (z-1)^2 - \cdots - (z-1)^n - \cdots.$$

（5）在 $1<|z-1|<+\infty$ 内，$\left|\dfrac{1}{z-1}\right|<1$，所以有

$$f(z) = \frac{1}{(z-1)-1} - \frac{1}{z-1}$$

$$= \frac{1}{(z-1)\left(1-\dfrac{1}{z-1}\right)} - \frac{1}{z-1}$$

$$= \left(\frac{1}{z-1} + \frac{1}{(z-1)^2} + \cdots + \frac{1}{(z-1)^n} + \cdots\right) - \frac{1}{z-1}$$

$$= \frac{1}{(z-1)^2} + \frac{1}{(z-1)^3} + \cdots + \frac{1}{(z-1)^n} + \cdots.$$

从这个例子看到，给定点 z_0 后，可以把复平面分成（由 $f(z)$ 的不解析点隔开的）若干个以 z_0 为圆心的圆环，函数 $f(z)$ 在这些圆环内都是解析的．因为圆环的不同，函数 $f(z)$ 的 $z-z_0$ 的洛朗级数一般是不同的，这个结果与洛朗展开式的唯一性不矛盾．事实上，所谓洛朗展开式的唯一性，是指函数在同一个圆环内的展开式是唯一的．另外要注意，我们虽然可以通过函数的洛朗展开式得到一些信息，但这仅局限于展开式的收敛圆环中．例如，在例 2 中知，当 $2<|z|<+\infty$ 时，有

$$\frac{1}{(z-1)(z-2)} = \sum_{n=1}^{\infty} \frac{2^n-1}{z^{n+1}},$$

从等式右边可以看到右边在点 $z=0$ 处是没有定义的，但左边在点 $z=0$ 处却有定义．

> **习题 4-4**

1. 有人做了下列运算，并通过运算得出了如下结果：

$$\frac{z}{1-z} = z + z^2 + z^3 + \cdots,$$

$$\frac{z}{z-1} = 1 + \frac{1}{z} + \frac{1}{z^2} + \cdots.$$

因为

$$\frac{z}{1-z} + \frac{z}{z-1} = 0,$$

所以有结果

$$\cdots + \frac{1}{z^3} + \frac{1}{z^2} + \frac{1}{z} + 1 + z + z^2 + z^3 + \cdots = 0.$$

此结果正确吗？为什么？

2. 将下列函数在指定的圆环内展开成洛朗级数：

(1) $\dfrac{1}{z(1-z)^2}, 0<|z|<1, 0<|z-1|<1$；

(2) $\dfrac{1}{(z-1)(z-2)}, 0<|z-1|<1, 1<|z-2|<+\infty$；

(3) $\sin\dfrac{1}{1-z}, 0<|z-1|<+\infty$；

(4) $\dfrac{(z-1)(z-2)}{(z-3)(z-4)}, 3<|z|<4, 4<|z|<+\infty$.

3. 求 $f(z)=\dfrac{2z+1}{z^2+z-2}$ 的以点 $z=0$ 为中心的各个圆环域内的洛朗级数.

4. 在 $1<|z|<+\infty$ 内将 $f(z)=\mathrm{e}^{\frac{1}{1-z}}$ 展开为洛朗级数.

5. 证明：$f(z)=\cos\left(z+\dfrac{1}{z}\right)$ 用 z 的幂表示的洛朗展开式中的系数为

$$c_n=\frac{1}{2\pi}\int_0^{2\pi}\cos(2\cos\theta)\cos n\theta\,\mathrm{d}\theta, \quad n=0,\pm1,\pm2,\cdots.$$

综合练习题 4

第五章

留数理论及其应用

留数是复变函数论中的一个重要概念,它有着广泛的应用.留数定理是柯西积分理论的继续和发展,是计算复变函数沿周线积分的重要工具.我们即将看到,柯西-古尔萨定理、柯西积分公式都是留数定理的特殊情况.值得注意的是,对于微积分中的一些定积分和反常积分,按传统的计算方法可能比较复杂,甚至难以算出结果,而用留数计算的方法则相对简便.因此留数理论在理论上和实际应用中都具有重要意义.

第一节　解析函数的孤立奇点

一、孤立奇点及其分类

本节我们先来研究解析函数的孤立奇点,下面将看到洛朗级数中的负幂项部分对函数在孤立奇点附近的性质起到决定性作用.

定义 1　若 $f(z)$ 在点 z_0 处不解析,但在 z_0 的任一邻域内总有 $f(z)$ 的解析点,则称 z_0 为 $f(z)$ 的**奇点**.

奇点总是与解析点相联系的,对于那些处处不解析的函数来说,就没有奇点的说法.例如 $f(z) = \dfrac{1}{z}$ 在 z 平面上除去原点外都解析,这里 $z=0$ 显然是奇点;而函数 $g(z) = \bar{z}$ 在整个 z 平面上处处不解析,那么对于 $g(z)$ 来说就没有奇点.也就是说,不解析的点不一定是奇点.

定义 2　若 $z=z_0$ 为函数 $f(z)$ 的一个奇点,而且存在一个去心邻域 $0<|z-z_0|<\delta$,$f(z)$ 在其中处处解析,则称 z_0 为 $f(z)$ 的**孤立奇点**.

例如,$z=0$ 和 $z=\dfrac{1}{n\pi}$($n=\pm1,\pm2,\cdots$)都是函数 $f(z) = \dfrac{1}{\sin\dfrac{1}{z}}$ 的奇点,其中 $z=\dfrac{1}{n\pi}$($n=\pm1,\pm2,\cdots$)是孤立奇点.但 $z=0$ 不是孤立奇点,这是因为在 $z=0$ 的任何去心

邻域内,只要 n 充分大,总有奇点 $\dfrac{1}{n\pi}$ 包含在其中.这个事实说明:奇点也有孤立和非孤立之分.

设 z_0 为 $f(z)$ 的一个孤立奇点,则在 $0<|z-z_0|<\delta$ 中 $f(z)$ 为解析的,由第四章第四节定理 2 知 $f(z)$ 可展开成 $z-z_0$ 的洛朗级数,即

$$f(z) = \sum_{n=0}^{\infty} a_n (z-z_0)^n + \sum_{n=1}^{\infty} a_{-n} (z-z_0)^{-n}.$$

我们按展开式中的负幂项部分的状况把孤立奇点 z_0 分为三类:

(1) 级数中不出现负幂项,此时称点 z_0 为 $f(z)$ 的**可去奇点**;

(2) 级数中只含有有限个负幂项,则称点 z_0 为 $f(z)$ 的**极点**;

(3) 级数中含有无穷多个负幂项,则称点 z_0 为 $f(z)$ 的**本质奇点**.

下面我们分别讨论三类孤立奇点的特征和性质.

1. 可去奇点

设 z_0 为 $f(z)$ 的可去奇点,则 $f(z)$ 在 $0<|z-z_0|<\delta$ 内的洛朗展开式为

$$a_0 + a_1(z-z_0) + a_2(z-z_0)^2 + \cdots + a_n(z-z_0)^n + \cdots,$$

这个幂级数在圆盘 $|z-z_0|<\delta$ 内是收敛的,其和函数为

$$F(z) = \begin{cases} a_0, & z=z_0, \\ f(z), & 0<|z-z_0|<\delta. \end{cases}$$

由第四章第二节定理 4 知,$F(z)$ 在 $|z-z_0|<\delta$ 内解析,所以不论 $f(z)$ 原来在点 z_0 处是否有定义,用 $F(z)$ 来代替 $f(z)$ 或令 $f(z_0)=a_0$,这样就把奇点除去了.由于这个原因,所以称 z_0 为可去奇点.

例如,$z=0$ 是 $f(z)=\dfrac{\sin z}{z}$ 的可去奇点,这是因为

$$\frac{\sin z}{z} = 1 - \frac{1}{3!}z^2 + \frac{1}{5!}z^4 - \cdots, \quad 0<|z|<+\infty,$$

其中不含有负幂项.若补充定义 $f(0)=1$,则 $f(z)$ 就成为 $|z|<+\infty$ 内的解析函数.

定理 1　如果 z_0 是函数 $f(z)$ 的孤立奇点,则下列三个条件是等价的:

(1) z_0 是 $f(z)$ 的可去奇点,即 $f(z)$ 在点 z_0 处的洛朗级数展开式中没有负幂项;

(2) $\lim_{z\to z_0} f(z) = a_0 (\neq \infty)$;

(3) $f(z)$ 在点 z_0 的某去心邻域内有界.

证明　只需证明 $(1)\Rightarrow(2)$;$(2)\Rightarrow(3)$;$(3)\Rightarrow(1)$.前两者证明较为容易,留给读者自己完成,现在仅证 $(3)\Rightarrow(1)$.因为 $f(z)$ 在点 z_0 的某去心邻域内有界,则存在正常数 ρ 和 M,使得当 $0<|z-z_0|<\rho$ 时,有

$$|f(z)| < M.$$

取闭曲线 C：$|z-z_0| = \rho_0 < \rho$，用积分不等式（3-4）来估计 $f(z)$ 在点 z_0 处展开的洛朗级数中负幂项的系数 a_{-n}，得

$$|a_{-n}| = \left| \frac{1}{2\pi i} \oint_C \frac{f(\xi)\,\mathrm{d}\xi}{(\xi - z_0)^{-n+1}} \right|$$

$$\leqslant \frac{1}{2\pi} M \frac{2\pi\rho_0}{\rho_0^{-n+1}} = M\rho_0^n \quad (n = 1, 2, 3, \cdots).$$

令 $\rho_0 \to 0$，得 $a_{-n} = 0$. 因此，$f(z)$ 在点 z_0 处的洛朗级数展开式中没有负幂项.

定理 1 的三个等价条件中的每一条都是可去奇点的特征.

2. 极点

设 $z = z_0$ 为函数 $f(z)$ 的极点. 若 $f(z)$ 在 $0 < |z-z_0| < \delta$ 内的洛朗展开式为

$$f(z) = \frac{a_{-m}}{(z - z_0)^m} + \cdots + \frac{a_{-1}}{z - z_0} + \sum_{n=0}^{\infty} a_n (z - z_0)^n \tag{5-1}$$

$$(m \geqslant 1, a_{-m} \neq 0),$$

则称 z_0 为 $f(z)$ 的 **m 阶极点**.

下面的定理刻画了函数在极点处的性态.

定理 2 设 z_0 是 $f(z)$ 的孤立奇点，则下列三个条件是等价的：

（1）z_0 是 $f(z)$ 的 m 阶极点；

（2）$f(z)$ 在点 z_0 的某去心邻域内能表示成

$$f(z) = \frac{\varphi(z)}{(z - z_0)^m}, \tag{5-2}$$

其中 $\varphi(z)$ 在点 z_0 处解析，而且 $\varphi(z_0) \neq 0$；

（3）z_0 是 $g(z) = \dfrac{1}{f(z)}$ 的 m 阶零点.

需要说明的是：z_0 实际上是 $g(z)$ 的可去奇点，如果定义 $g(z_0) = 0$，则 z_0 就是 $g(z)$ 的解析点.

证明 （1）$\Rightarrow$（2）：因为 z_0 是 $f(z)$ 的 m 阶极点，则在点 z_0 的某去心邻域内有

$$f(z) = \frac{a_{-m}}{(z-z_0)^m} + \cdots + \frac{a_{-1}}{(z-z_0)} + a_0 + a_1(z-z_0) + a_2(z-z_0)^2 + \cdots$$

$$= \frac{1}{(z-z_0)^m} \left[a_{-m} + a_{-(m-1)}(z-z_0) + \cdots + a_0(z-z_0)^m + a_1(z-z_0)^{m+1} + \cdots \right]$$

$$= \frac{\varphi(z)}{(z-z_0)^m},$$

其中 $\varphi(z)$ 是幂级数 $\sum\limits_{k=0}^{\infty} a_{-m+k}(z - z_0)^k$ 的和函数，因此 $\varphi(z)$ 在点 z_0 的邻域内解析，且

$$\varphi(z_0) = a_{-m} \neq 0.$$

（2）$\Rightarrow$（3）：因为（5-2）式在点 z_0 的某去心邻域内成立，因此

$$g(z) = \frac{1}{f(z)} = \frac{(z-z_0)^m}{\varphi(z)},$$

其中 $\dfrac{1}{\varphi(z)}$ 在 z_0 的某邻域内解析，且 $\dfrac{1}{\varphi(z_0)} \neq 0$. 因此，若令 $g(z_0) = 0$，则 z_0 为 $g(z)$ 的 m 阶零点.

（3）$\Rightarrow$（1）：因为 z_0 是 $g(z)$ 的 m 阶零点，则在点 z_0 的某邻域内有

$$g(z) = (z-z_0)^m \lambda(z),$$

其中 $\lambda(z)$ 在 z_0 的邻域内解析，且 $\lambda(z_0) \neq 0$，从而

$$f(z) = \frac{1}{(z-z_0)^m} \frac{1}{\lambda(z)}. \tag{5-3}$$

因为 $\lambda(z)$ 在点 z_0 的邻域内解析，且 $\lambda(z_0) \neq 0$，则 $\dfrac{1}{\lambda(z)}$ 也在 z_0 的某邻域内解析，从而 $\dfrac{1}{\lambda(z)}$ 在 z_0 处可以展开成泰勒级数，记为

$$\frac{1}{\lambda(z)} = a_{-m} + a_{-(m-1)}(z-z_0) + \cdots,$$

其中 $a_{-m} = \dfrac{1}{\lambda(z_0)} \neq 0$. 将上式代入（5-3）式，得到

$$f(z) = \frac{a_{-m}}{(z-z_0)^m} + \frac{a_{-(m-1)}}{(z-z_0)^{m-1}} + \cdots + \frac{a_{-1}}{z-z_0} + a_0 + a_1(z-z_0) + \cdots,$$

所以，z_0 是 $f(z)$ 的 m 阶极点.

根据定理 2，我们很容易得到下面的推论.

推论 1　$f(z)$ 的孤立奇点 z_0 为极点的充要条件是

$$\lim_{z \to z_0} f(z) = \infty.$$

上述推论虽然说明了极点的重要特征，但是不能指明极点的阶.下面的结论提供了一种判断极点的阶的方法.

推论 2　设 $f_1(z)$ 和 $f_2(z)$ 都在点 z_0 处解析，且 z_0 是 $f_1(z)$ 的 m_1 阶零点和 $f_2(z)$ 的 m_2 阶零点，则

（1）当 $m_1 \geqslant m_2$ 时，z_0 是 $\dfrac{f_1(z)}{f_2(z)}$ 的可去奇点；

（2）当 $m_1 < m_2$ 时，z_0 是 $\dfrac{f_1(z)}{f_2(z)}$ 的 $m_2 - m_1$ 阶极点.

证明　由于 z_0 是 $f_i(z)$ 的 m_i 阶零点，则

$$f_i(z) = (z-z_0)^{m_i}\varphi_i(z) \quad (i=1,2),$$

其中 $\varphi_i(z)$ 都在 z_0 处解析,且 $\varphi_i(z_0)\neq 0(i=1,2)$,从而

$$\frac{f_1(z)}{f_2(z)} = \frac{(z-z_0)^{m_1}\varphi_1(z)}{(z-z_0)^{m_2}\varphi_2(z)} = \varphi^*(z)\frac{(z-z_0)^{m_1}}{(z-z_0)^{m_2}}, \tag{5-4}$$

其中 $\varphi^*(z) = \dfrac{\varphi_1(z)}{\varphi_2(z)}$.于是 $\varphi^*(z)$ 在点 z_0 处解析且 $\varphi^*(z_0) = \dfrac{\varphi_1(z_0)}{\varphi_2(z_0)}\neq 0$.

（1）当 $m_1\geqslant m_2$ 时,在点 z_0 的某去心邻域内,(5-4)式可写为

$$\frac{f_1(z)}{f_2(z)} = \varphi^*(z)(z-z_0)^{m_1-m_2}.$$

由于 $m_1-m_2\geqslant 0$,且 $\varphi^*(z)$ 在点 z_0 处解析,因此 $\dfrac{f_1(z)}{f_2(z)}$ 在 z_0 的去心邻域内有界,由定理1知, z_0 是 $\dfrac{f_1(z)}{f_2(z)}$ 的可去奇点.

（2）当 $m_1<m_2$ 时,(5-4)式可写为

$$\frac{f_1(z)}{f_2(z)} = \frac{\varphi^*(z)}{(z-z_0)^{m_2-m_1}},$$

由定理2的(5-2)式知, z_0 是 $\dfrac{f_1(z)}{f_2(z)}$ 的 m_2-m_1 阶极点.

例1　求函数 $f(z) = \dfrac{(z-5)\sin z}{z^4(z-1)^2(z-3)^4}$ 的孤立奇点,并确定它们的类型.

解　显然,

$$z=0, \quad z=1, \quad z=3$$

是 $f(z)$ 的孤立奇点.首先考虑 $z=0$.因为 $z=0$ 是 $(z-5)\sin z$ 的一阶零点且是 $z^4(z-1)^2(z-3)^4$ 的四阶零点,所以它是函数 $f(z)$ 的三阶极点.用同样的方法可知, $z=1$ 和 $z=3$ 分别是 $f(z)$ 的二阶极点和四阶极点.

3. 本质奇点

若 z_0 为 $f(z)$ 的本质奇点,则它在 $0<|z-z_0|<\delta$ 内的洛朗展开式中含有无穷多个 $z-z_0$ 的负幂项,它不像前两种情况那样可以转化为解析函数或用形如(5-2)式的式子来表示.但由于 z_0 是 $f(z)$ 的可去奇点或极点的充要条件分别为

$$\lim_{z\to z_0}f(z)=a_0（有限数） \quad 或 \quad \lim_{z\to z_0}f(z)=\infty,$$

因此有

定理3　z_0 是 $f(z)$ 的本质奇点的充要条件为 $\lim\limits_{z\to z_0}f(z)$ 不存在.

例如, $z=0$ 是函数 $f(z)=e^{\frac{1}{z}}$ 的一个孤立奇点.当 z 沿负实轴趋于零时,

$$e^{\frac{1}{z}}=e^{\frac{1}{x}}\to 0 \quad (x\to 0^-);$$

当 z 沿正实轴趋于零时,

$$e^{\frac{1}{z}} = e^{\frac{1}{x}} \to +\infty \quad (x \to 0^+),$$

这说明 $\lim\limits_{z \to 0} e^{\frac{1}{z}}$ 不存在,所以 $z = 0$ 是 $f(z) = e^{\frac{1}{z}}$ 的本质奇点.当然,我们也可以从 $e^{\frac{1}{z}}$ 在 $0 < |z| < +\infty$ 内的洛朗展开式

$$e^{\frac{1}{z}} = 1 + \frac{1}{z} + \frac{1}{2!}\frac{1}{z^2} + \cdots + \frac{1}{n!}\frac{1}{z^n} + \cdots$$

中含有无穷多个 z 的负幂项来得到结论.

根据定理 1 的(2)、定理 2 的推论 1 及定理 3 的结果,我们可以利用极限的不同情形来判别孤立奇点的类型,按可去奇点、极点、本质奇点的顺序有

(1) $\lim\limits_{z \to z_0} f(z)$ 为有限数;　　(2) $\lim\limits_{z \to z_0} f(z) = \infty$;　　(3) $\lim\limits_{z \to z_0} f(z)$ 不存在.

二、函数在无穷远点处的性态

上面研究了函数在有限孤立奇点处的性质,下面讨论函数在无穷远点处的性质.

定义 3　在扩充复平面上,如果函数 $f(z)$ 在点 ∞ 的去心邻域 $R < |z| < +\infty$ 内解析,则称 ∞ 为 $f(z)$ 的**孤立奇点**.

设 ∞ 是 $f(z)$ 的孤立奇点,作变换 $\xi = \dfrac{1}{z}$,这个变换将扩充 z 平面上无穷远点的去心邻域 $R < |z| < +\infty$ ——映射为扩充 ξ 平面上原点的去心邻域 $0 < |\xi| < \dfrac{1}{R}$,且将 ∞ 映射为 0,所以 $f(z)$ 在无穷远点的去心邻域 $R < |z| < +\infty$ 内的性质可完全由 $\varphi(\xi) = f\left(\dfrac{1}{\xi}\right)$ 在原点的去心邻域 $0 < |\xi| < \dfrac{1}{R}$ 内的性质决定,反之亦然.于是我们很自然地规定:如果 $\xi = 0$ 是 $\varphi(\xi)$ 的可去奇点、$(m$ 阶)极点、本质奇点,则分别称 ∞ 是 $f(z)$ 的可去奇点、$(m$ 阶)极点、本质奇点.

设 $\varphi(\xi)$ 在 $0 < |\xi| < \dfrac{1}{R}$ 内的洛朗展开式为

$$\varphi(\xi) = \sum_{n=-\infty}^{\infty} a_n \xi^n,$$

则 $f(z)$ 在 $R < |z| < +\infty$ 内的展开式为

$$f(z) = \sum_{n=-\infty}^{\infty} a_n \left(\frac{1}{z}\right)^n = \sum_{n=-\infty}^{\infty} a_{-n} z^n, \tag{5-5}$$

因此我们有

(1) $z = \infty$ 是 $f(z)$ 的可去奇点的充要条件是展开式(5-5)中不含 z 的正幂项;

(2) $z = \infty$ 是 $f(z)$ 的 m 阶极点的充要条件是展开式(5-5)中只含有有限多个 z 的正幂项,且最高次幂为 $m(m > 0)$;

(3) $z = \infty$ 是 $f(z)$ 的本质奇点的充要条件是展开式(5-5)中含有无限多个 z 的正幂项.

如果考虑函数的极限值,则 $z=\infty$ 是 $f(z)$ 的可去奇点、极点、本质奇点的充要条件分别为

(1) $\lim\limits_{z\to\infty} f(z) = a_0$(有限数);(2) $\lim\limits_{z\to\infty} f(z) = \infty$;(3) $\lim\limits_{z\to\infty} f(z)$ 不存在.

例如,由于 $\lim\limits_{z\to\infty} \dfrac{z}{z^2+1} = 0$,因此 ∞ 是函数 $f(z) = \dfrac{z}{z^2+1}$ 的可去奇点;而由于

$$e^z = 1 + z + \cdots + \frac{z^n}{n!} + \cdots,$$

可知 ∞ 是 $f(z) = e^z$ 的本质奇点.

例 2 函数 $f(z) = \dfrac{(z^2-1)(z-2)^3}{(\sin \pi z)^3}$ 在扩充复平面内有哪些类型的奇点,如果是极点,指明它的阶.

解 容易知道,$f(z)$ 的奇点是 ∞ 以及那些使分母为零的点,即 $\infty, 0, \pm 1, \pm 2, \cdots$ 是 $f(z)$ 的奇点.由于 $(\sin \pi z)' = \pi\cos \pi z$ 在 $z=k(k\in\mathbf{Z})$ 处都不为零,因此这些点都是 $\sin \pi z$ 的一阶零点,从而是 $(\sin \pi z)^3$ 的三阶零点.

因为 $z=\pm 1$ 是分子 $(z^2-1)(z-2)^3$ 的一阶零点,是分母的三阶零点,所以由定理 2 的推论 2 知,± 1 是 $f(z)$ 的二阶极点.

因为 $z=2$ 是分子 $(z^2-1)(z-2)^3$ 的三阶零点,又是分母的三阶零点,于是 $z=2$ 是 $f(z)$ 的可去奇点.

对于 $z=0, -2, \pm 3, \cdots$ 而言,它们是分母的三阶零点,但不是分子的零点,从而它们是 $f(z)$ 的三阶极点.

至于 $z=\infty$,由于 $\lim\limits_{k\to\infty} k = \infty$,所以 ∞ 不是孤立奇点.

例 3 函数 $f(z) = z\cos\dfrac{z}{z-1}$ 在扩充复平面内有哪些类型的奇点,如果某些奇点是极点,指明它的阶.

解 容易看出 $z=1$ 和 $z=\infty$ 为 $f(z)$ 在扩充复平面上的两个孤立奇点.因为点 $\xi=0$ 是函数

$$\varphi(\xi) = f\left(\frac{1}{\xi}\right) = \frac{1}{\xi}\cos\frac{1}{1-\xi}$$

的一阶极点,所以 $z=\infty$ 为 $f(z)$ 的一阶极点.又由于

$$z\cos\frac{z}{z-1} = z\left(\cos 1 \cdot \cos\frac{1}{z-1} - \sin 1 \cdot \sin\frac{1}{z-1}\right)$$

$$= (z-1+1)\left[\cos 1 \cdot \sum_{n=0}^{\infty} \frac{(-1)^n}{(2n)!}\left(\frac{1}{z-1}\right)^{2n} - \right.$$

$$\sin 1 \cdot \sum_{n=0}^{\infty} \frac{(-1)^n}{(2n+1)!} \left(\frac{1}{z-1} \right)^{2n+1} \Bigg]$$

$$= (z-1) \cdot \cos 1 +$$

$$\sum_{n=0}^{\infty} (-1)^{n+1} \left[\frac{\cos 1}{(2n+2)!} + \frac{\sin 1}{(2n+1)!} \right] \left(\frac{1}{z-1} \right)^{2n+1} +$$

$$\sum_{n=0}^{\infty} (-1)^n \left[\frac{\cos 1}{(2n)!} - \frac{\sin 1}{(2n+1)!} \right] \left(\frac{1}{z-1} \right)^{2n},$$

由此可以看出,在点 $z=1$ 处 $z\cos\dfrac{z}{z-1}$ 的洛朗展开式有无穷多个 $(z-1)$ 的负幂项,故 $z=1$ 为 $z\cos\dfrac{z}{z-1}$ 的本质奇点.

读者也可以通过讨论 $\lim\limits_{z\to 1} z\cos\dfrac{z}{z-1}$ 不存在而得出该结论.

> **习题 5-1**

1. 求出下列函数的有限奇点,并确定它们的类别,对于极点,要指出它们的阶.

(1) $\dfrac{z-1}{z(z^2+4)^2}$;　　(2) $\dfrac{1}{\sin z+\cos z}$;　　(3) $\dfrac{1-\cos z}{z^2}$;

(4) $\dfrac{1}{z^2(e^z-1)}$;　　(5) $\dfrac{1}{\sin(z^2)}$.

2. $z=0$ 是函数 $f(z)=\dfrac{1}{\cos\left(\dfrac{1}{z}\right)}$ 的孤立奇点吗? 为什么?

3. 用级数展开法指出函数 $6\sin(z^3)+z^3(z^6-6)$ 在 $z=0$ 处零点的阶.

4. 判定下列函数的奇点及其类别(包括无穷远点):

(1) $\dfrac{1}{e^z-1}-\dfrac{1}{z}$;　　(2) $e^{z-\frac{1}{z}}$;　　(3) $\sin\dfrac{1}{z}+\dfrac{1}{z^2}$;

(4) $e^z\cos\dfrac{1}{z}$;　　(5) $\dfrac{e^{\frac{1}{z-1}}}{e^z-1}$.

5. 函数 $f(z)=\dfrac{1}{z(z-1)^2}$ 在 $z=1$ 处有一个二阶极点,但根据洛朗展开式

$$\frac{1}{z(z-1)^2} = \cdots + \frac{1}{(z-1)^5} - \frac{1}{(z-1)^4} + \frac{1}{(z-1)^3}, \quad |z-1|>1,$$

我们得到"$z=1$ 又是 $f(z)$ 的本质奇点".这两个结果哪一个是正确的? 为什么?

6. 设 $f(z)$ 不恒为零且以 $z=a$ 为解析点或极点,而 $\varphi(z)$ 以 $z=a$ 为本质奇点,试证: $z=a$ 是 $\varphi(z)\pm f(z)$, $\varphi(z)\cdot f(z)$ 及 $\dfrac{\varphi(z)}{f(z)}$ 的本质奇点.

第二节 留数定理及留数的计算

一、留数定理

如果 $f(z)$ 在点 z_0 处解析,那么对于在其解析邻域内的任一条简单闭曲线 C,都有 $\oint_C f(z)\,\mathrm{d}z=0$.

如果 z_0 是 $f(z)$ 的孤立奇点,则对于在其解析圆环 $0<|z-z_0|<\delta$ 内包含 z_0 的正向简单闭曲线 C,上述积分只与 $f(z)$ 和 z_0 有关,而与 C 无关,但积分不一定为零.

定义 1 设有限点 z_0 是 $f(z)$ 的孤立奇点, $f(z)$ 在圆环域 $0<|z-z_0|<\rho$ 内解析,则称积分

$$\frac{1}{2\pi\mathrm{i}}\oint_C f(z)\,\mathrm{d}z \tag{5-6}$$

为 $f(z)$ 在点 z_0 处的**留数**,记为 $\mathrm{Res}[f(z),z_0]$,其中 C 是圆环内将 z_0 包含在其内部的任一正向简单闭曲线,于是有

$$\frac{1}{2\pi\mathrm{i}}\oint_C f(z)\,\mathrm{d}z=\mathrm{Res}[f(z),z_0]. \tag{5-7}$$

现在我们来计算这个留数.由第四章第四节定理 2 知, $f(z)$ 在点 z_0 的邻域内可展开成洛朗级数

$$f(z)=\sum_{n=-\infty}^{\infty}a_n(z-z_0)^n,$$

其中

$$a_n=\frac{1}{2\pi\mathrm{i}}\oint_C \frac{f(\xi)\,\mathrm{d}\xi}{(\xi-z_0)^{n+1}},\quad n=0,\pm1,\pm2,\cdots,$$

特别地, $a_{-1}=\dfrac{1}{2\pi\mathrm{i}}\oint_C f(\xi)\,\mathrm{d}\xi$.于是得到

$$a_{-1}=\mathrm{Res}[f(z),z_0]=\frac{1}{2\pi\mathrm{i}}\oint_C f(\xi)\,\mathrm{d}\xi. \tag{5-8}$$

例 1 求下列积分的值,其中 C 为包含点 $z=0$ 的简单正向闭曲线:

$$(1) \oint_C z^{-3}\cos z \, \mathrm{d}z ; \qquad (2) \oint_C \mathrm{e}^{\frac{1}{z^2}} \mathrm{d}z.$$

解　(1) 令 $f(z)=z^{-3}\cos z$，则 $z=0$ 为 $f(z)$ 的孤立奇点. 又因为

$$\cos z = 1 - \frac{z^2}{2!} + \frac{z^4}{4!} - \frac{z^6}{6!} + \cdots, \quad |z|<+\infty,$$

故

$$f(z)=\frac{1}{z^3}-\frac{1}{2z}+\frac{z}{4!}-\frac{z^3}{6!}+\cdots, \quad 0<|z|<+\infty,$$

所以 $\mathrm{Res}[f(z),0]=-\dfrac{1}{2}$，积分 $\oint_C z^{-3}\cos z\,\mathrm{d}z=-\pi\mathrm{i}.$

(2) 令 $f(z)=\mathrm{e}^{\frac{1}{z^2}}$，则 $z=0$ 为 $f(z)$ 的孤立奇点. 因为

$$\mathrm{e}^{\xi}=1+\frac{\xi}{1!}+\frac{\xi^2}{2!}+\cdots+\frac{\xi^n}{n!}+\cdots, \quad |\xi|<+\infty,$$

以 $\xi=\dfrac{1}{z^2}$ 代入上式，得

$$f(z)=1+\frac{1}{1!}\cdot\frac{1}{z^2}+\frac{1}{2!}\cdot\frac{1}{z^4}+\cdots+\frac{1}{n!}\cdot\frac{1}{z^{2n}}+\cdots, \quad 0<|z|<+\infty,$$

所以 $\mathrm{Res}[f(z),0]=0$，积分 $\oint_C \mathrm{e}^{\frac{1}{z^2}}\mathrm{d}z=0.$

一般地，关于沿闭曲线的积分，有下面的留数定理.

定理 1(留数定理)　设函数 $f(z)$ 在区域 D 内除有限个孤立奇点 $z_1,z_2,\cdots,z_n$ 外处处解析，C 是 D 内包围这些奇点的一条正向简单闭曲线，那么

$$\oint_C f(z)\,\mathrm{d}z=2\pi\mathrm{i}\sum_{k=1}^{n}\mathrm{Res}[f(z),z_k]. \tag{5-9}$$

证明　如图 5-1 所示，以 z_k 为圆心，作完全含在 C 内且互不相交的正向小圆 C_k：$|z-z_k|=\delta_k(k=1,2,\cdots,n)$，那么由多连通区域上的柯西-古尔萨定理，有

$$\oint_C f(z)\,\mathrm{d}z=\oint_{C_1}f(z)\,\mathrm{d}z+\oint_{C_2}f(z)\,\mathrm{d}z+\cdots+\oint_{C_n}f(z)\,\mathrm{d}z.$$

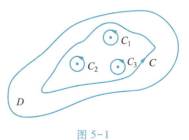

图 5-1

又

$$\oint_{C_k}f(z)\,\mathrm{d}z=2\pi\mathrm{i}\,\mathrm{Res}[f(z),z_k] \quad (k=1,2,\cdots,n),$$

从而有

$$\oint_C f(z)\,\mathrm{d}z=2\pi\mathrm{i}\sum_{k=1}^{n}\mathrm{Res}[f(z),z_k].$$

▎二、有限孤立奇点的留数计算

一般来说,求函数在其孤立奇点 z_0 处的留数只需求出它在以 z_0 为中心的圆环域内洛朗级数中 $(z-z_0)^{-1}$ 的系数 a_{-1} 就可以了,但在很多情况下,函数在孤立奇点处的洛朗展开式并不易得到,因此有必要讨论在不知道洛朗展开式的情况下计算留数的方法.

对于有限的可去奇点,因为其洛朗展开式中没有负幂项,所以,函数在该点处的留数等于零.对于本质奇点,除了将函数展开成洛朗级数外,几乎没有什么简便的方法.以下主要讨论函数在极点处的留数计算方法.

1. 如果 z_0 为 $f(z)$ 的 m 阶极点,那么

$$\text{Res}[f(z),z_0] = \frac{1}{(m-1)!}\lim_{z \to z_0}\frac{\mathrm{d}^{m-1}\{(z-z_0)^m f(z)\}}{\mathrm{d}z^{m-1}}. \tag{5-10}$$

极点处留数
的计算视频
讲解

证明 因为 z_0 是 $f(z)$ 的 m 阶极点,则

$$f(z) = \frac{a_{-m}}{(z-z_0)^m} + \frac{a_{-(m-1)}}{(z-z_0)^{m-1}} + \cdots + \frac{a_{-1}}{(z-z_0)} + a_0 + a_1(z-z_0) + \cdots,$$

以 $(z-z_0)^m$ 乘上式的两边,得

$$(z-z_0)^m f(z) = a_{-m} + a_{-(m-1)}(z-z_0) + \cdots + a_{-1}(z-z_0)^{m-1} + a_0(z-z_0)^m + \cdots.$$

在上式两边求 $m-1$ 阶导数,再取 $z \to z_0$ 的极限,得

$$a_{-1} = \frac{1}{(m-1)!}\lim_{z \to z_0}\frac{\mathrm{d}^{m-1}\{(z-z_0)^m f(z)\}}{\mathrm{d}z^{m-1}},$$

从而(5-10)式成立.

特别地,当 $m=1$ 时,

$$\text{Res}[f(z),z_0] = \lim_{z \to z_0}(z-z_0)f(z). \tag{5-11}$$

2. 设 $f(z) = \dfrac{P(z)}{Q(z)}$, $P(z)$, $Q(z)$ 在点 z_0 处都是解析的.若 $P(z_0) \neq 0$, $Q(z_0) = 0$ 且 $Q'(z_0) \neq 0$,那么 z_0 是 $f(z)$ 的一阶极点,而且有

$$\text{Res}[f(z),z_0] = \frac{P(z_0)}{Q'(z_0)}. \tag{5-12}$$

证明 由公式(5-11),有

$$\text{Res}[f(z),z_0] = \lim_{z \to z_0}(z-z_0)\frac{P(z)}{Q(z)} = \lim_{z \to z_0}\frac{P(z)}{\underbrace{\frac{Q(z)-Q(z_0)}{z-z_0}}} = \frac{P(z_0)}{Q'(z_0)}.$$

例 2 计算下列函数在指定点处的留数:

(1) $\cot z$, $z_0 = k\pi (k=0,\pm 1,\pm 2,\cdots)$; (2) $\dfrac{\mathrm{e}^z}{z^{n+1}}$, $z_0 = 0$;

（3）$\dfrac{1}{(z^2+1)^3}$，　$z_0=\mathrm{i}$；　　　　　　　　（4）$z^2\sin\dfrac{1}{z}$，　$z_0=0$.

解　（1）$z_0=k\pi(k=0,\pm1,\pm2,\cdots)$都是$\cot z=\dfrac{\cos z}{\sin z}$的一阶极点，由（5-12）式，有

$$\mathrm{Res}\left[\cot z,k\pi\right]=\left.\dfrac{\cos z}{(\sin z)'}\right|_{z=k\pi}=\dfrac{\cos k\pi}{\cos k\pi}=1.$$

（2）$z_0=0$是函数$\dfrac{\mathrm{e}^z}{z^{n+1}}$的$n+1$阶极点，由（5-10）式，有

$$\mathrm{Res}\left[\dfrac{\mathrm{e}^z}{z^{n+1}},0\right]=\dfrac{1}{n!}\lim_{z\to0}\dfrac{\mathrm{d}^n\left(z^{n+1}\dfrac{\mathrm{e}^z}{z^{n+1}}\right)}{\mathrm{d}z^n}=\dfrac{1}{n!}.$$

（3）$z_0=\mathrm{i}$是函数$\dfrac{1}{(z^2+1)^3}$的三阶极点，由（5-10）式，有

$$\mathrm{Res}\left[\dfrac{1}{(z^2+1)^3},\mathrm{i}\right]=\dfrac{1}{2!}\lim_{z\to\mathrm{i}}\dfrac{\mathrm{d}^2\left((z-\mathrm{i})^3\dfrac{1}{(z^2+1)^3}\right)}{\mathrm{d}z^2}=-\dfrac{3}{16}\mathrm{i}.$$

（4）$z_0=0$是函数$z^2\sin\dfrac{1}{z}$的本质奇点，将$z^2\sin\dfrac{1}{z}$在$0<|z|<+\infty$内展开成洛朗级数

$$z^2\sin\dfrac{1}{z}=z^2\left(\dfrac{1}{z}-\dfrac{1}{3!}\dfrac{1}{z^3}+\dfrac{1}{5!}\dfrac{1}{z^5}-\cdots\right),$$

所以

$$\mathrm{Res}\left[z^2\sin\dfrac{1}{z},0\right]=-\dfrac{1}{3!}=-\dfrac{1}{6}.$$

3. 设z_0是$f(z)$的k阶极点，且$k\le m$，则（5-10）式仍成立.事实上，在点z_0的去心邻域内有

$$f(z)=\dfrac{a_{-k}}{(z-z_0)^k}+\cdots+\dfrac{a_{-1}}{z-z_0}+a_0+a_1(z-z_0)+\cdots,$$

$$(z-z_0)^m f(z)=a_{-k}(z-z_0)^{m-k}+\cdots+a_{-1}(z-z_0)^{m-1}+a_0(z-z_0)^m+a_1(z-z_0)^{m+1}+\cdots.$$

两边求$m-1$阶导数，并取$z\to z_0$的极限即可得出结论.

一般来说，在应用（5-10）式时，不要将m取得比实际的阶数高，因为m越大，求高阶导数越复杂.但也不尽然，有时m取得比实际的阶数高反而会使计算变得简单.

例3　计算积分$\displaystyle\oint_C\dfrac{1-\mathrm{e}^{2z}}{z^6}\mathrm{d}z$，$C$为正向圆周$|z|=2$.

解　函数$\dfrac{1-\mathrm{e}^{2z}}{z^6}$在圆周$|z|=2$的内部只有一个孤立奇点$z=0$，它是$\dfrac{1-\mathrm{e}^{2z}}{z^6}$的五阶

例3 视频
讲解

极点,则

$$\operatorname{Res}\left[\frac{1-\mathrm{e}^{2z}}{z^6},0\right]=\frac{1}{4!}\lim_{z\to0}\frac{\mathrm{d}^4\left(z^5\dfrac{1-\mathrm{e}^{2z}}{z^6}\right)}{\mathrm{d}z^4}.$$

接下来要对函数$\dfrac{1-\mathrm{e}^{2z}}{z}$求四阶导数,这是相当复杂的.但如果在应用(5-10)式时,取 $m=6$,则

$$\operatorname{Res}\left[\frac{1-\mathrm{e}^{2z}}{z^6},0\right]=\frac{1}{5!}\lim_{z\to0}\frac{\mathrm{d}^5\left(z^6\dfrac{1-\mathrm{e}^{2z}}{z^6}\right)}{\mathrm{d}z^5}=\frac{1}{5!}\lim_{z\to0}\frac{\mathrm{d}^5(1-\mathrm{e}^{2z})}{\mathrm{d}z^5}=-\frac{4}{15}.$$

于是由留数定理

$$\oint_C\frac{1-\mathrm{e}^{2z}}{z^6}\mathrm{d}z=2\pi\mathrm{i}\operatorname{Res}\left[\frac{1-\mathrm{e}^{2z}}{z^6},0\right]=-\frac{8\pi\mathrm{i}}{15}.$$

例 4 计算积分$\oint_C\dfrac{z\sin z}{(1-\mathrm{e}^z)^3}\mathrm{d}z$,$C$ 为正向圆周$|z|=1$.

解法一 函数$\dfrac{z\sin z}{(1-\mathrm{e}^z)^3}$在圆周$|z|=1$ 的内部只有一个孤立奇点 $z=0.$由于$z=0$ 是 $z\sin z$ 的二阶零点,是$(1-\mathrm{e}^z)^3$ 的三阶零点,所以它是被积函数的一阶极点,由(5-11)式 并应用洛必达法则有

$$\operatorname{Res}\left[\frac{z\sin z}{(1-\mathrm{e}^z)^3},0\right]=\lim_{z\to0}\left(z\frac{z\sin z}{(1-\mathrm{e}^z)^3}\right)$$

$$=\lim_{z\to0}\frac{z}{1-\mathrm{e}^z}\lim_{z\to0}\frac{z}{1-\mathrm{e}^z}\lim_{z\to0}\frac{\sin z}{1-\mathrm{e}^z}=-1.$$

解法二 由 $\sin z$ 和 e^z 的泰勒展开式有

$$\frac{z\sin z}{(1-\mathrm{e}^z)^3}=\frac{z\left(z-\dfrac{z^3}{3!}+\cdots\right)}{-\left(z+\dfrac{z^2}{2!}+\cdots\right)^3}=-\frac{1}{z}\frac{\left(1-\dfrac{z^2}{3!}+\cdots\right)}{\left(1+\dfrac{z}{2!}+\cdots\right)^3}=-\frac{1}{z}\varphi(z),$$

其中$\varphi(z)$在点 $z=0$ 处解析,且$\varphi(0)=1.$将 $\varphi(z)$在点 $z=0$ 处展开成泰勒级数,得到

$$\frac{z\sin z}{(1-\mathrm{e}^z)^3}=-\frac{1}{z}\left(1+\varphi'(0)z+\frac{\varphi''(0)}{2!}z^2+\cdots\right),$$

从而 $\operatorname{Res}\left[\dfrac{z\sin z}{(1-\mathrm{e}^z)^3},0\right]=-1.$

最后,对两种解法,由留数定理都有

$$\oint_C \frac{z\sin z}{(1-e^z)^3}dz = 2\pi i\ \mathrm{Res}\left[\frac{z\sin z}{(1-e^z)^3},0\right] = -2\pi i.$$

三、无穷远点处留数的计算

留数的概念可以推广到无穷远点处的情形.

定义 2　设 ∞ 为函数 $f(z)$ 的孤立奇点,即 $f(z)$ 在区域 $R<|z|<+\infty$ 内解析,称

$$\frac{1}{2\pi i}\oint_{C^-} f(z)\,dz$$

为 $f(z)$ **在点 ∞ 处的留数**,记作

$$\mathrm{Res}[f(z),\infty] = \frac{1}{2\pi i}\oint_{C^-} f(z)\,dz. \tag{5-13}$$

这里 C^- 是区域 $R<|z|<+\infty$ 内任意一条绕原点的简单闭曲线,并取顺时针方向.

设 $f(z)$ 在 $R<|z|<+\infty$ 内的洛朗展开式为

$$f(z) = \cdots + \frac{a_{-n}}{z^n} + \frac{a_{-(n-1)}}{z^{n-1}} + \cdots + \frac{a_{-1}}{z} + a_0 + a_1 z + \cdots + a_n z^n + \cdots,$$

对上式积分,有

$$\frac{1}{2\pi i}\oint_{C^-} f(z)\,dz = \cdots + \frac{1}{2\pi i}\oint_{C^-}\frac{a_{-n}}{z^n}dz + \frac{1}{2\pi i}\oint_{C^-}\frac{a_{-(n-1)}}{z^{n-1}}dz + \cdots +$$

$$\frac{1}{2\pi i}\oint_{C^-}\frac{a_{-1}}{z}dz + \sum_{n=0}^{\infty}\frac{1}{2\pi i}\oint_{C^-} a_n z^n dz.$$

由第三章第一节例 3 的(3-7)式,得

$$\mathrm{Res}[f(z),\infty] = \frac{1}{2\pi i}\oint_{C^-} f(z)\,dz = -a_{-1}. \tag{5-14}$$

也就是说,$f(z)$ 在点 ∞ 处的留数等于它在点 ∞ 的去心邻域 $R<|z|<+\infty$ 内的洛朗展开式中 z^{-1} 的系数的相反数.

定理 2(扩充复平面上的留数定理)　如果函数 $f(z)$ 在扩充复平面内只有有限个孤立奇点,那么 $f(z)$ 在所有孤立奇点(包括点 ∞)的留数之和为零,即

$$\mathrm{Res}[f(z),\infty] + \sum_{k=1}^{n}\mathrm{Res}[f(z),z_k] = 0. \tag{5-15}$$

证明　以原点为心作圆周 C,使 $f(z)$ 的所有有限孤立奇点 $z_1,z_2,\cdots,z_n$ 皆含于 C 的内部,由留数定理有

$$\oint_C f(z)\,dz = 2\pi i\sum_{k=1}^{n}\mathrm{Res}[f(z),z_k],$$

其中积分方向沿 C 的正向.又由(5-14)式得

$$2\pi i\,\mathrm{Res}[f(z),\infty] = \oint_{C^-} f(z)\,dz = -\oint_C f(z)\,dz,$$

于是就有(5-15)式成立.

定理 3 设 ∞ 为函数 $f(z)$ 的孤立奇点,则

$$\mathrm{Res}[f(z),\infty] = -\mathrm{Res}\left[f\left(\frac{1}{\xi}\right)\frac{1}{\xi^2},0\right]. \qquad (5-16)$$

该定理指出,可以通过(5-16)式,将点 ∞ 处的留数问题化为零点处的留数问题.

证明 因为 $z=\infty$ 是函数 $f(z)$ 的孤立奇点,所以存在 $R>0$,使得 $f(z)$ 在区域 $R<|z|<+\infty$ 内解析.在此区域中作一个取顺时针方向的圆周 C^-: $|z|=\rho>R$(图5-2(a)),则变换 $\xi=\dfrac{1}{z}$ 将区域 $R<|z|<+\infty$ 映射成区域 $0<|\xi|<\dfrac{1}{R}$,将 C^- 映射成区域 $0<|\xi|<\dfrac{1}{R}$ 中的正向圆周 Γ: $|\xi|<\dfrac{1}{\rho}$(图5-2(b)),故

$$\mathrm{Res}[f(z),\infty] = \frac{1}{2\pi\mathrm{i}}\oint_{C^-}f(z)\,\mathrm{d}z = \frac{1}{2\pi\mathrm{i}}\oint_\Gamma f\left(\frac{1}{\xi}\right)\mathrm{d}\frac{1}{\xi}$$

$$= -\frac{1}{2\pi\mathrm{i}}\oint_\Gamma f\left(\frac{1}{\xi}\right)\frac{1}{\xi^2}\mathrm{d}\xi.$$

由于 $f(z)$ 在 $R<|z|<+\infty$ 内解析,从而 $f\left(\dfrac{1}{\xi}\right)$ 在 $0<|\xi|<\dfrac{1}{R}$ 解析,因此 $\xi=0$ 是 $f\left(\dfrac{1}{\xi}\right)\dfrac{1}{\xi^2}$ 在区域 $0<|\xi|<\dfrac{1}{R}$ 内的唯一奇点.由留数定理

$$\frac{1}{2\pi\mathrm{i}}\oint_\Gamma f\left(\frac{1}{\xi}\right)\frac{1}{\xi^2}\mathrm{d}\xi = \mathrm{Res}\left[f\left(\frac{1}{\xi}\right)\frac{1}{\xi^2},0\right],$$

即公式(5-16)成立.

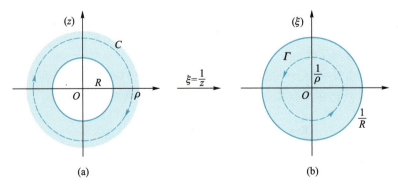

图 5-2

例 5 计算积分 $\displaystyle\oint_C \frac{\mathrm{d}z}{(z+\mathrm{i})^{10}(z-1)(z-3)}$,$C$ 为正向圆周 $|z|=2$.

解 被积函数 $f(z)=\dfrac{1}{(z+\mathrm{i})^{10}(z-1)(z-3)}$ 在扩充复平面上只有四个孤立奇点:

$-\mathrm{i},1,3,\infty$,其中$-\mathrm{i}$和 1 在 C 的内部,由定理 1 的(5-9)式有

$$\oint_C \frac{\mathrm{d}z}{(z+\mathrm{i})^{10}(z-1)(z-3)} = 2\pi\mathrm{i}(\operatorname{Res}[f(z),-\mathrm{i}]+\operatorname{Res}[f(z),1]).$$

此时,我们需要计算 $\operatorname{Res}[f(z),-\mathrm{i}]$ 和 $\operatorname{Res}[f(z),1]$.注意到$f(z)$在点 $z=-\mathrm{i}$ 处为 10 阶极点,利用公式(5-10),必须要计算$(z+\mathrm{i})^{10}f(z)=\dfrac{1}{(z-1)(z-3)}$的 9 阶导数.这是一个较为复杂的计算.但我们根据定理 2 的(5-15)式,有

$$\operatorname{Res}[f(z),-\mathrm{i}]+\operatorname{Res}[f(z),1]=-\operatorname{Res}[f(z),3]-\operatorname{Res}[f(z),\infty],$$

而

$$\operatorname{Res}[f(z),3]=\lim_{z\to3}(z-3)f(z)=\lim_{z\to3}\frac{1}{(z+\mathrm{i})^{10}(z-1)}=\frac{1}{2(3+\mathrm{i})^{10}},$$

$$\operatorname{Res}[f(z),\infty]=-\operatorname{Res}\left[f\left(\frac{1}{\xi}\right)\frac{1}{\xi^2},0\right].$$

由于

$$\lim_{\xi\to0}f\left(\frac{1}{\xi}\right)\frac{1}{\xi^2}=\lim_{\xi\to0}\left[\frac{1}{\left(\frac{1}{\xi}+\mathrm{i}\right)^{10}\left(\frac{1}{\xi}-1\right)\left(\frac{1}{\xi}-3\right)}\cdot\frac{1}{\xi^2}\right]$$

$$=\lim_{\xi\to0}\frac{\xi^{10}}{(1+\mathrm{i}\xi)^{10}(1-\xi)(1-3\xi)}$$

$$=0,$$

得知 $\xi=0$ 为 $f\left(\dfrac{1}{\xi}\right)\dfrac{1}{\xi^2}$的可去奇点,所以

$$\operatorname{Res}[f(z),\infty]=-\operatorname{Res}\left[f\left(\frac{1}{\xi}\right)\frac{1}{\xi^2},0\right]=0.$$

从而积分

$$\oint_C\frac{\mathrm{d}z}{(z+\mathrm{i})^{10}(z-1)(z-3)}=-\frac{\pi\mathrm{i}}{(3+\mathrm{i})^{10}}.$$

此例说明,在某些孤立奇点处的留数难以求得或计算比较复杂时,可以利用定理 2 将问题转化为求其他孤立奇点处的留数,从而简化问题的计算.

例 6 计算积分 $\oint_C\dfrac{z\mathrm{d}z}{(1+z^2)\mathrm{e}^{\frac{1}{z}}}$,$C$ 为正向圆周 $|z|=2$.

解 被积函数$f(z)=\dfrac{z}{(1+z^2)\mathrm{e}^{\frac{1}{z}}}$在 C 的内部有三个孤立奇点:$\mathrm{i},-\mathrm{i},0$,于是由定理 1,

$$\oint_C \frac{z\mathrm{d}z}{(1+z^2)\mathrm{e}^{\frac{1}{z}}} = 2\pi\mathrm{i}\left\{\mathrm{Res}[f(z),\mathrm{i}] + \mathrm{Res}[f(z),-\mathrm{i}] + \mathrm{Res}[f(z),0]\right\},$$

其中 $z=0$ 是 $f(z)$ 的本质奇点, 要直接计算 $f(z)$ 在 $z=0$ 处的留数是很困难的. 但注意到 $f(z)$ 在扩充复平面上有四个孤立奇点: $\mathrm{i},-\mathrm{i},0,\infty$, 则由定理 2,

$$\mathrm{Res}[f(z),\mathrm{i}] + \mathrm{Res}[f(z),-\mathrm{i}] + \mathrm{Res}[f(z),0] = -\mathrm{Res}[f(z),\infty],$$

从而有

$$\oint_C \frac{z\mathrm{d}z}{(1+z^2)\mathrm{e}^{\frac{1}{z}}} = -2\pi\mathrm{i}\,\mathrm{Res}[f(z),\infty].$$

再根据 (5-16) 式,

$$\mathrm{Res}[f(z),\infty] = -\mathrm{Res}\left[f\left(\frac{1}{\xi}\right)\frac{1}{\xi^2},0\right]$$

$$= -\mathrm{Res}\left[\frac{1}{\xi(1+\xi^2)\mathrm{e}^{\xi}},0\right]$$

$$= -\lim_{\xi\to 0}\frac{1}{(1+\xi^2)\mathrm{e}^{\xi}}\quad(0\text{ 为一阶极点})$$

$$= -1.$$

综合上面两式, 得到

$$\oint_C \frac{z\mathrm{d}z}{(1+z^2)\mathrm{e}^{\frac{1}{z}}} = 2\pi\mathrm{i}.$$

> **习题 5-2**

1. 求下列各函数 $f(z)$ 在有限奇点处的留数:

(1) $\dfrac{1-\mathrm{e}^{2z}}{z^4}$;　　　　　　(2) $\dfrac{1+z^4}{(z^2+1)^3}$;　　　　　　(3) $\dfrac{z}{\cos z}$;

(4) $\cos\dfrac{1}{1-z}$;　　　　　(5) $z^2\sin\dfrac{1}{z}$;　　　　　(6) $\dfrac{1}{z\sin z}$.

2. 利用洛朗展开式求函数 $(z+1)^2\sin\dfrac{1}{z}$ 在点 ∞ 处的留数.

3. 求函数 $\dfrac{1}{(z-a)^m(z-b)}$ $(a\neq b,m$ 为整数) 在所有孤立奇点 (包括点 ∞) 处的留数.

4. 计算下列各积分 (利用留数, 圆周取正向):

(1) $\displaystyle\oint_{|z|=n}\tan\pi z\mathrm{d}z$, 其中 n 为正整数;

(2) $\oint\limits_{|z|=4} \dfrac{\mathrm{d}z}{(z+\mathrm{i})^{10}(z-1)(z-3)}$;

(3) $\int\limits_{|z|=2} \dfrac{z^3}{1+z} \cdot \mathrm{e}^{\frac{1}{z}} \mathrm{d}z$;

(4) $\oint\limits_{|z|=r} \dfrac{z^{2n}}{1+z^n} \mathrm{d}z$，其中 $r>1$，n 为正整数；

(5) $\oint\limits_{C} \dfrac{\mathrm{d}z}{(z-1)^2(z^2+1)}$，其中 C：$x^2+y^2=2(x+y)$；

(6) $\oint\limits_{|z|=1} \dfrac{1}{(z-a)^n(z-b)^n} \mathrm{d}z$，其中 n 为正整数，且 $|a| \neq 1$，$|b| \neq 1$，$|a| < |b|$．(提示：试就 $|a|$，$|b|$ 与 1 的大小关系分别进行讨论.)

第三节　应用留数定理计算实积分

留数定理为某些类型的实积分的计算提供了一个有力的工具.特别是当被积函数的原函数不能表示为初等函数或者难以表示为初等函数时,这个方法显得更加有效.下面我们分几种类型介绍怎样利用留数求积分.

一、形如 $\int_0^{2\pi} R(\sin\theta, \cos\theta) \mathrm{d}\theta$ 的积分

这里 $R(x,y)$ 是两个变量 x,y 的有理函数,比如

$$R(x,y) = \frac{x^2-y^2}{6x^2+4y^2+1}.$$

$R(\sin\theta, \cos\theta)$ 是关于 $\cos\theta$,$\sin\theta$ 的有理函数,且在 $[0,2\pi]$ 上连续,比如

$$R(\sin\theta, \cos\theta) = \frac{\cos 2\theta}{2\sin^2\theta+5}.$$

令 $z=\mathrm{e}^{\mathrm{i}\theta}$,则

$$\cos\theta = \frac{z+z^{-1}}{2}, \quad \sin\theta = \frac{z-z^{-1}}{2\mathrm{i}}, \quad \mathrm{d}\theta = \frac{\mathrm{d}z}{\mathrm{i}z},$$

于是

$$\int_0^{2\pi} R(\sin\theta, \cos\theta) \mathrm{d}\theta = \oint\limits_{|z|=1} R\left(\frac{z-z^{-1}}{2\mathrm{i}}, \frac{z+z^{-1}}{2}\right) \frac{\mathrm{d}z}{\mathrm{i}z}, \qquad (5-17)$$

其中 $f(z)=R\left(\dfrac{z-z^{-1}}{2\mathrm{i}},\dfrac{z+z^{-1}}{2}\right)\cdot\dfrac{1}{\mathrm{i}z}$ 为 z 的有理函数,且在单位圆周上没有奇点,因而可以利用留数定理来计算.

例 1　计算泊松(Poisson)积分

$$I=\int_0^{2\pi}\frac{\mathrm{d}\theta}{1-2p\cos\theta+p^2}\quad(0\leqslant|p|<1).$$

解　令 $z=\mathrm{e}^{\mathrm{i}\theta}$,则由(5-17)式,有

$$I=\oint_{|z|=1}\frac{\mathrm{d}z}{\mathrm{i}(1-pz)(z-p)}.$$

因为 $0\leqslant|p|<1$,则上式右端的被积函数在单位圆周的内部只有一个孤立奇点 $z=p$,从而根据留数定理,

$$I=\oint_{|z|=1}\frac{\mathrm{d}z}{\mathrm{i}(1-pz)(z-p)}=2\pi\mathrm{i}\,\mathrm{Res}\left[\frac{1}{\mathrm{i}(1-pz)(z-p)},p\right]$$

$$=2\pi\mathrm{i}\lim_{z\to p}(z-p)\frac{1}{\mathrm{i}(1-pz)(z-p)}$$

$$=\frac{2\pi}{1-p^2}.$$

例 2　计算积分 $\int_0^{2\pi}\cos^4 4\theta\mathrm{d}\theta$.

解　令 $z=\mathrm{e}^{\mathrm{i}\theta}(0\leqslant\theta\leqslant2\pi)$,则 $\cos^4 4\theta=\left(\dfrac{z^4+z^{-4}}{2}\right)^4$,

$$I=\int_0^{2\pi}\cos^4 4\theta\mathrm{d}\theta=\oint_{|z|=1}\left(\frac{z^4+z^{-4}}{2}\right)^4\frac{1}{\mathrm{i}z}\mathrm{d}z$$

$$=\frac{1}{\mathrm{i}}\oint_{|z|=1}\frac{(z^8+1)^4}{16z^{17}}\mathrm{d}z.$$

上式中的被积函数在 $|z|<1$ 内只有一个孤立奇点 $z=0$,且在 $0<|z|<1$ 内,被积函数的洛朗展开式为

$$\frac{(z^8+1)^4}{16z^{17}}=\frac{1}{16}z^{-17}+\frac{1}{4}z^{-9}+\frac{3}{8}z^{-1}+\cdots,$$

故

$$I=\int_0^{2\pi}\cos^4 4\theta\mathrm{d}\theta=\frac{1}{\mathrm{i}}\left\{2\pi\mathrm{i}\,\mathrm{Res}\left[\frac{(z^8+1)^4}{16z^{17}},0\right]\right\}=\frac{3}{4}\pi.$$

二、形如 $\int_{-\infty}^{+\infty}R(x)\mathrm{d}x$ 的积分

这里 $R(x)=\dfrac{P(x)}{Q(x)}$ 为有理函数,

$$P(x) = x^m + a_1 x^{m-1} + \cdots + a_m,$$

$$Q(x) = x^n + b_1 x^{n-1} + \cdots + b_n,$$

$P(x), Q(x)$ 为两个既约实多项式，$Q(x)$ 没有实零点，且 $n-m \geq 2$.

我们取复函数 $R(z) = \dfrac{P(z)}{Q(z)}$，则除 $Q(z)$ 的有限个

零点外，$R(z)$ 处处解析.取积分路径如图 5-3 所示，其中 C_r 是以原点为圆心、r 为半径的上半圆周，令 r 足够大，使 $R(z)$ 在上半平面上的所有极点 $z_k (k = 1, 2, \cdots,$ $s)$ 都含在曲线 C_r 和 $[-r, r]$ 所围成的区域内.由留数定理，得

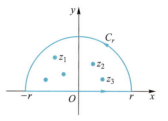

图 5-3

$$\int_{-r}^{r} R(x)\,\mathrm{d}x + \int_{C_r} R(z)\,\mathrm{d}z = 2\pi\mathrm{i} \sum_{k=1}^{s} \operatorname{Res}[R(z), z_k]. \tag{5-18}$$

当 r 充分大时，右端的值将不再随着 r 的增大而变化.又当 $|z|$ 充分大时，

$$|R(z)| = \frac{1}{|z|^{n-m}} \frac{|1 + a_1 z^{-1} + \cdots + a_m z^{-m}|}{|1 + b_1 z^{-1} + \cdots + b_n z^{-n}|}$$

$$\leq \frac{1}{|z|^{n-m}} \frac{1 + |a_1 z^{-1} + \cdots + a_m z^{-m}|}{1 - |b_1 z^{-1} + \cdots + b_n z^{-n}|},$$

故存在常数 M，有

$$|R(z)| \leq \frac{M}{|z|^{n-m}} \leq \frac{M}{|z|^2},$$

令 $z = r\mathrm{e}^{\mathrm{i}\theta}$，于是

$$\left| \int_{C_r} R(z)\,\mathrm{d}z \right| = \left| \int_0^{\pi} R(r\mathrm{e}^{\mathrm{i}\theta}) r\mathrm{i}\mathrm{e}^{\mathrm{i}\theta}\,\mathrm{d}\theta \right|$$

$$\leq \int_0^{\pi} |R(r\mathrm{e}^{\mathrm{i}\theta})| r\,\mathrm{d}\theta$$

$$\leq \int_0^{\pi} \frac{M}{r^2} r\,\mathrm{d}\theta = \frac{\pi M}{r} \to 0 \quad (r \to \infty).$$

因此，在 (5-18) 式中令 $r \to \infty$，得

$$\int_{-\infty}^{+\infty} R(x)\,\mathrm{d}x = 2\pi\mathrm{i} \sum_{k=1}^{s} \operatorname{Res}[R(z), z_k]. \tag{5-19}$$

例 3　计算积分 $\displaystyle\int_{-\infty}^{+\infty} \frac{x^2 - x + 2}{x^4 + 10x^2 + 9}\,\mathrm{d}x$.

解　记 $R(z) = \dfrac{z^2 - z + 2}{z^4 + 10z^2 + 9}$，则 $R(z)$ 满足 (5-19) 式的条件，且 $R(z)$ 在上半平面内

有两个一阶极点 $z_1 = \mathrm{i}$ 和 $z_2 = 3\mathrm{i}$.容易得到

$$\operatorname{Res}[R(z), \mathrm{i}] = \frac{-1-\mathrm{i}}{16}, \quad \operatorname{Res}[R(z), 3\mathrm{i}] = \frac{3-7\mathrm{i}}{48},$$

因此

$$\int_{-\infty}^{+\infty}\frac{x^2-x+2}{x^4+10x^2+9}dx=2\pi i\left[\frac{-1-i}{16}+\frac{3-7i}{48}\right]=\frac{5}{12}\pi.$$

例 4 计算积分

$$\int_0^{+\infty}\frac{dx}{x^4+a^4},\quad a>0.$$

解 首先 $\int_0^{+\infty}\frac{dx}{x^4+a^4}=\frac{1}{2}\int_{-\infty}^{+\infty}\frac{dx}{x^4+a^4}$,取被积函数 $f(z)=\frac{1}{z^4+a^4}$,它在上半平面有两个一阶极点

$$z_1=\frac{\sqrt{2}}{2}a(1+i),\quad z_2=\frac{\sqrt{2}}{2}a(-1+i).$$

容易计算

$$\mathrm{Res}[f(z),z_1]=\frac{-1-i}{4\sqrt{2}a^3},\quad \mathrm{Res}[f(z),z_2]=\frac{1-i}{4\sqrt{2}a^3},$$

从而,根据(5-19)式,有

$$\int_0^{+\infty}\frac{dx}{x^4+a^4}=\frac{1}{2}\int_{-\infty}^{+\infty}\frac{dx}{x^4+a^4}$$

$$=\frac{1}{2}\cdot 2\pi i\{\mathrm{Res}[f(z),z_1]+\mathrm{Res}[f(z),z_2]\}$$

$$=\frac{\pi}{2\sqrt{2}a^3}.$$

三、形如 $\int_{-\infty}^{+\infty}R(x)e^{\alpha i x}dx(\alpha>0)$ 的积分

这里 $R(x)$ 是在实轴上连续的有理函数,而分母的次数 n 至少要比分子的次数 m 高一次 $(n-m\geq1)$.这时,有

$$\int_{-\infty}^{+\infty}R(x)e^{\alpha i x}dx=2\pi i\sum_{k=1}^s\mathrm{Res}[e^{\alpha i z}R(z),z_k],\tag{5-20}$$

其中 $z_k(k=1,2,\cdots,s)$ 是 $R(z)$ 在上半平面的孤立奇点.

事实上,如同类型二中处理的方法一样,取如图 5-3 的积分曲线 C_r,当 r 充分大时,使 $z_k(k=1,2,\cdots,s)$ 全落在曲线 C_r 与 $[-r,r]$ 所围成的区域内.于是

$$\int_{-r}^r R(x)e^{\alpha i x}dx+\int_{C_r}R(z)e^{\alpha i z}dz=2\pi i\sum_{k=1}^s\mathrm{Res}[R(z)e^{\alpha i z},z_k].$$

又 $n-m\geq1$,故对于充分大的 $|z|$,有

$$|R(z)| \leqslant \frac{M}{|z|}.$$

因此

$$\left| \int_{C_r} R(z) e^{\alpha iz} dz \right| = \left| \int_0^\pi R(re^{i\theta}) e^{-\alpha r\sin\theta + i\alpha r\cos\theta} ie^{i\theta} rd\theta \right|$$

$$\leqslant \int_0^\pi |R(re^{i\theta})| e^{-\alpha r\sin\theta} rd\theta$$

$$\leqslant M \int_0^\pi e^{-\alpha r\sin\theta} d\theta$$

$$\leqslant 2M \int_0^{\frac{\pi}{2}} e^{-\alpha r\sin\theta} d\theta.$$

当 $0 \leqslant \theta \leqslant \dfrac{\pi}{2}$ 时, $\sin\theta \geqslant \dfrac{2\theta}{\pi}$, 所以

$$\left| \int_{C_r} R(z) e^{\alpha iz} dz \right| \leqslant 2M \int_0^{\frac{\pi}{2}} e^{-\alpha r\left(\frac{2\theta}{\pi}\right)} d\theta = \frac{M\pi}{\alpha r}(1-e^{-\alpha r}),$$

于是, 当 $r \to +\infty$ 时, $\int_{C_r} R(z) e^{\alpha iz} dz \to 0$, 故(5-20)式成立.

由欧拉公式,(5-20)式还可以变形为

$$\int_{-\infty}^{+\infty} R(x)\cos\alpha x dx + i \int_{-\infty}^{+\infty} R(x)\sin\alpha x dx$$

$$= 2\pi i \sum_{k=1}^s \text{Res}[R(z) e^{\alpha iz}, z_k]. \tag{5-21}$$

例5 求积分 $\displaystyle\int_{-\infty}^{+\infty} \frac{\cos x dx}{x^2+4x+5}$.

解 设 $R(z) = \dfrac{1}{z^2+4z+5}$, 则 $R(z)$ 的分母的次数比分子的次数高二次, 实轴上无奇点, 上半平面只有一个一阶极点 $z=-2+i$, 故

$$\int_{-\infty}^{+\infty} R(x) e^{ix} dx = 2\pi i \, \text{Res}[R(z) e^{iz}, -2+i]$$

$$= 2\pi i \lim_{z \to -2+i} [z-(-2+i)] R(z) e^{iz}$$

$$= 2\pi i \lim_{z \to -2+i} \frac{e^{iz}}{z+2+i}$$

$$= 2\pi i \frac{e^{-1-2i}}{2i}$$

$$= \pi e^{-1-2i}.$$

由(5-21)式有

$$\int_{-\infty}^{+\infty} \frac{\cos x}{x^2+4x+5} dx = \text{Re}(\pi e^{-1-2i}) = \pi e^{-1}\cos 2.$$

在上面两个类型的积分中,都要求 $R(z)$ 在实轴上无孤立奇点,这时我们取积分闭曲线为图 5-3 所示的形式.当 $R(z)$ 在实轴上有奇点时,我们要根据具体情况,对积分曲线稍作改变.下面以例题说明如何计算此类型的积分.

例 6　计算积分 $\displaystyle\int_0^{+\infty} \frac{\sin x}{x}\mathrm{d}x$.

解　取函数 $f(z)=\dfrac{\mathrm{e}^{\mathrm{i}z}}{z}$,并取积分路径如图 5-4 所示,在此路径所围区域中 $f(z)$ 是解析的.由柯西积分定理,得

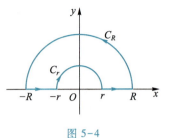

图 5-4

$$\int_{-R}^{-r} \frac{\mathrm{e}^{\mathrm{i}x}}{x}\mathrm{d}x + \int_{C_r} \frac{\mathrm{e}^{\mathrm{i}z}}{z}\mathrm{d}z + \int_r^R \frac{\mathrm{e}^{\mathrm{i}x}}{x}\mathrm{d}x + \int_{C_R} \frac{\mathrm{e}^{\mathrm{i}z}}{z}\mathrm{d}z = 0.$$

令 $x=-t$,则有

$$\int_{-R}^{-r} \frac{\mathrm{e}^{\mathrm{i}x}}{x}\mathrm{d}x = \int_R^r \frac{\mathrm{e}^{-\mathrm{i}t}}{t}\mathrm{d}t = -\int_r^R \frac{\mathrm{e}^{-\mathrm{i}x}}{x}\mathrm{d}x.$$

所以,有

$$\int_r^R \frac{\mathrm{e}^{\mathrm{i}x} - \mathrm{e}^{-\mathrm{i}x}}{x}\mathrm{d}x + \int_{C_R} \frac{\mathrm{e}^{\mathrm{i}z}}{z}\mathrm{d}z + \int_{C_r} \frac{\mathrm{e}^{\mathrm{i}z}}{z}\mathrm{d}z = 0,$$

即

$$2\mathrm{i}\int_r^R \frac{\sin x}{x}\mathrm{d}x + \int_{C_R} \frac{\mathrm{e}^{\mathrm{i}z}}{z}\mathrm{d}z + \int_{C_r} \frac{\mathrm{e}^{\mathrm{i}z}}{z}\mathrm{d}z = 0.$$

现在来证明

$$\lim_{R\to\infty} \int_{C_R} \frac{\mathrm{e}^{\mathrm{i}z}}{z}\mathrm{d}z = 0 \quad \text{和} \quad \lim_{r\to 0} \int_{C_r} \frac{\mathrm{e}^{\mathrm{i}z}}{z}\mathrm{d}z = -\pi\mathrm{i}.$$

因为

$$\left| \int_{C_R} \frac{\mathrm{e}^{\mathrm{i}z}}{z}\mathrm{d}z \right| \leqslant \int_0^\pi \frac{|\mathrm{e}^{\mathrm{i}Re^{\mathrm{i}\theta}}|}{R}R\mathrm{d}\theta = \int_0^\pi \mathrm{e}^{-R\sin\theta}\mathrm{d}\theta$$

$$= 2\int_0^{\frac{\pi}{2}} \mathrm{e}^{-R\sin\theta}\mathrm{d}\theta \quad \left(\text{当 } 0\leqslant\theta\leqslant\frac{\pi}{2}\text{时},\sin\theta\geqslant\frac{2\theta}{\pi}\right)$$

$$\leqslant \frac{\pi}{R}(1-\mathrm{e}^{-R}),$$

所以

$$\lim_{R\to +\infty} \int_{C_R} \frac{\mathrm{e}^{\mathrm{i}z}}{z}\mathrm{d}z = 0.$$

又因为

$$\frac{e^{iz}}{z} = \frac{1}{z} + i - \frac{z}{2!} + \cdots + i^n \frac{z^{n-1}}{n!} + \cdots = \frac{1}{z} + \varphi(z),$$

其中 $\varphi(z)$ 在点 $z=0$ 处解析,且 $\varphi(0) = i$,因此,当 $|z|$ 充分小时,可设 $|\varphi(z)| \leqslant 2$.
由于

$$\int_{C_r} \frac{e^{iz}}{z} dz = \int_{C_r} \frac{dz}{z} + \int_{C_r} \varphi(z) \, dz,$$

而

$$\int_{C_r} \frac{dz}{z} = \int_\pi^0 \frac{ire^{i\theta}}{re^{i\theta}} d\theta = -i\pi,$$

和

$$\left| \int_{C_r} \varphi(z) \, dz \right| \leqslant \int_0^\pi |\varphi(re^{i\theta})| r d\theta \leqslant 2\pi r,$$

故有

$$\lim_{r \to 0} \int_{C_r} \frac{e^{iz}}{z} dz = -\pi i.$$

综上所述,令 $R \to +\infty$,$r \to 0$,则有

$$\int_0^{+\infty} \frac{\sin x}{x} dx = \frac{\pi}{2}.$$

总结上述方法,利用留数来计算实积分需要有两个主要的转化过程:

(1)将实积分的被积函数转化为复函数;

(2)将实积分的积分区间转化为复积分的积分路径,

这样就将实积分转化为复周线积分,从而可以利用留数理论或柯西积分理论来完成以后的计算.

根据这种思路,我们可以计算更多的实积分.

例 7 计算菲涅尔(Fresnel)积分 $\int_0^{+\infty} \cos x^2 dx$ 和 $\int_0^{+\infty} \sin x^2 dx$. 这两个积分在光学的研究中起着重要作用.

解 取函数 $f(z) = e^{iz^2}$,取积分路径如图 5-5 所示.
因为 $f(z)$ 在积分路径所围区域内解析,由柯西-古尔萨定理,有

$$\int_{OA} e^{iz^2} dz + \int_{\widehat{AB}} e^{iz^2} dz + \int_{BO} e^{iz^2} dz = 0. \qquad (5-22)$$

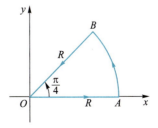

图 5-5

当 z 在 OA 上时,$z = x$,$0 \leqslant x \leqslant R$,

$$\int_{OA} e^{iz^2} dz = \int_0^R e^{ix^2} dx.$$

当 z 在 $\overset{\frown}{AB}$ 上时，$z = Re^{i\theta}$，$0 \leqslant \theta \leqslant \dfrac{\pi}{4}$，此时 $\sin 2\theta \geqslant \dfrac{4}{\pi}\theta$，所以

$$|e^{iz^2}| = e^{-R^2\sin 2\theta} \leqslant e^{-\frac{4}{\pi}R^2\theta},$$

故

$$\left| \int_{\overset{\frown}{AB}} e^{iz^2} dz \right| \leqslant \int_0^{\frac{\pi}{4}} e^{-\frac{4}{\pi}R^2\theta} R d\theta = \frac{\pi}{4R}(1 - e^{-R^2}) \to 0 \quad (R \to +\infty).$$

当 z 在 BO 上时，$z = xe^{i\frac{\pi}{4}}$，$0 \leqslant x \leqslant R$，

$$\int_{BO} e^{iz^2} dz = \int_R^0 e^{ix^2 e^{i\frac{\pi}{2}}} e^{i\frac{\pi}{4}} dx = -e^{i\frac{\pi}{4}} \int_0^R e^{-x^2} dx.$$

令 $R \to +\infty$，于是 (5-22) 式变为

$$\int_0^{+\infty} e^{ix^2} dx + 0 - e^{i\frac{\pi}{4}} \int_0^{+\infty} e^{-x^2} dx = 0.$$

又 $\displaystyle\int_0^{+\infty} e^{-x^2} dx = \dfrac{\sqrt{\pi}}{2}$，因此

$$\int_0^{+\infty} e^{ix^2} dx = e^{i\frac{\pi}{4}} \int_0^{+\infty} e^{-x^2} dx = e^{i\frac{\pi}{4}} \cdot \frac{\sqrt{\pi}}{2}.$$

上式两边分别取实部和虚部，即得

$$\int_0^{+\infty} \cos x^2 dx = \int_0^{+\infty} \sin x^2 dx = \frac{\sqrt{2\pi}}{4}.$$

> ## 习题 5-3

1. 求下列积分:

(1) $\displaystyle\int_0^\pi \dfrac{\cos m\theta}{5 - 4\cos\theta} d\theta$;　　　(2) $\displaystyle\int_0^{2\pi} \dfrac{\cos 3\theta}{1 - 2r\cos\theta + r^2} d\theta$　($|r| \neq 1$);

(3) $\displaystyle\int_0^{\frac{\pi}{2}} \dfrac{1}{a^2 + \sin^2\theta} d\theta$　($a > 0$);

(4) $\displaystyle\int_0^\pi \tan(\theta + ia) d\theta$，其中 a 为实数且不等于 0(提示: 区分 $a > 0$ 及 $a < 0$ 两种情况.)

2. 求下列积分：

（1）$\int_{-\infty}^{+\infty}\dfrac{x^2}{(x^2+a^2)^2}\mathrm{d}x\quad(a>0)$；　　　　（2）$\int_{-\infty}^{+\infty}\dfrac{\mathrm{d}x}{(x^2+a^2)(x^2+b^2)}\quad(a>0,b>0)$；

（3）$\int_0^{+\infty}\dfrac{1+x^2}{1+x^4}\mathrm{d}x$.

3. 求下列积分：

（1）$\int_0^{+\infty}\dfrac{x\sin ax\,\mathrm{d}x}{x^2+b^2}\quad(a>0,b>0)$；　　（2）$\int_{-\infty}^{+\infty}\dfrac{\cos x}{x^2+4x+5}\mathrm{d}x$；

（3）$\int_{-\infty}^{+\infty}\dfrac{\mathrm{e}^{\mathrm{i}x}\,\mathrm{d}x}{x^2+a^2}\quad(a>0)$.

4. 计算下列积分：

（1）$\int_0^{+\infty}\dfrac{\sin ax}{x(x^2+b^2)}\mathrm{d}x\quad(a>0,b>0)$；　（2）$\int_0^{+\infty}\dfrac{\ln x\,\mathrm{d}x}{(1+x^2)^2}$；

（3）$\dfrac{1}{2\pi\mathrm{i}}\displaystyle\int_{\Gamma}\dfrac{a^z\mathrm{d}z}{z^2}$，其中 Γ 为直线 $\operatorname{Re}z=c,c>0,0<a<1,a^z=\mathrm{e}^{z\ln a}$.

综合练习题 5

第六章

共 形 映 射

这一章我们将研究解析函数的几何性质.在前面我们知道,在几何上,复变函数 $w=f(z)$ 可以看成把 z 平面上的点集 D 变到 w 平面上的点集 D^* 的映射.其中解析函数所实现的共形映射尤为重要,原因在于它能把在比较复杂区域上所讨论的问题转到比较简单区域上去讨论.因此,不但在数学中,而且在诸如流体力学、弹性力学和电磁学中,共形映射都有很重要的应用.

下面我们先给出共形映射的概念,并由此讨论解析函数的几何意义,然后重点分析分式线性映射的性质及初等函数的映射性质.

第一节　共形映射及导数的几何意义

一、共形映射的概念

设 $w=f(z)$ 为 z 平面上区域内的连续函数,作为映射,它把 z 平面上的点 z_0 映射到 w 平面上的点 $w_0=f(z_0)$,把曲线 C：$z=z(t)$ 映射到曲线 Γ：$w=f(z(t))$.现在我们研究映射所带来的几何形变,比如两条曲线夹角的大小变化、曲线弧长的伸缩变化等.

如图 6-1(a)所示,过点 z_0 的两条曲线 C_1,C_2,它们在交点 z_0 处的切线分别为 l_1, l_2,我们把从 l_1 到 l_2 按逆时针方向旋转所得的夹角定义为这两条曲线在交点 z_0 处从 C_1 到 C_2 的夹角.对于两条曲线的夹角,不仅要指出它的大小,还要指出它的旋转方向.

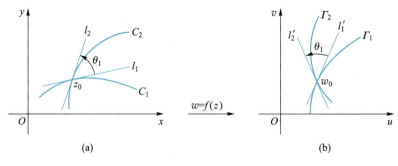

图 6-1

若在映射 $w=f(z)$ 的作用下,过点 z_0 的任意两条光滑曲线的夹角大小与旋转方向都是保持不变的,则称这种映射在 z_0 处是**保角的**(图 6-1(b)).

比如平移函数 $w=z+a$ 就是一个很简单的保角映射.

函数 $w=\bar{z}$ 不是保角映射.事实上,前面我们介绍过它是关于实轴的对称映射(图 6-2).在图中我们把 z 平面和 w 平面重合在一起,则映射把点 z_0 映射到关于实轴对称的点 $\bar{z}_0$.设过 z_0 的两条曲线为 C_1,C_2,从 C_1 到 C_2 的夹角为 θ,经映射后分别对应为过点 $\bar{z}_0$ 的两条曲线 Γ_1 和 Γ_2,从 Γ_1 到 Γ_2 的夹角为 $-\theta$,虽然它保持了夹角的大小,但是改变了旋转方向.

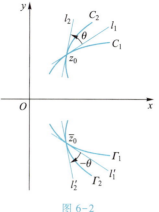

图 6-2

我们关心的另一个问题就是映射后原像的伸缩性,常用像点之间距离与原像点之间距离的比值 $\dfrac{|w-w_0|}{|z-z_0|}$ 来近似描述它.

设 C 为 z 平面上一条光滑曲线,$w=f(z)$ 在 C 上有定义,$z_0,z \in C$.若

$$\lim_{\substack{z \to z_0 \\ z \in C}} \frac{|f(z)-f(z_0)|}{|z-z_0|}$$

存在且不等于零,则称这个极限值为曲线 C 在点 z_0 处的**伸缩率**.若极限值与过点 z_0 的任何曲线 C(的形状及方向)都无关,则称该映射 $w=f(z)$ 在 z_0 处具有**伸缩率的不变性**.

显然,$w=5z$ 在任何点处都具有伸缩率的不变性,它把原像放大了 5 倍.

综合上述特征,我们引入共形映射的概念.

定义 1 设函数 $w=f(z)$ 在点 z_0 的邻域内是一一映射,在 z_0 处具有保角性和伸缩率的不变性,那么称映射 $w=f(z)$ 在 z_0 处是**共形的**,或称 $w=f(z)$ 在 z_0 处是**共形映射**.如果映射 $w=f(z)$ 在区域 D 内的每一点处都是共形的,那么称 $w=f(z)$ 是**区域 D 内的共形映射**.

共形映射有很明显的几何特征.设 $f(z)$ 是 z 平面上区域 D 内的共形映射,则对 D 内的任意小三角形 $z_1 z_2 z_3$,经过 $w=f(z)$ 的映射后,变成了 w 平面上的小曲边三角形 $w_1 w_2 w_3$(图 6-3).由于 $w=f(z)$ 是共形映射,这两个三角形对应角相等,对应边近似成比例,因此这两个三角形近似地相似.

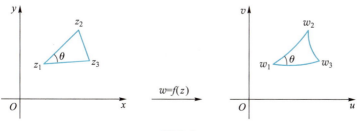

图 6-3

又对以点 z_0 为中心、半径充分小的圆 $|z-z_0|=\delta$,由于伸缩率 A 仅依赖于 z_0,因此在映射 $w=f(z)$ 下,该小圆近似对应 w 平面的以 w_0 为中心、$A\delta$ 为半径的圆(图 6-4).

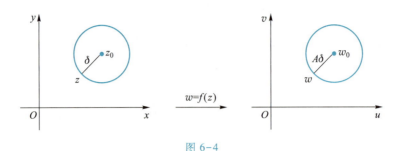

图 6-4

二、解析函数与共形映射

设 $f(z)$ 在点 z_0 处解析,且 $f'(z_0)\neq0$,我们来讨论映射 $w=f(z)$ 的特征.

过点 z_0 作一条光滑曲线 C,它的方程为

$$C: z=z(t), \quad t_0\leqslant t\leqslant T,$$

并设 $z_0=z(t_0)$,且 $z'(t_0)\neq0$,根据第一章第三节例 4,$\text{Arg } z'(t_0)$ 为 z 平面上由正实轴到 C 上点 z_0 处切线的夹角(图 6-5(a)).

$w=f(z)$ 把 C 映射为 w 平面上光滑曲线 Γ(图 6-5(b)),其方程为

$$w=w(t)=f[z(t)], \quad t_0\leqslant t\leqslant T,$$

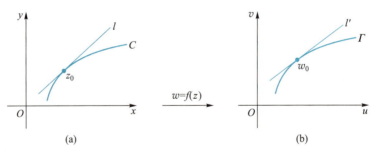

(a)   (b)

图 6-5

且 $w_0=f[z(t_0)]$.由于 $w'(t_0)=f'(z_0)z'(t_0)\neq0$,因此在 w 平面上,正实轴到 Γ 上点 w_0 处切线的夹角为

$$\text{Arg } w'(t_0)=\text{Arg } f'(z_0)+\text{Arg } z'(t_0),$$

所以

$$\text{Arg } w'(t_0)-\text{Arg } z'(t_0)=\text{Arg } f'(z_0), \tag{6-1}$$

$\text{Arg } f'(z_0)$ 理解为曲线 C 经过 $w=f(z)$ 映射后在点 z_0 处的转动角.

(6-1)式说明像曲线 Γ 在点 w_0 处的切线与正实轴的夹角和原像曲线 C 在点 z_0 处的切线与正实轴的夹角之差总是 $\text{Arg } f'(z_0)$,而与曲线 C 无关.这一结果可以说明 $w=f(z)$ 在点 z_0 处为保角的.事实上,过点 z_0 作两条光滑曲线 C_1,C_2,它们的方程分

别为

$$C_1 : z = z_1(t),$$
$$C_2 : z = z_2(t), \quad t_0 \leqslant t \leqslant T,$$

且 $z_1(t_0) = z_2(t_0) = z_0$（图 6-1(a)）. 映射 $w = f(z)$ 把它们分别映为过点 w_0 的两条光滑曲线 Γ_1 和 Γ_2（图 6-1(b)），它们的方程分别为

$$\Gamma_1 : w = w_1(t) = f[z_1(t)],$$
$$\Gamma_2 : w = w_2(t) = f[z_2(t)], \quad t_0 \leqslant t \leqslant T.$$

由（6-1）式得

$$\text{Arg } w_1'(t_0) - \text{Arg } z_1'(t_0) = \text{Arg } f'(z_0) = \text{Arg } w_2'(t_0) - \text{Arg } z_2'(t_0),$$

即

$$\text{Arg } z_2'(t_0) - \text{Arg } z_1'(t_0) = \text{Arg } w_2'(t_0) - \text{Arg } w_1'(t_0). \tag{6-2}$$

上式的左端是曲线 C_1 和 C_2 在点 z_0 处的夹角，右端是曲线 Γ_1 和 Γ_2 在点 w_0 处的夹角，而这个式子说明了 $w = f(z)$ 在 z_0 处是保角的.

另外，因为 $f'(z_0)$ 存在，且不等于零，则

$$\lim_{z \to z_0} \frac{|w - w_0|}{|z - z_0|} = \lim_{z \to z_0} \frac{|f(z) - f(z_0)|}{|z - z_0|} = |f'(z_0)|,$$

这个极限与曲线 C 无关，故 $w = f(z)$ 在点 z_0 处的伸缩率具有不变性.

又 $w = f(z) = u(x, y) + iv(x, y)$，因为 $w = f(z)$ 在点 z_0 处解析，则在该点处满足柯西-黎曼方程

$$\frac{\partial u}{\partial x} = \frac{\partial v}{\partial y}, \quad \frac{\partial u}{\partial y} = -\frac{\partial v}{\partial x}.$$

于是在该点处的雅可比（Jacobi）行列式有

$$\frac{\partial(u, v)}{\partial(x, y)} = \left(\frac{\partial u}{\partial x}\right)^2 + \left(\frac{\partial u}{\partial y}\right)^2 = |f'(z_0)|^2 \neq 0.$$

根据微积分的结果，可以证明映射 $w = f(z)$ 在点 z_0 的某邻域内是一一对应的.

综上所述，我们有如下定理：

定理 1　如果函数 $w = f(z)$ 在点 z_0 处解析，且 $f'(z_0) \neq 0$，那么映射 $w = f(z)$ 在 z_0 处是共形的，而且 $\text{Arg } f'(z_0)$ 是这个映射在 z_0 处的转动角，$|f'(z_0)|$ 是这个映射在 z_0 处的伸缩率. 如果解析函数 $w = f(z)$ 在区域 D 内处处有 $f'(z) \neq 0$，那么映射 $w = f(z)$ 是 D 内的共形映射.

这个定理指出了解析函数的导数的几何意义，根据该定理，我们可以通过计算导数来检验映射 $w = f(z)$ 是否具有共形性. 要注意的是，该定理中的条件 $f'(z_0) \neq 0$ 是很重要的. 事实上，考察函数 $w = z^2$，它在点 $z = 0$ 处解析，但导数

$$\frac{\mathrm{d}w}{\mathrm{d}z}\bigg|_{z=0} = 2z\bigg|_{z=0} = 0.$$

如果令 $z = r\mathrm{e}^{\mathrm{i}\theta}$,则 $w = r^2\mathrm{e}^{2\mathrm{i}\theta}$.可以看出,映射 $w = z^2$ 把过原点的射线 $\mathrm{Arg}\, z = \theta$ 映射到射线 $\mathrm{Arg}\, w = 2\theta$,这就意味着这个映射在点 $z = 0$ 处不具有保角性.

> **习题 6-1**

1. 求在映射 $w = \dfrac{1}{z}$ 下,下列曲线的像:

(1) $x^2 + y^2 = ax$ ($a \neq 0, a$ 为实数);   (2) $y = kx$ (k 为实数).

2. 下列区域在指定的映射下映成什么?

(1) $\mathrm{Im}\, z > 0, w = (1 + \mathrm{i})z$;   (2) $\mathrm{Re}\, z > 0$ 且 $0 < \mathrm{Im}\, z < 1, w = \dfrac{\mathrm{i}}{z}$.

3. 求 $w = z^2$ 在点 $z = \mathrm{i}$ 处的伸缩率和旋转角,问:$w = z^2$ 将经过点 $z = \mathrm{i}$ 且平行于实轴正向的曲线的切线方向映成 w 平面上哪一个方向? 并作图.

第二节 分式线性映射

在解析函数中,分式线性函数具有最简单的映射性质,同时还有非常奇特的几何性质.我们介绍它,不仅为以后介绍共形映射提供简单的例子,同时还可以获得一些非常有价值的方法.

一、分式线性映射的结构

函数

$$w(z) = \frac{az + b}{cz + d} \quad (ad - bc \neq 0) \tag{6-3}$$

所确定的映射称为**分式线性映射**,其中 a, b, c, d 为复常数.

$ad - bc \neq 0$ 的限制是必要的,否则,假设 $ad - bc = 0$,当 $|c|^2 + |d|^2 \neq 0$ 时,由于

$$w'(z) = \frac{ad - bc}{(cz + d)^2},$$

将有 $w'(z) \equiv 0$,这时 $w \equiv$ 常数;当 $|c|^2 + |d|^2 = 0$ 时,这时(6-3)式无意义.我们排除这两种情况.

容易知道,两个分式线性映射的复合,仍是一个分式线性映射.事实上,

$$w = \frac{\alpha\xi + \beta}{\gamma\xi + \delta} \quad (\alpha\delta - \beta\gamma \neq 0),$$

$$\xi = \frac{\alpha_1 z + \beta_1}{\gamma_1 z + \delta_1} \quad (\alpha_1\delta_1 - \beta_1\gamma_1 \neq 0),$$

把后式代入前式得

$$w = \frac{az+b}{cz+d},$$

其中 $ad-bc = (\alpha\delta-\beta\gamma)(\alpha_1\delta_1-\beta_1\gamma_1) \neq 0$.

根据这个事实,我们可以把一个分式线性映射分解成一些简单映射的复合.不妨设 $c \neq 0$,于是

$$w = \frac{az+b}{cz+d} = \frac{a}{c} + \frac{bc-ad}{c(cz+d)}.$$

令 $A = \dfrac{a}{c}, B = \dfrac{bc-ad}{c}$,则上式变为

$$w = A + \frac{B}{cz+d},$$

它由下列三个映射复合而成:

$$\xi = cz+d,$$
$$\omega = \frac{1}{\xi}, \tag{6-4}$$
$$w = A+B\omega,$$

其中(6-4)式中的第一式和第三式为整式线性映射.

从(6-3)式中把 z 解出来,得

$$z = \frac{-dw+b}{cw-a} \quad ((-a)(-d)-cb \neq 0), \tag{6-5}$$

称(6-5)式是(6-3)式的逆映射,它仍然是一个分式线性映射.由此可知,分式线性映射是一一对应的.

二、分式线性映射的性质

对于分式线性映射(6-3)式,我们还规定

$$w(\infty) = \frac{a}{c}, \quad w\left(-\frac{d}{c}\right) = \infty,$$

这样一来,分式线性映射就是一个把扩充复平面映射为扩充复平面的双方单值映射.

1. 保圆性

我们先来考察在 z 平面上圆的方程.众所周知,圆的一般方程为

$$A(x^2+y^2)+Bx+Cy+D = 0 \quad (A \neq 0),$$

经过代换

$$x = \frac{z+\bar{z}}{2}, \quad y = \frac{z-\bar{z}}{2i}$$

后,上式可写成

$$Az\bar{z}+\alpha z+\bar{\alpha}\bar{z}+D=0,\qquad\qquad(6-6)$$

其中 $\alpha=\dfrac{1}{2}(B-Ci)$. 当 $A=0$ 时，方程 $(6-6)$ 表示直线.

我们规定：在扩充复平面上把直线看成半径为无穷大的圆周. 因此，$(6-6)$ 式就是扩充复平面上圆的一般方程.

对于分式线性映射，我们有

定理 1　分式线性映射将扩充 z 平面上的圆映射成扩充 w 平面上的圆，即具有保圆性.

证明　根据分式线性映射的结构，我们可以按 $(6-4)$ 式将它视为简单映射的复合，从而只要证明 $w=az+b$ 和 $w=\dfrac{1}{z}$ 都具有保圆性即可. 由于 $w=az+b$ 是由 $\xi=az$（旋转与伸缩）和 $w=\xi+b$（平移）复合而成的，即知这个映射将原像平面内的圆或直线映射到像平面内的圆或直线，从而 $w=az+b$ 在扩充复平面上具有保圆性.

下面来阐明映射 $w=\dfrac{1}{z}$ 也具有保圆性. 经过映射 $w=\dfrac{1}{z}$ 后，方程 $(6-6)$ 变为

$$A+\alpha\bar{w}+\bar{\alpha}w+Dw\bar{w}=0.$$

在扩充复 w 平面上它仍是圆的方程. 这说明 $w=\dfrac{1}{z}$ 具有保圆性.

2. 共形性

在扩充复平面上，函数 $w=\dfrac{az+b}{cz+d}$ 的导数除点 $z=-\dfrac{d}{c}$ 和 $z=\infty$ 以外处存在，而且

$$\frac{\mathrm{d}w}{\mathrm{d}z}=\frac{ad-bc}{(cz+d)^{2}}\neq0,$$

由上一节定理 1，映射 $w=\dfrac{az+b}{cz+d}$ 除上述两个点外是共形的. 至于在点 $z=-\dfrac{d}{c}$（其像为 $w=\infty$）和 $z=\infty\left(\text{其像为 }w=\dfrac{a}{c}\right)$ 处是否共形的问题，就关系到如何理解两条曲线在无穷远点处夹角的定义，在这里就不作讨论了. 我们有下述定理.

定理 2　分式线性映射在扩充复平面上是一一对应的，且是共形的.

3. 保对称性

先引进对称点的概念.

定义 1　设 C 是以点 z_0 为中心、R 为半径的圆周. 如果点 z_1,z_2 在从 z_0 出发的射线上，且满足

$$|z_1-z_0|\cdot|z_2-z_0|=R^{2},\qquad\qquad(6-7)$$

则称 z_1,z_2 **关于圆周 C 为对称的**. 如果 C 是直线，则当以 z_1 和 z_2 为端点的线段被 C 垂直平分时，称 z_1,z_2 **关于直线 C 为对称的**.

我们规定：无穷远点关于圆周的对称点是圆心.

读者知道 z 及 $\bar{z}$ 是关于实轴对称的,显然实系数分式线性映射 $w = \dfrac{az+b}{cz+d}$(即 a,b, c,d 均为实数)把实轴变成实轴,把对称点 z,$\bar{z}$ 仍变为对称点 w,$\bar{w}$.这个结果能推广到更一般的情形吗?

为了导出推广后的结论,我们先来阐述对称点的一个重要性质.

引理 1　两点 z_1 和 z_2 关于圆周 C 对称的充要条件是任意经过 z_1 和 z_2 的圆周都与 C 正交.

证明　当 C 是直线,或是普通圆周而 z_1 和 z_2 中有一点为 ∞ 时.引理显然成立.因此只需对 C 是普通圆周而 z_1 和 z_2 都是有限点的情形给出证明即可.

必要性.设点 z_1 和 z_2 关于圆周 C 对称,而 C_1 是任意经过 z_1 和 z_2 的圆周.如果 C_1 是一条直线,则它一定经过圆心 z_0,从而 C_1 和 C 正交.当 C_1 是一个普通圆周时,从点 z_0 作 C_1 的切线,切点为 z^*(图 6-6(a)),由平面几何切割线定理有

$$|z^* - z_0|^2 = |z_1 - z_0||z_2 - z_0| = R^2.$$

因此 $|z^* - z_0| = R$,即点 z^* 在圆周 C 上(图 6-6(b)),所以 C_1 必定与 C 正交.

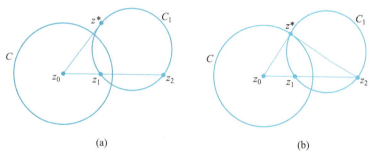

(a)　　　　　　　　　　　　　(b)

图 6-6

充分性.过点 z_1 和 z_2 作一个圆周 C_1,由于 C_1 与 C 正交,不妨设交点之一为 z^*(图 6-6(b)).又连接点 z_1 和 z_2 的直线作为 C_1 的特殊情形,必与 C 正交,因而这条直线必过 C 的圆心 z_0.因为 C_1 与 C 在点 z^* 处正交,所以

$$|z_1 - z_0||z_2 - z_0| = R^2,$$

即 z_1 和 z_2 是关于圆周 C 的一对对称点.

定理 3　设点 z_1,z_2 是关于圆周 C 的一对对称点,那么在分式线性映射下,它们的像点 w_1 及 w_2 也是关于 C 的像曲线 Γ 的一对对称点.

证明　设经过点 w_1 与 w_2 的任一圆周 Γ_1 是经过点 z_1 与 z_2 的圆周 C_1 由分式线性映射得到的.由于 C 与 C_1 正交,由保角性,所以 Γ 与 Γ_1 也正交.因此 w_1 与 w_2 是一对关于 Γ 的对称点.

例 1　分式线性映射 $w = \dfrac{1}{z+1}$ 把 z 平面上的圆周 $|z-2| = 1$ 映射到 w 平面上的什么几何图形?

解　在扩充复平面上,分式线性映射具有保圆性,从而 $|z-2| = 1$ 的像一定是圆.

在圆周 $|z-2|=1$ 上取两点 $z=1$ 和 $z=3$,其像分别为 $w=\dfrac{1}{2}$ 和 $w=\dfrac{1}{4}$,它们一定是像圆周上的两个点.又 $z=2$ 和 $z=\infty$ 为关于 $|z-2|=1$ 的一对对称点,由于分式线性映射具有保对称性,故它们的像 $w=\dfrac{1}{3}$ 和 $w=0$ 为像圆的一对对称点.根据对称点的定义,$w=\dfrac{1}{3}$ 和 $w=0$ 的连线必经过像圆的圆心,即得像圆的圆心必在实轴上.根据以上分析,容易得到该圆心为 $\left(\dfrac{3}{8},0\right)$,圆的半径为 $\dfrac{1}{8}$,圆的方程为

$$\left(u-\frac{3}{8}\right)^2+v^2=\left(\frac{1}{8}\right)^2,$$

即

$$\left|w-\frac{3}{8}\right|=\frac{1}{8}.$$

三、确定分式线性映射的条件

对于分式线性映射 $w(z)=\dfrac{az+b}{cz+d}$,由于条件 $ad-bc\neq0$,可知四个系数 a,b,c,d 中,只有三个是独立的.因此,只要在 z 平面内给定三个不同的点 z_1,z_2,z_3,在 w 平面内也给定三个不同的点 w_1,w_2,w_3,就能唯一地确定一个分式线性映射.

定理 4 在扩充 z 平面上给定三个不同的点 z_1,z_2,z_3,在扩充 w 平面上也给定三个不同的点 w_1,w_2,w_3,则存在唯一的分式线性映射 $w(z)=\dfrac{az+b}{cz+d}$,使得

$$w(z_k)=w_k \quad (k=1,2,3).$$

证明 设

$$w=\frac{az+b}{cz+d} \quad (ad-bc\neq0),$$

且

$$w_k=w(z_k)=\frac{az_k+b}{cz_k+d} \quad (k=1,2,3),$$

于是有

$$w-w_k=\frac{(z-z_k)(ad-bc)}{(cz+d)(cz_k+d)}, \quad k=1,2,$$

及

$$w_3-w_k=\frac{(z_3-z_k)(ad-bc)}{(cz_3+d)(cz_k+d)}, \quad k=1,2.$$

从而得

$$\frac{w-w_1}{w-w_2} \cdot \frac{w_3-w_2}{w_3-w_1} = \frac{z-z_1}{z-z_2} \cdot \frac{z_3-z_2}{z_3-z_1}. \tag{6-8}$$

从(6-8)式中求出 w,即得所求分式线性映射.当 z_k 或 w_k 中有某一个为 ∞ 时,只需在 (6-8)式中将含有这个数的因子改成 1 即可.

下面来证唯一性.设有两个分式线性映射

$$M_1: w_1(z) = \frac{a_1 z + b_1}{c_1 z + d_1} \quad (a_1 d_1 - b_1 c_1 \neq 0),$$

及

$$M_2: w_2(z) = \frac{a_2 z + b_2}{c_2 z + d_2} \quad (a_2 d_2 - b_2 c_2 \neq 0).$$

M_1 和 M_2 同时将 z_1, z_2, z_3 分别变为 w_1, w_2, w_3,则 $M_2^{-1}M_1$ 是从 z 平面到它自身的一个分式线性映射,并保持 z_1, z_2, z_3 不变.设

$$M_2^{-1}M_1: z = \frac{\alpha z + \beta}{\gamma z + \delta} \quad (\alpha\delta - \beta\gamma \neq 0),$$

则方程 $\gamma z^2 + (\delta-\alpha)z - \beta = 0$ 有三个不同的复根,因此必有 $\gamma = 0, \beta = 0, \alpha = \delta$,即 $M_2^{-1}M_1$ 为恒等映射,从而有 $M_1 = M_2$.

在求一个具体分式线性映射时,我们常用到下面的推论.

推论　设分式线性映射 $w = w(z)$ 满足 $w(z_1) = w_1, w(z_2) = w_2$,则此分式线性映射可以表示成

$$\frac{w-w_1}{w-w_2} = k\frac{z-z_1}{z-z_2}. \tag{6-9}$$

特别地,如果 $w(z_1) = 0, w(z_2) = \infty$,则有

$$w = k\frac{z-z_1}{z-z_2}, \tag{6-10}$$

这里 k 是一个待定的复常数.

由定理 4 知,在扩充 z 平面和扩充 w 平面上分别给定一个圆周 C 和 Γ,然后在 C 和 Γ 上分别取定三个不同的点,则必定存在唯一的分式线性映射 $w = w(z)$,它将圆周 C 映射成圆周 Γ,且将在 C 上给定的三个点对应变成在 Γ 上给定的三个点.但 $w = w(z)$ 将 C 的内部映射成 w 平面上的什么集合呢? 对此,我们有

定理 5　设 C 是扩充 z 平面上的圆周, Γ 是 C 在分式线性映射 $w = w(z)$ 下的像.

(1) 在 C 的内部任取一点 z_0,若 $w_0 = w(z_0)$ 在 Γ 的内部,则 $w = w(z)$ 将 C 的内部映成 Γ 的内部;若 $w(z_0)$ 在 Γ 的外部,则 $w = w(z)$ 将 C 的内部映成 Γ 的外部.

(2) 在 C 上任取互异的三点 z_1, z_2, z_3,设 z_1, z_2, z_3 在 Γ 上的像点分别为 w_1, w_2, w_3,如果当 C 依方向 $z_1 \to z_2 \to z_3$ 绕向与 Γ 依方向 $w_1 \to w_2 \to w_3$ 绕向相同时,则 $w = w(z)$ 将 C 的内部映成 Γ 的内部;反之,如果当 C 依方向 $z_1 \to z_2 \to z_3$ 绕向与 Γ 依方向 $w_1 \to w_2 \to w_3$ 绕向相反时,则 $w = w(z)$ 将 C 的内部映成 Γ 的外部.

证明 （1）设 $w_0 = w(z_0)$ 在 Γ 的内部，在 C 的内部取异于 z_0 的点 z_1，并设 $w_1 = w(z_1)$，用直线段连接 z_0 和 z_1，则分式线性映射 $w = w(z)$ 将直线段 z_0z_1 映射成圆弧（或直线段）$\widehat{w_0w_1}$．若点 w_1 在 Γ 的外部，那么圆弧 $\widehat{w_0w_1}$ 必与 Γ 交于一点 w^*（图 6-7），于是在圆周 C 及直线段 z_0z_1 上分别有一点同时被 $w = w(z)$ 映射到点 w^*，这与分式线性映射的一一对应性相矛盾．因此 $w = w(z)$ 将 C 的内部映射成 Γ 的内部．同样可证，如果设 $w_0 = w(z_0)$ 在 Γ 的外部，则 $w = w(z)$ 将 C 的内部映射成 Γ 的外部．

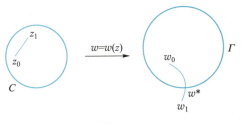

图 6-7

（2）只要能证明当绕向相同时，C 的一个内点的像是 Γ 的一个内点即可．事实上，在过点 z_1 的半径上取一内点 z，线段 z_1z 的像为弧 $\widehat{w_1w}$．弧 $\widehat{z_1z_2}$ 与 z_1z 的夹角等于 $\dfrac{\pi}{2}$，根据分式线性映射的保角性，$\widehat{w_1w_2}$ 与 $\widehat{w_1w}$ 的夹角也等于 $\dfrac{\pi}{2}$（图 6-8），因此，当绕向相同时，点 w 必在 Γ 内部（同理，当绕向相反时，w 必在 Γ 的外部）．

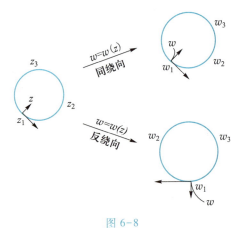

图 6-8

根据分式线性映射的以上特征，我们可以确定满足相应条件的分式线性映射.

例 2 求将上半平面映射为单位圆，且将上半平面的定点 z_0 映射为圆心 $w = 0$ 的分式线性映射.

解 由保对称性，点 z_0 关于实轴的对称点 $\bar{z}_0$ 的像应变为点 $w = \infty$，再由公式（6-10），所求分式线性映射有形式

$$w = k\,\frac{z - z_0}{z - \bar{z}_0},$$

例 2 视频
讲解

其中 k 为常数.因为 $|w|=|k|\left|\dfrac{z-z_0}{z-\bar{z}_0}\right|$,而实轴上的点 z 对应 $|w|=1$ 上的点,这时 $\left|\dfrac{z-z_0}{z-\bar{z}_0}\right|=1$,从而 $|k|=1$,即 $k=\mathrm{e}^{\mathrm{i}\theta}$,这里 θ 是实数,即所求的分式线性映射的一般形式为

$$w=\mathrm{e}^{\mathrm{i}\theta}\frac{z-z_0}{z-\bar{z}_0},\quad \mathrm{Im}\,z_0>0. \tag{6-11}$$

例 3　求将单位圆盘 $|z|<1$ 映射为单位圆盘 $|w|<1$ 的分式线性映射.

解　不妨设所求分式线性映射将 $|z|<1$ 内的点 z_0 映射到 $|w|<1$ 的中心 $w=0$.由于 $|z_0|\cdot\dfrac{1}{|\bar{z}_0|}=1$,且 z_0 与 $\dfrac{1}{\bar{z}_0}$ 分别位于 $|z|=1$ 的内、外区域,因此,点 $\dfrac{1}{\bar{z}_0}$ 关于 $|z|=1$ 与 z_0 对称,因此 $\dfrac{1}{\bar{z}_0}$ 的像为 ∞.由(6-10)式,可设映射为

$$w=k_1\frac{z-z_0}{z-\dfrac{1}{\bar{z}_0}}=k\frac{z-z_0}{1-\bar{z}_0 z}.$$

由条件,当 $|z|=1$ 时 $|w|=1$,故将 $z=1$ 代入上式,有

$$1=|w|=|k|\left|\frac{1-z_0}{1-\bar{z}_0}\right|,$$

从而 $|k|=1$,即 $k=\mathrm{e}^{\mathrm{i}\theta}$.于是,所求映射的一般形式为

$$w=\mathrm{e}^{\mathrm{i}\theta}\frac{z-z_0}{1-\bar{z}_0 z}\quad(|z_0|<1). \tag{6-12}$$

读者很容易从(6-12)式得到将圆盘 $|z|<R$ 映到圆盘 $|w|<1$ 的分式线性映射

$$w=\mathrm{e}^{\mathrm{i}\theta}\frac{R(z-z_0)}{R^2-\bar{z}_0 z}\quad(|z_0|<R). \tag{6-13}$$

例 4　试求将上半平面 $\mathrm{Im}\,z>0$ 映成圆盘 $|w-w_0|<R$ 的分式线性映射 $w=w(z)$,使得 $w(\mathrm{i})=w_0$,$w'(\mathrm{i})$ 为正实数.

解　如图 6-9 所示,依次用分式线映射 $\zeta(z)=\mathrm{e}^{\mathrm{i}\theta}\dfrac{z-\lambda}{z-\bar{\lambda}}$ 将 $\mathrm{Im}\,z>0$ 映射成 $|\zeta|<1$,用伸缩映射 $\eta(\zeta)=R\zeta$ 将 $|\zeta|<1$ 映成 $|\eta|<R$,用平移映射 $w(\eta)=\eta+w_0$ 将 $|\eta|<R$ 映成 $|w-w_0|<R$.因此将上半平面 $\mathrm{Im}\,z>0$ 映成圆盘 $|w-w_0|<R$ 的分式线性映射为

$$w(z)=R\mathrm{e}^{\mathrm{i}\theta}\frac{z-\lambda}{z-\bar{\lambda}}+w_0. \tag{6-14}$$

把 $w(\mathrm{i})=w_0$ 代入上式有 $\lambda=\mathrm{i}$,即有

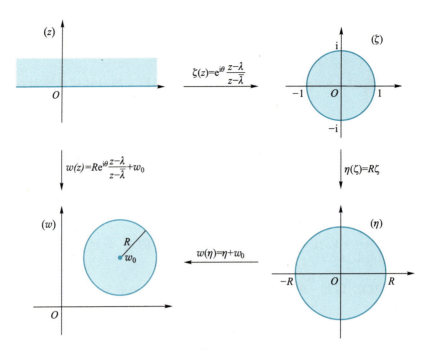

图 6-9

$$w(z) = R\mathrm{e}^{\mathrm{i}\theta}\frac{z-\mathrm{i}}{z+\mathrm{i}}+w_0.$$

由于

$$\left.\frac{\mathrm{d}w}{\mathrm{d}z}\right|_{z=\mathrm{i}} = -\frac{1}{2}R\mathrm{i}\mathrm{e}^{\mathrm{i}\theta}>0,$$

所以 $\theta=\dfrac{\pi}{2}$，于是所求的分式线性映射为

$$w = \mathrm{i}R\frac{z-\mathrm{i}}{z+\mathrm{i}}+w_0.$$

例 5 求将 $\operatorname{Im} z>0$ 映射成 $|w-2\mathrm{i}|<2$ 且满足条件

$$w(2\mathrm{i}) = 2\mathrm{i}, \quad \arg w'(2\mathrm{i}) = -\frac{\pi}{2}$$

的分式线性映射 $w=w(z)$.

解 容易看出，$\xi=\dfrac{w-2\mathrm{i}}{2}$ 将 $|w-2\mathrm{i}|<2$ 映射成 $|\xi|<1$ 且 $\xi(2\mathrm{i})=0$；由公式 (6-11)，$\xi=\mathrm{e}^{\mathrm{i}\theta}\dfrac{z-2\mathrm{i}}{z+2\mathrm{i}}$ 将 $\operatorname{Im}(z)>0$ 映射成 $|\xi|<1$ 且 $\xi(2\mathrm{i})=0$（图 6-10），于是 $w=2\mathrm{e}^{\mathrm{i}\theta}\dfrac{z-2\mathrm{i}}{z+2\mathrm{i}}+2\mathrm{i}$ 将 $\operatorname{Im}(z)>0$ 映射成 $|w-2\mathrm{i}|<2$ 且 $w(2\mathrm{i})=2\mathrm{i}$. 又

$$w'(2\mathrm{i}) = -\frac{1}{2}\mathrm{i}\mathrm{e}^{\mathrm{i}\theta} = \frac{1}{2}\mathrm{e}^{\mathrm{i}\pi}\mathrm{e}^{\mathrm{i}\frac{\pi}{2}}\mathrm{e}^{\mathrm{i}\theta} = \frac{1}{2}\mathrm{e}^{\mathrm{i}\left(\theta+\frac{3\pi}{2}\right)},$$

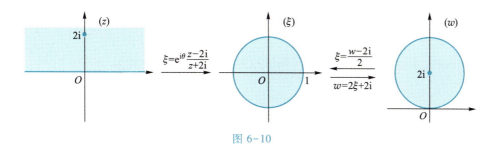

图 6-10

由已知 $\arg w'(2\mathrm{i}) = -\dfrac{\pi}{2}$，从而得 $\theta = -2\pi$. 故所求映射为

$$w = 2\,\frac{z-2\mathrm{i}}{z+2\mathrm{i}} + 2\mathrm{i} = 2(1+\mathrm{i})\,\frac{z-2}{z+2\mathrm{i}}.$$

例 6 求一个分式线性映射，把圆周 C_1：$|z-3| = 9$ 及 C_2：$|z-8| = 16$ 所围成的偏心圆环域 D（图 6-11）映射为中心在 $w=0$ 的同心圆环域 D'，并使其外半径为 1.

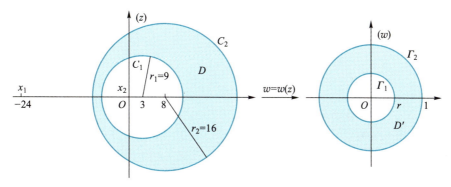

图 6-11

解 设所求的分式线性映射将点 z_1 和 z_2 映射成 $w_1 = 0$ 和 $w_2 = \infty$. 因为点 w_1 和 w_2 关于 D' 的两个边界都是对称的，由定理 3，z_1 和 z_2 也应该同时关于 C_1 和 C_2 对称，从而 z_1 和 z_2 在 C_1 和 C_2 的圆心的连线，即实轴上. 设 $z_1 = x_1, z_2 = x_2$，根据定义 1，则有

$$(x_1 - 3)(x_2 - 3) = 81, \quad (x_1 - 8)(x_2 - 8) = 256,$$

解得 $x_1 = -24, x_2 = 0$.

若 $w(-24) = 0, w(0) = \infty$，由公式（6-10），则所求映射具有形式

$$w = k\,\frac{z+24}{z},$$

现在来确定常数 k. 因为 $w(0) = \infty$，而点 $z=0$ 在圆周 C_1 和 C_2 的内部，点 ∞ 在 D' 的外边界圆周的外部，所以 D 的内边界圆周 C_1：$|z-3| = 9$ 应变为 D' 的外边界圆周 $|w| = 1$. 由于点 $z=-6$ 在 C_1 上，所以

$$1 = |w(-6)| = |k|\,\left|\frac{-6+24}{-6}\right| = 3|k|,$$

从而 $k = \dfrac{1}{3}\mathrm{e}^{\mathrm{i}\theta}$，其中 θ 是实常数. 故所求的分式线性映射为

$$w = \mathrm{e}^{\mathrm{i}\theta} \frac{z + 24}{3z},$$

若 $w(-24) = \infty$，$w(0) = 0$，则用同样的方法可求出另一个解为

$$w = \mathrm{e}^{\mathrm{i}\theta} \frac{2z}{z + 24}.$$

> **习题 6-2**

　　1. 如果分式线性映射 $w = \dfrac{az+b}{cz+d}$ 将上半平面 $\mathrm{Im}\, z > 0$，（1）映射成上半平面 $\mathrm{Im}\, w > 0$；（2）映射成下半平面 $\mathrm{Im}\, w < 0$，那么它的系数分别满足什么条件？

　　2. 如果分式线性映射 $w = \dfrac{az+b}{cz+d}$ 将 z 平面上的直线映成 w 平面上的圆 $|w| = 1$，那么它的系数应满足什么条件？

　　3. 试确定在映射

$$w = \frac{z-1}{z+1}$$

的作用下，下列集合的像：

　　(1) $\mathrm{Re}\, z = 0$；　　　　(2) $|z| = 2$；　　　　(3) $\mathrm{Im}\, z > 0$.

　　4. 求一个将右半平面 $\mathrm{Re}\, z > 0$ 映射成单位圆 $|w| < 1$ 的分式线性映射.

　　5. 求把圆域 $|z - 4\mathrm{i}| < 2$ 映射成半平面 $v > u$，且满足条件 $w(4\mathrm{i}) = -4$，$w(2\mathrm{i}) = 0$ 的分式线性映射 $w(z)$.

　　6. 求把 $|z| < 1$ 映射成 $|w| < 1$ 的分式线性映射，并满足条件：

　　(1) $f\left(\dfrac{1}{2}\right) = 0$，$f(-1) = 1$；　　　　(2) $f\left(\dfrac{1}{2}\right) = 0$，$\arg f'\left(\dfrac{1}{2}\right) = \dfrac{\pi}{2}$；

　　(3) $f(a) = a$，$\arg f'(a) = \varphi$.

　　7. 求将顶点为 $0, 1, \mathrm{i}$ 的三角形的内部映射为顶点依次为 $0, 2, 1+\mathrm{i}$ 的三角形的内部的分式线性映射.

第三节　几个初等函数所构成的映射

　　本节利用初等函数求具体区域的共形映射. 通常我们总是要求一个共形映射把某一给定的区域变成上半平面或单位圆，这是因为上半平面和单位圆都是复平面内的最为简单的区域.

一、幂函数

考察幂函数 $w=z^n(n\geqslant 2)$. 我们来讨论映射 $w=z^n$ 在复平面上各点处的共形性.

当 $z=z_0\neq 0$ 时,设 $z_0=r_0\mathrm{e}^{\mathrm{i}\theta_0}$,则

$$\frac{\mathrm{d}w}{\mathrm{d}z}\bigg|_{z=z_0}=nz_0^{n-1}=nr_0^{n-1}\mathrm{e}^{\mathrm{i}(n-1)\theta_0}\neq 0,$$

所以映射 $w=z^n$ 在点 z_0 处是共形的,转动角为 $(n-1)\theta_0$,伸缩率为 nr_0^{n-1}.

在点 $z_0=0$ 处,设 $z=r\mathrm{e}^{\mathrm{i}\theta}$ 和 $w=\rho\mathrm{e}^{\mathrm{i}\varphi}$,由 $w=z^n$ 得

$$\rho=r^n \quad 和 \quad \varphi=n\theta.$$

因此在 $w=z^n$ 的映射下,圆 $|z|=r$ 映射成 $|w|=r^n$,特别地,$|z|=1$ 映射成 $|w|=1$,即对以原点为中心的圆有保圆性;射线 $\theta=\theta_0$ 映射成射线 $\varphi=n\theta_0$;正实轴 $\theta=0$ 映射成正实轴 $\varphi=0$;角形区域 $0<\theta<\theta_0\left(\theta_0<\dfrac{2\pi}{n}\right)$ 映射成角形区域 $0<\varphi<n\theta_0$.由此可以看出,当 $n\geqslant 2$ 时,映射 $w=z^n$ 在点 $z=0$ 处没有保角性(图6-12(a)).

特别地,角形区域 $0<\theta<\dfrac{2\pi}{n}$ 映射到沿正实轴剪开的 w 平面区域 $0<\varphi<2\pi$,它的一边 $\theta=0$ 映射成正实轴的上沿 $\varphi=0$,另一边 $\theta=\dfrac{2\pi}{n}$ 映射成正实轴的下沿 $\varphi=2\pi$.$w=z^n$ 在这两个区域之间的映射是一一对应的(图6-12(b)).

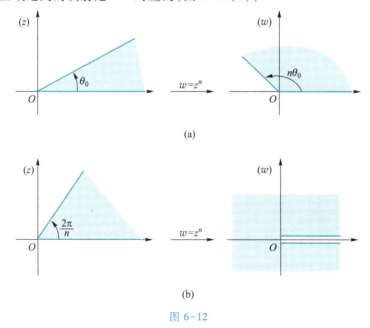

图 6-12

例1　求把角形区域 $0<\arg z<\dfrac{\pi}{8}$ 映射成单位圆 $|w|<1$ 的映射.

解　$\xi=z^8$ 将角形区域 $0<\arg z<\dfrac{\pi}{8}$ 映射成上半平面 $\mathrm{Im}\ \xi>0$,又由上一节公式

（6-11）知，$w = \dfrac{\xi - i}{\xi + i}$ 将上半平面映射为单位圆 $|w| < 1$，故

$$w = \frac{z^8 - i}{z^8 + i}$$

为所求变换（图6-13）.

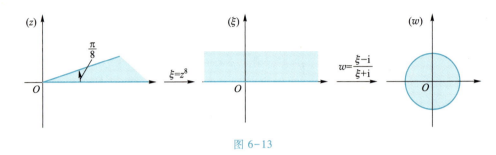

图 6-13

例2 求将上半单位圆 $|z| < 1$，$\operatorname{Im} z > 0$ 映射为 $|w| > 1$ 的映射.

解 先将上半单位圆映射为第一象限，此时考虑将 $1, i, -1$ 依次映射为 $\infty, i, 0$ 的分式线性映射为 $\xi = \dfrac{1+z}{1-z}$，该映射还把 $-1, 0, 1$ 依次映射为 $0, 1, \infty$，由上一节定理5的结论（2）知，$\xi = \dfrac{1+z}{1-z}$ 为所求映射（图6-14中的第一个映射）. 再用 $\zeta = \xi^2$ 将第一象限映射为上半平面 $\operatorname{Im}(\zeta) > 0$（图6-14中的第二个映射）. 最后又选择分式线性映射 $w = \dfrac{\zeta + i}{\zeta - i}$，由（6-13）式及上节定理5的结论（1）知，该映射将 $\operatorname{Im}(\zeta) > 0$ 映射到 $|w| > 1$（图6-14中的最后一个映射）. 于是，有

$$w = \frac{\zeta + i}{\zeta - i} = \frac{\xi^2 + i}{\xi^2 - i} = \frac{(1+z)^2 + i(1-z)^2}{(1+z)^2 - i(1-z)^2}.$$

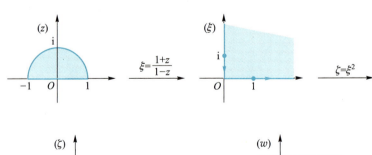

图 6-14

二、指数函数

在 z 平面上,因为指数函数 $w=\mathrm{e}^z$ 的导数 $w'=\mathrm{e}^z\neq0$,所以,由 $w=\mathrm{e}^z$ 所构成的映射是一个全平面上的共形映射.

由第二章第三节例 1 知,在映射 $w=\mathrm{e}^z$ 下:

(1) z 平面上的直线 $\mathrm{Im}\,z=y_0$ 被映射成 w 平面上的射线 $\mathrm{Arg}\,w=y_0$.

(2) z 平面上的水平带形区域 $0<\alpha<\mathrm{Im}\,z\leq\beta\leq2\pi$ 被映射成 w 平面上的角形区域 $\alpha<\varphi<\beta$.特别地,带形区域 $0<\mathrm{Im}\,z<2\pi$ 被映射成沿正实轴剪开的 w 平面:$0<\varphi<2\pi$.

(3) z 平面上的直线 $x=x_0$ 被映射成 w 平面上的圆周 $\rho=$ 常数.事实上,令

$$z=x+\mathrm{i}y,\qquad w=\rho\mathrm{e}^{\mathrm{i}\varphi},$$

则由于 $\mathrm{e}^{x+\mathrm{i}y}=\rho\mathrm{e}^{\mathrm{i}\varphi}$ 得 $\rho=\mathrm{e}^x$,从而直线 $x=x_0$ 被映射为 $\rho=\mathrm{e}^{x_0}$.

例 3　求把带形区域 $a<\mathrm{Re}\,z<b$,映射成上半平面 $\mathrm{Im}\,w>0$ 的一个映射.

解　如图 6-15 所示.

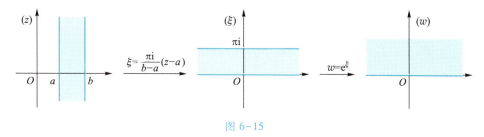

图 6-15

于是,所求的映射为

$$w=\mathrm{e}^{\frac{\pi\mathrm{i}}{b-a}(z-a)}.$$

三、对数函数

对数函数 $w=\mathrm{Ln}\,z$ 是指数函数 $w=\mathrm{e}^z$ 的反函数,它是多值函数

$$\mathrm{Ln}\,z=\ln|z|+\mathrm{i}\arg z+2k\pi\mathrm{i},\quad-\pi<\arg z\leq\pi.$$

当取定一个 k 时,就确定了一个单值解析函数(称为单值解析分支).由于 $(\ln z)'=\dfrac{1}{z}\neq0$,每一个分支都是共形映射.

由第二章第三节例 3 知,其主值 $\ln z=\ln|z|+\mathrm{i}\arg z$ 有如下映射性质:

(1) 把 z 平面上的射线 $\arg z=\theta_0(-\pi<\theta_0<\pi)$ 映射到 w 平面上平行于实轴的直线 $\mathrm{Im}\,w=\theta_0$.

(2) 把 z 平面除去包括原点在内的负实轴后得到的区域,映射到 w 平面上的带形区域 $-\pi<\mathrm{Im}\,w<\pi$.

(3) 把 z 平面上顶点在 $z=0$ 的角形区域 $\alpha<\arg z<\beta(-\pi<\alpha<\beta<\pi)$ 映射到 w 平面上的带形区域 $\alpha<\mathrm{Im}\,w<\beta$.

例 4 求一个共形映射,把图 6-16(a)的两个圆弧 C_1 和 C_2 所围成的月牙形变为带形区域 $0 < \mathrm{Im}\, w < h$.

解 分式线性映射 $\xi = \dfrac{z+a}{z-a}$ 把这个月牙形变为 ξ 平面上的一个角形区域,其中将 $a \to \infty$,$-a \to 0$,$C_1 \to \Gamma_1$,$C_2 \to \Gamma_2$. 为了确定它的位置,注意到当 $z = t$ 为实数时,ξ 亦为实数,并且由于

$$\frac{\mathrm{d}\xi}{\mathrm{d}t} = \left(\frac{t+a}{t-a}\right)' = -\frac{2a}{(t-a)^2} < 0,$$

故当 z 自 $-a$ 出发朝实轴正向移动时,ξ 应自 $\xi = 0$ 出发沿实轴负向移动,由定理 5(2),该映射将上半平面映射到下半平面,而共形映射不改变角的方向,故像区域应该为下半平面的角形区域(图 6-16(b)).

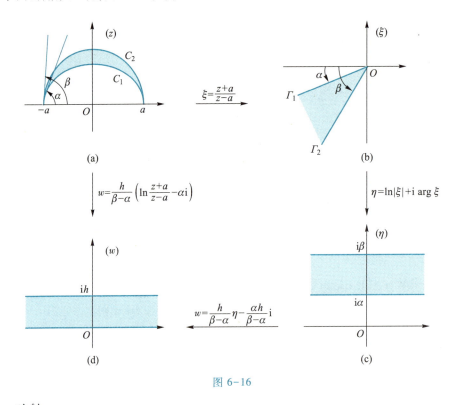

图 6-16

映射

$$\eta = \ln|\xi| + \mathrm{i}\arg\xi, \quad -\pi < \arg\xi \leqslant \pi$$

将 ξ 平面上的这个角形区域变为 η 平面上的带形区域(图 6-16(c))

$$-\pi < \alpha < \mathrm{Im}\,\eta < \beta < \pi.$$

平移映射

$$w = \frac{h}{\beta-\alpha}\eta - \frac{\alpha h}{\beta-\alpha}\mathrm{i}$$

将 η 平面上的带形区域 $\alpha<\mathrm{Im}\ \eta<\beta$ 映射到 w 平面上的带形区域 $0<\mathrm{Im}\ w<\eta$（图 6-16(d)），于是所求映射为

$$w=\frac{h}{\beta-\alpha}\left(\ln\frac{z+a}{z-a}-\alpha\mathrm{i}\right).$$

习题 6-3

1. 映射 $w=z^2$ 将 z 平面上的曲线 $\left(x-\dfrac{1}{2}\right)^2+y^2=\dfrac{1}{4}$ 映射到 w 平面上的什么曲线？

2. 映射 $w=e^z$ 将半带形区域 $\mathrm{Re}\ z>0,0<\mathrm{Im}\ z<\alpha,0\leqslant\alpha\leqslant2\pi$ 映射成什么区域？

*3. 求将 $\mathrm{Im}\ z<1$ 去掉单位圆域 $|z|<1$ 后的区域共形映射为上半平面 $\mathrm{Im}\ w>0$ 的映射.

*4. 求出将圆环域 $2<|z|<5$ 映射为圆环域 $4<|w|<10$，且使得 $w(5)=-4$ 的分式线性映射.

*5. 问在 $w=\dfrac{1}{z}$ 下，$|z-a|=|a|(a\neq0)$ 的像为怎样的图形？

*6. 求出将割去负实轴 $-\infty<\mathrm{Re}\ z\leqslant0,\mathrm{Im}\ z=0$ 的带形区域 $-\dfrac{\pi}{2}<\mathrm{Im}\ z<\dfrac{\pi}{2}$ 映射为半带形区域 $-\pi<\mathrm{Im}\ w<\pi,\mathrm{Re}\ w>0$ 的映射.

综合练习题 6

第七章

傅里叶变换

  傅里叶(Fourier)变换是傅里叶级数从周期函数到非周期函数的发展,它通过特定的积分变换建立函数之间的对应关系.所谓积分变换,是指通过积分运算将一个函数转化为另一个函数的变换.具体来说,积分变换是将某函数类 A 中的任意函数 $f(t)$,乘特殊的二元核函数 $k(t,\lambda)$ 进而计算含参变量积分

$$F(\lambda) = \int_a^b f(t)k(t,\lambda)\,\mathrm{d}t,$$

从而得到另一函数类 B 中的对应函数 $F(\lambda)$. 这里,$k(t,\lambda)$ 称为积分变换核,$f(t)$ 与 $F(\lambda)$ 分别称为该积分变换的原像函数与像函数.积分变换的名称随积分变换核 $k(t,\lambda)$ 的不同选择而不同.本书重点介绍在数字信号系统上有广泛应用的两种积分变换:傅里叶变换与拉普拉斯变换.

第一节 傅里叶变换

一、傅里叶级数的复形式

  由无穷级数,我们知道,周期为 T 的函数 $f(t)$ 若满足狄利克雷(Dirichlet)条件,则 $f(t)$ 的傅里叶级数展开为

$$f(t) \sim \frac{a_0}{2} + \sum_{n=1}^{\infty}\left(a_n\cos\frac{2n\pi t}{T} + b_n\sin\frac{2n\pi t}{T}\right), \tag{7-1}$$

其中

$$a_n = \frac{2}{T}\int_{-\frac{T}{2}}^{\frac{T}{2}} f(t)\cos\frac{2n\pi t}{T}\mathrm{d}t \quad (n = 0,1,2,\cdots), \tag{7-2}$$

$$b_n = \frac{2}{T}\int_{-\frac{T}{2}}^{\frac{T}{2}} f(t)\sin\frac{2n\pi t}{T}\mathrm{d}t \quad (n = 1,2,\cdots). \tag{7-3}$$

由欧拉公式

$$\cos t = \frac{\mathrm{e}^{\mathrm{i}t} + \mathrm{e}^{-\mathrm{i}t}}{2}, \quad \sin t = \frac{\mathrm{e}^{\mathrm{i}t} - \mathrm{e}^{-\mathrm{i}t}}{2\mathrm{i}},$$

则将

$$\cos\frac{2n\pi t}{T} = \frac{e^{i\frac{2n\pi t}{T}} + e^{-i\frac{2n\pi t}{T}}}{2}, \quad \sin\frac{2n\pi t}{T} = \frac{e^{i\frac{2n\pi t}{T}} - e^{-i\frac{2n\pi t}{T}}}{2i}$$

代入(7-1)式有

$$f(t) \sim \frac{a_0}{2} + \sum_{n=1}^{\infty}\left[\frac{a_n - ib_n}{2}e^{i\frac{2n\pi t}{T}} + \frac{a_n + ib_n}{2}e^{-i\frac{2n\pi t}{T}}\right]$$

$$= C_0 + \sum_{n=1}^{\infty}\left[C_n e^{i\frac{2n\pi t}{T}} + C_{-n}e^{-i\frac{2n\pi t}{T}}\right], \tag{7-4}$$

其中,系数 C_0, C_n, C_{-n} 为

$$C_0 = \frac{a_0}{2} = \frac{1}{T}\int_{-\frac{T}{2}}^{\frac{T}{2}}f(t)\,dt,$$

$$C_n = \frac{a_n - ib_n}{2} = \frac{1}{T}\int_{-\frac{T}{2}}^{\frac{T}{2}}f(t)\,e^{-i\frac{2n\pi t}{T}}dt \quad (n=1,2,\cdots),$$

$$C_{-n} = \frac{a_n + ib_n}{2} = \frac{1}{T}\int_{-\frac{T}{2}}^{\frac{T}{2}}f(t)\,e^{i\frac{2n\pi t}{T}}dt \quad (n=1,2,\cdots).$$

称 C_0, C_n, C_{-n} 为 $f(t)$ 的傅里叶复系数,将它们合并表示为

$$C_n = \frac{1}{T}\int_{-\frac{T}{2}}^{\frac{T}{2}}f(t)\,e^{-i\frac{2\pi nt}{T}}dt \quad (n=0,\pm1,\pm2,\cdots),$$

则(7-4)式可简记为

$$f(t) \sim \sum_{n=-\infty}^{+\infty}C_n e^{i\frac{2\pi nt}{T}}. \tag{7-5}$$

(7-5)式称为以 T 为周期的函数 $f(t)$ 的傅里叶级数的复形式,该复形式与傅里叶级数(7-1)本质上是一样的.从变换的角度看,(7-1)式与(7-5)式都是将周期函数分解为一串函数序列.从工程与物理意义看,(7-1)式与(7-5)式都是将周期函数化为一系列简谐波的叠加,并由此发展出了频谱理论.因为复形式(7-5)更简洁,所以它在物理、工程技术中更为常见.

二、傅里叶积分

综合傅里叶级数的复形式(7-5)及文献[3]中的傅里叶级数表示定理,我们得到下面的定理.

定理1 若 $f(t)$ 是 $(-\infty,+\infty)$ 内的周期为 T 的周期函数,且满足狄利克雷条件,即

(1) $f(t)$ 在 $\left[-\frac{T}{2},\frac{T}{2}\right]$ 上连续或只有有限个第一类间断点;

(2) $f(t)$ 在 $\left[-\frac{T}{2},\frac{T}{2}\right]$ 上只有有限个极值点,

则 $f(t)$ 在 $\left[-\frac{T}{2},\frac{T}{2}\right]$ 上的傅里叶级数复数形式 $\sum_{n=-\infty}^{+\infty}C_n e^{-i\frac{2\pi nt}{T}}$ 收敛于

$$\frac{f(t+0)+f(t-0)}{2}.$$

特别地,在 $f(t)$ 的连续点 t 处有

$$f(t) = \sum_{n=-\infty}^{+\infty} C_n \, \mathrm{e}^{-\mathrm{i}\frac{2\pi nt}{T}}.$$

下面我们简要介绍如何将上述狄利克雷表示定理增强为更一般的傅里叶积分定理.
更一般的积分定理适用于非周期函数.具体且严格的推导或证明过程请读者参考专
门介绍积分变换的教材.限于理论准备知识不够,这里仅从形式上作简要叙述.

设 $f_T(t)$ 为周期为 T 的周期函数,并且在区间 $(-T, T)$ 上 $f_T(t)$ 与非周期函数 $f(t)$
相同.随着 T 的增大,$f_T(t)$ 与 $f(t)$ 相同的区间越来越大,可以认为

$$f(t) = \lim_{T \to +\infty} f_T(t) = \lim_{T \to +\infty} \sum_{n=-\infty}^{+\infty} \left(C_n \, \mathrm{e}^{\mathrm{i}\frac{2n\pi t}{T}} \right)$$

$$= \lim_{T \to +\infty} \sum_{n=-\infty}^{+\infty} \left[\frac{1}{T} \int_{-\frac{T}{2}}^{\frac{T}{2}} f_T(t) \, \mathrm{e}^{-\mathrm{i}n\lambda_0 t} \mathrm{d}t \right] \mathrm{e}^{\mathrm{i}n\lambda_0 t},$$

其中规定 $\lambda_0 = \dfrac{2\pi}{T}$.第二个等号基于周期函数 $f_T(t)$ 的狄利克雷表示定理.进一步将 λ_0

记为 $\Delta\lambda$,第 n 个节点 $n\lambda_0$ 记为 λ_n,则 $T = \dfrac{2\pi}{\Delta\lambda}$,且

$$f(t) = \frac{1}{2\pi} \lim_{\Delta\lambda \to 0^+} \sum_{n=-\infty}^{+\infty} \left[\int_{-\frac{\pi}{\Delta\lambda}}^{\frac{\pi}{\Delta\lambda}} f_T(t) \, \mathrm{e}^{-\mathrm{i}\lambda_n t} \mathrm{d}t \right] \mathrm{e}^{\mathrm{i}\lambda_n t} \Delta\lambda.$$

这是一个无限和式的极限.在适当的条件下,根据积分的定义,该无限和式可以写为

$$f(t) = \frac{1}{2\pi} \int_{-\infty}^{+\infty} \left[\int_{-\infty}^{+\infty} f(t) \, \mathrm{e}^{-\mathrm{i}\lambda t} \mathrm{d}t \right] \mathrm{e}^{\mathrm{i}\lambda t} \mathrm{d}\lambda,$$

该积分称为傅里叶积分公式或傅里叶积分表达式.可以将其理解为周期函数的狄利
克雷表示定理在非周期函数上的推广,我们将其叙述如下:

定理 2(非周期函数的傅里叶积分表示公式) 若 $f(t)$ 在 $(-\infty, +\infty)$ 上的任意有
限区间上满足狄利克雷条件,即对于任意 $T > 0$,

(1) $f(t)$ 在有限区间 $\left[-\dfrac{T}{2}, \dfrac{T}{2} \right]$ 上连续,或只有有限个第一类间断点;

(2) $f(t)$ 在有限区间 $\left[-\dfrac{T}{2}, \dfrac{T}{2} \right]$ 上只有有限个极值点,

并且在 $(-\infty, +\infty)$ 上,$f(t)$ 在柯西主值意义下是绝对可积的,即

$$\int_{-\infty}^{+\infty} |f(t)| \mathrm{d}t = \lim_{A \to +\infty} \int_{-A}^{A} |f(t)| \mathrm{d}t$$

存在,则在 $f(t)$ 的连续点 t 处有

$$f(t) = \frac{1}{2\pi} \int_{-\infty}^{+\infty} \left[\int_{-\infty}^{+\infty} f(t) \, \mathrm{e}^{-\mathrm{i}\lambda t} \mathrm{d}t \right] \mathrm{e}^{\mathrm{i}\lambda t} \mathrm{d}\lambda; \qquad (7\text{-}6)$$

在 $f(t)$ 的第一类间断点 t 处

$$\frac{1}{2\pi}\int_{-\infty}^{+\infty}\left[\int_{-\infty}^{+\infty}f(t)\ \mathrm{e}^{-\mathrm{i}\lambda t}\mathrm{d}t\right]\mathrm{e}^{\mathrm{i}\lambda t}\mathrm{d}\lambda = \frac{1}{2}[f(t+0)+f(t-0)].$$

通常也称(7-6)式为函数 $f(t)$ 的傅里叶积分的复形式.

三、傅里叶变换及傅里叶逆变换

记

$$F(\lambda)=\int_{-\infty}^{+\infty}f(t)\ \mathrm{e}^{-\mathrm{i}\lambda t}\mathrm{d}t, \tag{7-7}$$

则公式(7-6)可改写为

$$f(t)=\frac{1}{2\pi}\int_{-\infty}^{+\infty}F(\lambda)\ \mathrm{e}^{\mathrm{i}\lambda t}\mathrm{d}\lambda. \tag{7-8}$$

(7-7)式与(7-8)式反映 $f(t)$ 与 $F(\lambda)$ 可以通过积分变换相互表示.具体来说,(7-7) 式表示积分变换核为 $k(t,\lambda)=\mathrm{e}^{-\mathrm{i}\lambda t}$ 的傅里叶变换,而(7-8)式化为

$$f(t)=\int_{-\infty}^{+\infty}F(\lambda)\ \frac{1}{2\pi}\mathrm{e}^{\mathrm{i}\lambda t}\mathrm{d}\lambda = \int_{-\infty}^{+\infty}F(\lambda)\ \frac{1}{2\pi}k(t,\lambda)\mathrm{d}\lambda,$$

表示以 $\dfrac{1}{2\pi}k(t,\lambda)$ 为积分变换核的傅里叶变换的逆变换.通常用下面的记号表示函数 $f(t)$ 的傅里叶变换及其相应的逆变换:

$$\mathscr{F}[f(t)]=F(\lambda)=\int_{-\infty}^{+\infty}f(t)\ \mathrm{e}^{-\mathrm{i}\lambda t}\mathrm{d}t, \tag{7-9}$$

$$\mathscr{F}^{-1}[F(\lambda)]=\frac{1}{2\pi}\int_{-\infty}^{+\infty}F(\lambda)\ \mathrm{e}^{\mathrm{i}\lambda t}\mathrm{d}\lambda. \tag{7-10}$$

在数字信号与系统或频谱分析中,非周期函数 $f(t)$ 的傅里叶变换 $F(\lambda)$ 称为 $f(t)$ 的连续频谱(或频谱、频谱密度). $f(t)$ 与 $F(\lambda)$ 构成一个傅里叶变换对.

积分变换会将一个函数类变换为另一个函数类,傅里叶积分变换也只能作用于某些特定函数上.由前面的傅里叶积分表示定理,我们直接叙述判定一个函数的傅里叶变换是否存在的充分性定理.

定理 3(傅里叶变换存在定理) 若 $f(t)$ 在 $(-\infty,+\infty)$ 内满足定理 2 中的条件, 即 $f(t)$

(1)满足狄利克雷条件;

(2)在柯西主值意义下是绝对可积的,

则 $f(t)$ 的傅里叶变换 $F(\lambda)=\mathscr{F}(f(t))$ 及其逆变换 $\mathscr{F}^{-1}[F(\lambda)]$ 都存在,且在 $f(t)$ 的连续点 t 处有

$$f(t)=\mathscr{F}^{-1}[F(\lambda)]=\mathscr{F}^{-1}[\mathscr{F}(f(t))].$$

例 1 求指数衰减函数

$$f(t)=\begin{cases}\mathrm{e}^{-\beta t}, & t\in[0,+\infty),\\ 0, & t\in(-\infty,0)\end{cases} \quad (\beta>0)$$

的傅里叶变换及其逆变换.

解 由定义,$f(t)$的傅里叶变换为

$$F(\lambda) = \mathscr{F}[f(t)] = \int_{-\infty}^{+\infty} f(t)\,\mathrm{e}^{-\mathrm{i}\lambda t}\mathrm{d}t$$

$$= \int_0^{+\infty} \mathrm{e}^{-\beta t}\,\mathrm{e}^{-\mathrm{i}\lambda t}\mathrm{d}t = \lim_{A\to+\infty}\int_0^A \mathrm{e}^{-(\beta+\mathrm{i}\lambda)t}\mathrm{d}t$$

$$= \lim_{A\to+\infty}\frac{-1}{\beta+\mathrm{i}\lambda}\mathrm{e}^{(-\beta+\mathrm{i}\lambda)t}\bigg|_0^A$$

$$= \frac{1}{\beta+\mathrm{i}\lambda} = \frac{\beta-\mathrm{i}\lambda}{\beta^2+\lambda^2}.$$

$f(t)$的傅里叶变换$F(\lambda)$的逆变换为

$$\mathscr{F}^{-1}[F(\lambda)] = \frac{1}{2\pi}\int_{-\infty}^{+\infty}F(\lambda)\,\mathrm{e}^{\mathrm{i}\lambda t}\mathrm{d}\lambda = \frac{1}{2\pi}\int_{-\infty}^{+\infty}\frac{\beta-\mathrm{i}\lambda}{\beta^2+\lambda^2}\,\mathrm{e}^{\mathrm{i}\lambda t}\mathrm{d}\lambda$$

$$= \frac{1}{2\pi}\int_{-\infty}^{+\infty}\frac{\beta\cos\lambda t+\lambda\sin\lambda t}{\beta^2+\lambda^2}\mathrm{d}\lambda + \frac{\mathrm{i}}{2\pi}\int_{-\infty}^{+\infty}\frac{\beta\sin\lambda t-\lambda\cos\lambda t}{\beta^2+\lambda^2}\mathrm{d}\lambda$$

$$= \frac{1}{\pi}\int_0^{+\infty}\frac{\beta\cos\lambda t+\lambda\sin\lambda t}{\beta^2+\lambda^2}\mathrm{d}\lambda$$

$$= \begin{cases} \mathrm{e}^{-\beta t}, & t\in(0,+\infty), \\ \dfrac{1}{2}, & t=0, \\ 0, & t\in(-\infty,0). \end{cases}$$

例1说明,在定理3的条件下,一般$\mathscr{F}^{-1}[F(\lambda)]\neq f(t)$.只有当$f(t)\in C(\mathbf{R})$时,才有$\mathscr{F}^{-1}[F(\lambda)]=f(t)$,即$\mathscr{F}^{-1}[\mathscr{F}[f(t)]]=f(t)$并且

$$\mathscr{F}[\mathscr{F}^{-1}[F(\lambda)]] = F(\lambda).$$

四、傅里叶变换的物理意义

若$f(t)$的傅里叶变换$\mathscr{F}[f(t)]=F(\lambda)$存在,且其逆变换$\mathscr{F}^{-1}[F(\lambda)]$存在,即$F(\lambda)=\mathscr{F}[f(t)]$,并且有$f(t)=\mathscr{F}^{-1}[F(\lambda)]$,则$f(t)$和$F(\lambda)$构成了一个傅里叶变换对.

我们知道傅里叶级数表示

$$f_T(t) \sim \frac{a_0}{2} + \sum_{n=1}^{\infty}\left(a_n\cos\frac{2n\pi t}{T} + b_n\sin\frac{2n\pi t}{T}\right)$$

中,周期函数$f_T(t)$被表示为许多不同频率$\lambda_n = n\dfrac{2\pi}{T}, n=1,2,\cdots$的正(余)弦分量合成的形式.

类似地,当傅里叶变换作用到满足狄利克雷条件的非周期函数$f(t)$上时,在傅里叶叶积分式

$$f(t) = \frac{1}{2\pi} \int_{-\infty}^{+\infty} \left[\int_{-\infty}^{+\infty} f(t) \, e^{-i\lambda t} dt \right] e^{i\lambda t} d\lambda$$

中,因为 λ 是连续的,所以可以认为,傅里叶变换将非周期函数 $f(t)$ 分解为包含 0 到无穷大的所有连续频率分量.基于此,$F(\lambda)$ 也被称为 $f(t)$ 中各频率分量的分布密度或频率密度函数(简称频谱或者连续频谱),$|F(\lambda)|$ 称为振幅频谱.这些关于 $f(t)$ 的傅里叶变换 $F(\lambda)$ 的理解在工程实践上有广泛应用.我们举例说明非周期脉冲函数的频谱.

例 2　求矩形脉冲函数 $f(t) = \begin{cases} 1, & |t| < \delta (\delta > 0), \\ 0, & \text{其他} \end{cases}$ 的傅里叶变换及其积分表达形式.

解　由傅里叶变换的定义知

$$F(\lambda) = \int_{-\infty}^{+\infty} f(t) \, e^{i\lambda t} dt = \int_{-\delta}^{\delta} 1 \cdot e^{-i\lambda t} dt$$

$$= 2\delta \frac{\sin \delta\lambda}{\delta\lambda},$$

对应的振幅频谱为

$$|F(\lambda)| = 2\delta \left| \frac{\sin \delta\lambda}{\delta\lambda} \right|.$$

特别地,当 $\lambda \to 0^+$ 时,$|F(\lambda)| \xrightarrow{\lambda \to 0^+} 2\delta > 0$. $f(t)$ 与振幅频谱的图形见图 7-1 和图 7-2.

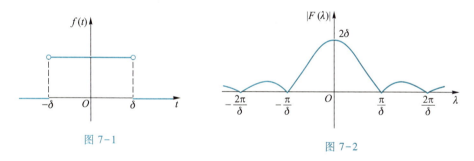

图 7-1　　　　　　　　　　　　　　图 7-2

将 $F(\lambda)$ 代入定理 2 中的傅里叶积分表达式有

$$\frac{1}{2\pi} \int_{-\infty}^{+\infty} F(\lambda) \, e^{i\lambda t} d\lambda = \frac{1}{2\pi} \int_{-\infty}^{+\infty} 2\delta \frac{\sin \delta\lambda}{\delta\lambda} e^{i\lambda t} d\lambda$$

$$= \frac{2}{\pi} \int_{-\infty}^{+\infty} \frac{\sin \delta\lambda}{\lambda} \cos \lambda t \, d\lambda$$

$$= \begin{cases} 1, & |t| < \delta, \\ \frac{1}{2}, & |t| = \delta, \\ 0, & |t| > \delta. \end{cases}$$

特别地,在上式中令 $t = 0, \delta = 1$,则得到一个重要反常积分值

$$\int_0^{+\infty} \frac{\sin \lambda}{\lambda} d\lambda = \frac{\pi}{2}.$$

五、傅里叶正(余)弦变换

正如傅里叶级数有傅里叶余弦级数和正弦级数,傅里叶变换也有傅里叶正弦变换与余弦变换,我们简述其定义.

假如 $f(t)$ 是非周期偶函数且有傅里叶变换,则

$$F(\lambda) = \mathscr{F}[f(t)] = \int_{-\infty}^{+\infty} f(t) e^{-i\lambda t} dt$$

$$= \int_{-\infty}^{+\infty} f(t)[\cos \lambda t - i \sin \lambda t] dt$$

$$= 2\int_0^{+\infty} f(t) \cos \lambda t dt$$

是关于 λ 的偶函数,且

$$\mathscr{F}^{-1}[F(\lambda)] = \frac{1}{2\pi}\int_{-\infty}^{+\infty} F(\lambda) e^{i\lambda t} d\lambda = \frac{1}{\pi}\int_0^{+\infty} F(\lambda) \cos \lambda t d\lambda.$$

因此,我们可作如下定义,对于非周期函数 $f(t)$,规定

$$F_c(\lambda) = \mathscr{F}_c[f(t)] = 2\int_0^{+\infty} f(t) \cos \lambda t dt,$$

$$\mathscr{F}_c^{-1}[F_c(\lambda)] = \frac{1}{\pi}\int_0^{+\infty} F_c(\lambda) \cos \lambda t d\lambda$$

分别是 $f(t)$ 的傅里叶余弦变换,以及 $F_c(\lambda)$ 的傅里叶余弦逆变换.

类似地,称

$$F_s(\lambda) = \mathscr{F}_s[f(t)] = 2\int_0^{+\infty} f(t) \sin \lambda t dt$$

以及

$$\mathscr{F}_s^{-1}[F_s(\lambda)] = \frac{1}{\pi}\int_0^{+\infty} F_s(\lambda) \sin \lambda t d\lambda$$

分别为 $f(t)$ 的傅里叶正弦变换,以及 $F_s(\lambda)$ 的傅里叶正弦逆变换.

例 3　求 $f(t) = e^{-t}, t \in [0, +\infty)$ 的傅里叶正弦变换,并进一步计算积分

$$\int_0^{+\infty} \frac{\lambda \sin m\lambda}{1 + \lambda^2} d\lambda \quad (m > 0).$$

解　由傅里叶正弦变换的定义知

$$F_s(\lambda) = 2\int_0^{+\infty} e^{-t} \sin \lambda t dt = \frac{2\lambda}{1 + \lambda^2}.$$

$F_s(\lambda)$ 的傅里叶正弦逆变换为

$$\mathscr{F}_s^{-1}[F_s(\lambda)] = \frac{1}{\pi}\int_0^{+\infty} F_s(\lambda) \sin \lambda t dt$$

$$= \frac{1}{\pi} \int_0^{+\infty} \frac{2\lambda}{1+\lambda^2} \sin \lambda t \, \mathrm{d}\lambda = f(t).$$

特别地,令 $t = m > 0$,则得

$$\mathrm{e}^{-m} = \frac{2}{\pi} \int_0^{+\infty} \frac{\lambda}{1+\lambda^2} \sin m\lambda \, \mathrm{d}\lambda,$$

即

$$\int_0^{+\infty} \frac{\lambda \sin m\lambda}{1+\lambda^2} \mathrm{d}\lambda = \frac{\pi}{2} \mathrm{e}^{-m}.$$

> **习题 7-1**

1. 求函数 $f(t) = \begin{cases} |t|, & |t| \leq 1, \\ 0, & |t| > 1 \end{cases}$ 的傅里叶积分表达式.

2. 求积分方程 $\int_0^{+\infty} f(\lambda) \sin \lambda t \, \mathrm{d}\lambda = \begin{cases} 1-t, & 0 \leq |t| \leq 1, \\ 0, & t > 1 \end{cases}$ 的解.

3. 求函数 $f(t) = \begin{cases} t, & 0 \leq t \leq 1, \\ 0, & t > 1 \end{cases}$ 的傅里叶正弦、余弦积分表达式.

第二节 δ 函数及其傅里叶变换

一方面,我们知道工程问题中的很多信号函数如 $f(t) \equiv 1, \sin \lambda_0 t, \cos \lambda_0 t$ 都不满足傅里叶变换存在定理(定理 3)的条件,这就有必要发展更为广义的傅里叶变换.另一方面,在物理以及工程实际问题中,除了连续分布的量外,有许多物理现象具有脉冲特征,它们仅在某一点或某一瞬间出现,比如冲力、脉冲电流、点电荷电量、质点的质量等.在处理这些物理量时,物理与数学工作者提出了广义函数的概念,如 δ 函数(狄拉克(Dirac)函数).δ 函数也与广义傅里叶变换紧密关联.这节我们重点介绍 δ 函数,即单位脉冲函数.

通常用矩形脉冲函数 $\delta_\varepsilon(t)$ 的极限来定义广义 δ 函数.设矩形脉冲函数

$$\delta_\varepsilon(t) = \begin{cases} \dfrac{1}{2\varepsilon}, & |t| \leq \varepsilon, \\ 0, & |t| > \varepsilon. \end{cases}$$

记 $\delta(t) = \lim\limits_{\varepsilon \to 0^+} \delta_\varepsilon(t)$. 形式上,可以将 $\delta(t)$ 直接表示为

$$\delta(t) = \begin{cases} +\infty, & t = 0, \\ 0, & t \neq 0. \end{cases}$$

这里沿用古典极限形式来定义了 δ 函数,但这种极限实为弱极限,它的具体意思是:对任意在 $(-\infty, +\infty)$ 上无穷次可微函数 $f(t)$,

$$\int_{-\infty}^{+\infty} \delta(t) f(t) \, dt = \lim_{\varepsilon \to 0^+} \int_{-\infty}^{+\infty} \delta_{\varepsilon}(t) f(t) \, dt, \qquad (7\text{-}11)$$

并称 $\delta(t)$ 为 $\delta_{\varepsilon}(t)$ 的弱极限,简记为 $\delta(t) = \lim_{\varepsilon \to 0^+} \delta_{\varepsilon}(t)$.

我们称广义 δ 函数在 $(-\infty, +\infty)$ 内的积分值为 δ 函数的强度,其计算方法是在 (7-11) 式中取无穷可微函数 $f(t) \equiv 1$,则

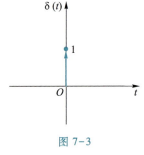

图 7-3

$$\int_{-\infty}^{+\infty} \delta(t) \, dt = \lim_{\varepsilon \to 0^+} \int_{-\infty}^{+\infty} \delta_{\varepsilon}(t) \cdot 1 \, dt = \lim_{\varepsilon \to 0^+} \int_{-\varepsilon}^{\varepsilon} \frac{1}{2\varepsilon} \cdot 1 \, dt = 1,$$

因此也将该函数称为单位脉冲函数.一般用强度来表示 δ 函数,如图 7-3 所示.

经平移或拉伸,可以得到分布不在原点以及强度不同的广义脉冲函数.由 δ 函数的定义、极限性质及中值定理,若 $f(t) \in C^{\infty}(\mathbf{R})$,则

$$\int_{-\infty}^{+\infty} f(t) \delta(t) \, dt = \lim_{\varepsilon \to 0^+} \frac{1}{2\varepsilon} \int_{-\varepsilon}^{\varepsilon} f(t) \, dt = \lim_{\varepsilon \to 0^+} f(\xi)$$

$$= \lim_{\xi \to 0} f(\xi) = f(0) \quad (\xi \in (-\varepsilon, \varepsilon)). \qquad (7\text{-}12)$$

更一般地,记 $\delta(t-t_0) = \delta_{t_0}(t)$ 表示向右平移 t_0 个单位长度、强度为 1 的脉冲函数,则对任意无穷次可微函数 $f(t) \in C^{\infty}(\mathbf{R})$,有

$$\int_{-\infty}^{+\infty} \delta(t - t_0) f(t) \, dt = f(t_0). \qquad (7\text{-}13)$$

(7-13) 式称为 δ 函数的筛选性质.该性质表明,$\delta(t)$ 是一种广义函数,但它与其他连续函数的乘积在整个实轴上的积分有明确的意义.筛选性质使得广义函数在近代物理、工程问题上应用广泛.比如在 (7-13) 式中取 $f(t)$ 为傅里叶变换核 $e^{-i\lambda t}$,则有

$$\mathscr{F}[\delta(t)] = F(\lambda) = \int_{-\infty}^{+\infty} \delta(t) \, e^{-i\lambda t} \, dt = e^{-i\lambda t} \big|_{t=0} = 1. \qquad (7\text{-}14)$$

这说明,单位脉冲函数包含所有连续频率分量,且频幅都为 1. (7-14) 式指出 $\delta(t)$ 与 $F(\lambda) \equiv 1$ 构成一个傅里叶变换对,在广义函数意义下,我们也可以记作

$$\mathscr{F}^{-1}(1) = \frac{1}{2\pi} \int_{-\infty}^{+\infty} 1 \cdot e^{i\lambda t} \, dt = \delta(t). \qquad (7\text{-}15)$$

这是关于 δ 函数的一个非常重要的公式.

事实上,$\delta(t)$ 的傅里叶变换是广义傅里叶变换.很多不满足绝对可积性质的函数(如常值函数、阶跃函数、正弦函数、余弦函数等)都有对应的广义傅里叶变换.这些在标准傅里叶变换表上都可查到.

下面我们举例说明广义傅里叶变换的计算.

例 1 求 $\delta(t-t_0)$ 的傅里叶变换及其逆变换.

解 由于

$$F(\lambda) = \mathscr{F}[\delta(t - t_0)] = \int_{-\infty}^{+\infty} \delta(t - t_0)\, e^{-i\lambda t} dt$$

$$= e^{-i\lambda t} \Big|_{t=t_0} = e^{-i\lambda t_0}.$$

倒数第二个等号用到 δ(t) 的筛选性质,所以 $\delta(t-t_0)$ 与 $F(\lambda) = e^{-i\lambda t_0}$ 是一个广义傅里叶变换对.记后者的逆变换为

$$\mathscr{F}^{-1}[e^{-i\lambda t_0}] = \frac{1}{2\pi} \int_{-\infty}^{+\infty} e^{-i\lambda t_0} e^{i\lambda t} d\lambda = \delta(t - t_0),$$

等价地有

$$\int_{-\infty}^{+\infty} e^{i\lambda(t - t_0)} d\lambda = 2\pi\delta(t - t_0). \tag{7-16}$$

(7-16)式中的广义积分是柯西主值意义下的广义积分.

例 2 求正弦函数 $f(t) = \sin \lambda_0 t$ 的广义傅里叶变换($\lambda_0 \neq 0$).

解 由傅里叶变换的定义,

$$F(\lambda) = \int_{-\infty}^{+\infty} \sin \lambda_0 t\, e^{-i\lambda t} dt$$

$$= \int_{-\infty}^{+\infty} \frac{e^{i\lambda_0 t} - e^{-i\lambda_0 t}}{2i} \cdot e^{-i\lambda t} dt$$

$$= \frac{1}{2i} \int_{-\infty}^{+\infty} [e^{-i(\lambda - \lambda_0)t} - e^{-i(\lambda + \lambda_0)t}] dt$$

$$= \frac{1}{2i} \cdot 2\pi[\delta(\lambda - \lambda_0) - \delta(\lambda + \lambda_0)]$$

$$= \pi i[\delta(\lambda + \lambda_0) - \delta(\lambda - \lambda_0)].$$

可以看出,在广义傅里叶变换下,周期函数 $\sin \lambda_0 t$ 也有傅里叶变换.并且如同其傅里叶级数,其频谱函数

$$F(\lambda) = \pi i[\delta(\lambda + \lambda_0) - \delta(\lambda - \lambda_0)]$$

也是离散的.广义 δ 函数的引入可以方便我们利用脉冲函数强度来表示其离散振幅频谱,即

$$|F(\lambda)| = \begin{cases} \pi\delta(0), & \lambda = \pm\lambda_0, \\ 0, & \lambda \neq \pm\lambda_0. \end{cases}$$

> 习题 7-2

1. 求函数 $f(t) = \begin{cases} 1, & 0 \leqslant t \leqslant 1, \\ 0, & 其他 \end{cases}$ 的傅里叶变换.

2. 求 $f(t) = e^{-a|t|}$(其中 $\mathrm{Re}(a) > 0$)的傅里叶变换.

3. 求 $F(\lambda) = e^{a|\lambda|}$(其中 $\mathrm{Re}(a) < 0$)的傅里叶逆变换.

4. 求 $F(\lambda) = \dfrac{\sin \lambda}{\lambda}$ 的傅里叶逆变换.

第三节 傅里叶变换的性质

一般地,计算傅里叶变换和傅里叶逆变换都需要作较复杂的积分运算.由于前人已经作了大量工作并将许多常见函数的傅里叶变换结果汇编成表格,我们这节主要介绍傅里叶变换的性质,并举例说明运用这些重要性质并结合傅里叶变换表(附表1),可以比较快速有效地得到函数的傅里叶变换.

我们总是假定所有出现的函数的傅里叶变换以及逆变换都是存在的.记 $F(\lambda) = \mathscr{F}[f(t)]$,我们列出傅里叶变换的常见性质,并将大部分性质的证明留给感兴趣的读者.

(1) **线性性质** 若 α,β 为常数,且

$$\mathscr{F}[f_1(t)] = F_1(\lambda), \quad \mathscr{F}[f_2(t)] = F_2(\lambda),$$

则

$$\mathscr{F}[\alpha f_1(t) + \beta f_2(t)] = \alpha \mathscr{F}[f_1(t)] + \beta \mathscr{F}[f_2(t)]$$
$$= \alpha F_1(\lambda) + \beta F_2(\lambda),$$
$$\mathscr{F}^{-1}[\alpha F_1(\lambda) + \beta F_2(\lambda)] = \alpha \mathscr{F}^{-1}[F_1(\lambda)] + \beta \mathscr{F}^{-1}[F_2(\lambda)].$$

(2) **相似性质** 设 $a \neq 0$,若 $F(\lambda) = \mathscr{F}[f(t)]$,则

$$\mathscr{F}[f(at)] = \frac{1}{|a|} F\left(\frac{\lambda}{a}\right).$$

相似性质的物理意义:若强信号函数被压缩($|a| > 1$),则其频谱被拓展;反之弱信号函数被拓展($|a| < 1$),则其频谱被压缩.

(3) **位移性质** 设 t_0, λ_0 均为实常数,则

$$\mathscr{F}[f(t \pm t_0)] = e^{\pm i\lambda t_0} \mathscr{F}[f(t)],$$
$$\mathscr{F}^{-1}[F(\lambda \mp \lambda_0)] = e^{\pm i\lambda_0 t} \mathscr{F}^{-1}[F(\lambda)].$$

例1 若 $\mathscr{F}[f(t)] = F(\lambda)$,求 $f(t)\sin \lambda_0$ 的傅里叶变换.

解 由位移性质,有

$$F(\lambda \mp \lambda_0) = \mathscr{F}[e^{\pm i\lambda_0 t} f(t)],$$

将

$$\sin \lambda_0 t = \frac{1}{2i}(e^{i\lambda_0 t} - e^{-i\lambda_0 t})$$

代入得

$$\mathscr{F}[f(t)\sin\lambda_0 t] = \frac{1}{2\mathrm{i}}\mathscr{F}[f(t)\,\mathrm{e}^{\mathrm{i}\lambda_0 t} - f(t)\,\mathrm{e}^{-\mathrm{i}\lambda_0 t}]$$

$$= \frac{1}{2\mathrm{i}}\{\mathscr{F}[\mathrm{e}^{\mathrm{i}\lambda_0 t}f(t)] - \mathscr{F}[\mathrm{e}^{-\mathrm{i}\lambda_0 t}f(t)]\}$$

$$= \frac{1}{2\mathrm{i}}[F(\lambda - \lambda_0) - F(\lambda + \lambda_0)].$$

特别地,若 $f(t) \equiv 1$,则 $F(\lambda) = \mathscr{F}[1] = 2\pi\delta(\lambda)$ 且

$$\mathscr{F}[\sin\lambda_0 t] = \frac{2\pi}{2\mathrm{i}}[\delta(\lambda - \lambda_0) - \delta(\lambda + \lambda_0)]$$

$$= \pi\mathrm{i}[\delta(\lambda + \lambda_0) - \delta(\lambda - \lambda_0)].$$

与上节例 2 结果一致.

(4) **微分性质** 若 $f^{(k)}(t), k = 0,1,\cdots,n-1$ 都存在傅里叶变换,且

$$\lim_{|t|\to+\infty} f^{(k)}(t) = 0, \quad k = 0,1,\cdots,n-1,$$

则

$$\mathscr{F}[f^{(n)}(t)] = (\mathrm{i}\lambda)^n \mathscr{F}[f(t)] = (\mathrm{i}\lambda)^n F(\lambda).$$

对像函数 $F(\lambda)$ 求导时,有

$$\frac{\mathrm{d}^n F(\lambda)}{\mathrm{d}\lambda^n} = F^{(n)}(\lambda) = (-\mathrm{i})^n \mathscr{F}[t^n f(t)].$$

证明 当 $n = 1$ 时,只需证明 $\mathscr{F}[f'(t)] = \mathrm{i}\lambda F(\lambda)$.由傅里叶变换的定义,利用分部积分有

$$\mathscr{F}[f'(t)] = \int_{-\infty}^{+\infty} f'(t)\,\mathrm{e}^{-\mathrm{i}\lambda t}\mathrm{d}t$$

$$= f(t)\,\mathrm{e}^{-\mathrm{i}\lambda t}\Big|_{-\infty}^{+\infty} + \mathrm{i}\lambda\int_{-\infty}^{+\infty} f(t)\,\mathrm{e}^{-\mathrm{i}\lambda t}\mathrm{d}t$$

$$= \mathrm{i}\lambda\int_{-\infty}^{+\infty} f(t)\,\mathrm{e}^{-\mathrm{i}\lambda t}\mathrm{d}t = \mathrm{i}\lambda F(\lambda),$$

其中 $\lim\limits_{|t|\to+\infty} f(t) = 0$,即 $\forall\varepsilon > 0, \exists T > 0$,当 $|t| > T$ 时,

$$|f(t) - 0| < \varepsilon,$$

故

$$|f(t)\,\mathrm{e}^{-\mathrm{i}\lambda t} - 0| = |f(t)|\,|\mathrm{e}^{-\mathrm{i}\lambda t}| < \varepsilon,$$

从而 $\lim\limits_{|t|\to+\infty} f(t)\,\mathrm{e}^{-\mathrm{i}\lambda t} = 0.$

连续作分部积分,可证 $\mathscr{F}[f^n(t)] = (\mathrm{i}\lambda)^n F(\lambda)$.像函数求导公式的证明留给读者.

(5) **积分性质** 若 $F(\lambda) = \mathscr{F}[f(t)]$,则

$$\mathscr{F}\left[\int_{-\infty}^{t} f(t)\,\mathrm{d}t\right] = \frac{1}{\mathrm{i}\lambda}\mathscr{F}[f(t)] = \frac{1}{\mathrm{i}\lambda}F(\lambda).$$

证明　由积分上限函数的导数知

$$\frac{\mathrm{d}}{\mathrm{d}t}\int_{-\infty}^{t} f(t)\,\mathrm{d}t = f(t).$$

由微分性质得

$$\mathscr{F}[f(t)] = \mathscr{F}\left[\frac{\mathrm{d}\int_{-\infty}^{t} f(t)\,\mathrm{d}t}{\mathrm{d}t}\right] = \mathrm{i}\lambda\mathscr{F}\left[\int_{-\infty}^{t} f(t)\,\mathrm{d}t\right],$$

整理有

$$\mathscr{F}\left[\int_{-\infty}^{t} f(t)\,\mathrm{d}t\right] = \frac{1}{\mathrm{i}\lambda}\mathscr{F}[f(t)] = \frac{1}{\mathrm{i}\lambda}F(\lambda).$$

（6）**卷积与卷积定理**　若 $f_1(t), f_2(t)$ 在 **R** 上绝对可积，则函数

$$f_1(t) * f_2(t) = \int_{-\infty}^{+\infty} f_1(t-\tau) f_2(\tau)\,\mathrm{d}\tau$$

称为 $f_1(t)$ 及 $f_2(t)$ 的卷积，简记为 $f_1 * f_2(t)$.

卷积满足下列运算规律：

① 交换律 $f_1 * f_2 = f_2 * f_1$；

② 分配律 $f_1 * (f_2 + f_3) = f_1 * f_2 + f_1 * f_3$；

③ 结合律 $(f_1 * f_2) * f_3 = f_1 * (f_2 * f_3)$.

例 2　设

$$f_1(t) = \begin{cases} 1, & t \geqslant 0, \\ 0, & t < 0, \end{cases} \qquad f_2(t) = \begin{cases} \mathrm{e}^{-t}, & t \geqslant 0, \\ 0, & t < 0, \end{cases}$$

求 $f_1 * f_2(t)$. 其中 $f_1(t)$ 也称为单位阶跃函数，通常用 $u(t)$ 表示，$f_2(t)$ 是衰减指数 $c=1$ 的指数衰减信号.

解　因为 $f_1(\tau)f_2(t-\tau) > 0$ 当且仅当 $0 < \tau \leqslant t$，所以

$$f_1 * f_2(t) = \int_{-\infty}^{+\infty} f_1(\tau) f_2(t-\tau)\,\mathrm{d}\tau$$

$$= \begin{cases} \int_0^t 1 \cdot \mathrm{e}^{\tau-t}\,\mathrm{d}\tau, & t \geqslant 0, \\ 0, & t < 0 \end{cases} = \begin{cases} 1 - \mathrm{e}^{-t}, & t \geqslant 0, \\ 0, & t < 0. \end{cases}$$

定理 1（卷积定理）　设 $\mathscr{F}[f_1(t)] = F_1(\lambda), \mathscr{F}[f_2(t)] = F_2(\lambda)$，则

（1）$\mathscr{F}[f_1(t) * f_2(t)] = \mathscr{F}[f_1(t)] \cdot \mathscr{F}[f_2(t)] = F_1(\lambda) \cdot F_2(\lambda)$；

（2）$\mathscr{F}^{-1}[F_1(\lambda) \cdot F_2(\lambda)] = f_1(t) * f_2(t)$；

（3）$\mathscr{F}[f_1(t) \cdot f_2(t)] = \frac{1}{2\pi}F_1(\lambda) * F_2(\lambda)$.

该性质表明，两个函数的卷积的傅里叶变换等于这两个函数傅里叶变换的乘积.

这个性质可以推广到 n 个函数的情形.

（7）**能量积分（帕塞瓦尔（Parseval）等式）** 设 $\mathscr{F}[f(t)]=F(\lambda)$，则

$$\int_{-\infty}^{+\infty}[f(t)]^2\mathrm{d}t=\frac{1}{2\pi}\int_{-\infty}^{+\infty}|F(\lambda)|^2\mathrm{d}\lambda.$$

例 3 设 $f(t)$ 是指数衰减函数，即 $f(t)=\begin{cases}\mathrm{e}^{-\beta t},&t\geq 0,\\0,&t<0,\end{cases}$ 其中 $\beta>0$. 求

（1）$\mathscr{F}[f(t)]$； （2）$\mathscr{F}[tf(t)]$； （3）$\mathscr{F}[t^2f(t)]$.

解 （1）由傅里叶变换表知

$$F(\lambda)=\mathscr{F}[f(t)]=\frac{1}{\beta+\mathrm{i}\lambda}.$$

（2）由像函数的导数公式知

$$\mathscr{F}[tf(t)]=\mathrm{i}F'(\lambda)=\frac{1}{(\beta+\mathrm{i}\lambda)^2}.$$

（3）进一步地，由像函数的导数公式知

$$\mathscr{F}[t^2f(t)]=\mathrm{i}^2\frac{\mathrm{d}^2F(\lambda)}{\mathrm{d}\lambda^2}=\frac{2}{(\beta+\mathrm{i}\lambda)^3}.$$

注 像函数的导数公式经常被用来快速求形如 $t^nf(t)$ 的函数的傅里叶变换.

例 4 证明：$f(t)*\delta(t)=f(t)$，其中 $\delta(t)$ 是单位脉冲函数.

证 由卷积定理，知

$$\mathscr{F}[f(t)*\delta(t)]=\mathscr{F}[f(t)]\cdot\mathscr{F}[\delta(t)]=F(\lambda)\cdot 1.$$

两边同时取傅里叶逆变换有

$$f(t)*\delta(t)=\mathscr{F}^{-1}[\mathscr{F}[f(t)*\delta(t)]]=\mathscr{F}^{-1}[F(\lambda)]=f(t).$$

例 4 表明，用卷积定理可以简化某些卷积计算或者函数的傅里叶变换计算. 下面我们提供一个稍微综合的计算傅里叶变换的例子.

例 5 设 $u(t)=\begin{cases}1,&t\in[0,+\infty),\\0,&t\in(-\infty,0)\end{cases}$ 为阶跃函数，$\beta>0$，λ 为常数，求 $f(t)=\mathrm{e}^{-\beta t}u(t)\sin(\lambda_0 t)$ 的傅里叶变换.

解 由于 $f(t)$ 可以视为 $\mathrm{e}^{-\beta t}u(t)$ 与 $\sin(\lambda_0 t)$ 的乘积，而卷积定理可以将函数的乘积转化为两个像函数的卷积，且由例 3 得

$$\mathscr{F}[\mathrm{e}^{-\beta t}u(t)]=\frac{1}{\beta+\mathrm{i}\lambda},$$

由上节例 2 得

$$\mathscr{F}[\sin(\lambda_0 t)]=\pi\mathrm{i}[\delta(\lambda+\lambda_0)-\delta(\lambda-\lambda_0)],$$

所以，由卷积定理得

$$\mathscr{F}[f(t)]=\frac{1}{2\pi}\frac{1}{\beta+\mathrm{i}\lambda}*\pi\mathrm{i}[\delta(\lambda+\lambda_0)-\delta(\lambda-\lambda_0)]$$

$$= \frac{\pi i}{2\pi} \int_{-\infty}^{+\infty} \frac{1}{\beta + i\tau} [\delta(\lambda + \lambda_0 - \tau) - \delta(\lambda - \lambda_0 - \tau)] d\tau$$

$$= \frac{i}{2} \left[\frac{1}{\beta + i(\lambda + \lambda_0)} - \frac{1}{\beta + i(\lambda - \lambda_0)} \right]$$

$$= \frac{\lambda_0}{(\beta + i\lambda)^2 + \lambda_0^2}.$$

例 6　计算积分 $\int_{-\infty}^{+\infty} \frac{\sin^2 t}{t^2} dt$.

例 6 视频
讲解

解　记 $f(t) = \frac{\sin t}{t}$，且易求得 $F(\lambda) = \begin{cases} \pi, & |\lambda| < 1, \\ 0, & \text{其他}, \end{cases}$ 故有

$$\int_{-\infty}^{+\infty} \frac{\sin^2 t}{t^2} dt = \int_{-\infty}^{+\infty} \left(\frac{\sin t}{t}\right)^2 dt = \int_{-\infty}^{+\infty} f^2(t) dt = \frac{1}{2\pi} \int_{-\infty}^{+\infty} |F(\lambda)|^2 d\lambda,$$

代入 $F(\lambda)$ 得

$$\int_{-\infty}^{+\infty} \frac{\sin^2 t}{t^2} dt = \frac{1}{2\pi} \int_{-1}^{1} \pi^2 d\lambda = \pi.$$

> **习题 7-3**

1. 设 $\mathscr{F}[f(t)] = F(\lambda)$，求 $\mathscr{F}[tf'(2t)]$.

2. 设 $F(\lambda) = \mathscr{F}[f(t)]$，$a$ 为非零实常数，t_0 为实数，证明：

$$\mathscr{F}[f(t_0 - at)] = \frac{1}{|a|} F\left(-\frac{\lambda}{a}\right) e^{-i\frac{\lambda}{a}t_0}.$$

3. 证明：$f_1(t) * f_2(t) = f_2(t) * f_1(t)$.

4. 设 $F_1(\lambda) = \mathscr{F}[f_1(t)]$，$F_2(\lambda) = \mathscr{F}[f_2(t)]$，证明：

$$\mathscr{F}[f_1(t) f_2(t)] = \frac{1}{2\pi} F_1(\lambda) * F_2(\lambda).$$

第四节　傅里叶变换的简单应用

由前一节的学习知道，傅里叶变换能简化积分计算，在线性微分方程、积分方程或微分积分方程两边同时作傅里叶变换，可以将其化为像函数的代数方程。若将像函数从代数方程中解出，然后再作傅里叶逆变换就得到原方程的解。我们通过例子来具体说明。

例 1　记 $\delta(t)$ 是单位脉冲函数，求微分方程

$$x'(t) - \int_{-\infty}^{t} x(s)\,\mathrm{d}s = 2\delta(t)$$

的解 $x(t)$，其中 $t \in \mathbf{R}.$

解 该方程是一个典型的常系数微分积分方程，记 $X(\lambda) = \mathscr{F}[x(t)]$，方程两边同作傅里叶变换，由傅里叶变换的线性性质、微分性质、积分性质得

$$\mathrm{i}\lambda X(\lambda) - \frac{1}{\mathrm{i}\lambda}X(\lambda) = 2,$$

易得

$$X(\lambda) = \frac{1}{1 + \mathrm{i}\lambda} - \frac{1}{1 - \mathrm{i}\lambda}.$$

对上式两边作傅里叶逆变换，有

$$x(t) = \mathscr{F}^{-1}[X(\lambda)] = \mathscr{F}^{-1}\left[\frac{1}{1 + \mathrm{i}\lambda}\right] - \mathscr{F}^{-1}\left[\frac{1}{1 - \mathrm{i}\lambda}\right],$$

其中

$$\mathscr{F}^{-1}\left[\frac{1}{1 + \mathrm{i}\lambda}\right] = \begin{cases} \mathrm{e}^{-t}, & t > 0, \\ \dfrac{1}{2}, & t = 0, \\ 0, & t < 0, \end{cases} \qquad \mathscr{F}^{-1}\left[\frac{1}{1 - \mathrm{i}\lambda}\right] = \begin{cases} 0, & t > 0, \\ \dfrac{1}{2}, & t = 0, \\ \mathrm{e}^{t}, & t < 0, \end{cases}$$

所以

$$x(t) = \begin{cases} \mathrm{e}^{-t}, & t > 0, \\ 0, & t = 0, \\ -\mathrm{e}^{t}, & t < 0. \end{cases}$$

另外，傅里叶变换也是求解偏微分方程的方法之一，其解答过程与上例大体相似.

*例 2** 利用傅里叶变换求解一维热传导方程的初值问题

$$\begin{cases} \dfrac{\partial u}{\partial t} = a^2 \dfrac{\partial^2 u}{\partial x^2} + f(x,t) & (x \in \mathbf{R}, t > 0), \\ u\big|_{t=0} = \varphi(x). \end{cases}$$

这里 $f(x,t)$ 称作热源，$\varphi(x)$ 是初始热量分布，求解区域是整个实轴 $x \in (-\infty, +\infty)$，t 是时间变量，函数 $u(x,t)$ 是未知解.

解 我们对空间变量 x 作傅里叶变换，记

$$\mathscr{F}[u(x,t)] = U(\lambda,t), \quad \mathscr{F}[f(x,t)] = F(\lambda,t), \quad \mathscr{F}[\varphi(x)] = \Phi(\lambda).$$

由微分性质，知

$$\mathscr{F}\left[\frac{\partial^2 u}{\partial x^2}\right] = (\mathrm{i}\lambda)^2 \mathscr{F}[u(x,t)] = -\lambda^2 U(\lambda,t).$$

对 $\dfrac{\partial u(x,t)}{\partial t}$ 关于 x 作傅里叶变换时,交换求偏导数与傅里叶变换的次序,即

$$\mathscr{F}\left[\frac{\partial u}{\partial t}\right] = \frac{\partial \mathscr{F}\left[u(x,t)\right]}{\partial t} = \frac{\partial}{\partial t}U(\lambda,t).$$

利用傅里叶变换,原问题转化为如下含有参数 λ 的初值问题:

$$\begin{cases} \dfrac{\mathrm{d}U}{\mathrm{d}t} = -a^2\lambda^2 U + F(\lambda,t), \\[2mm] U\big|_{t=0} = \Phi(\lambda). \end{cases}$$

用积分因子法可解上述一阶非齐次常微分方程,得

$$U(\lambda,t) = \Phi(\lambda)\,\mathrm{e}^{-a^2\lambda^2 t} + \int_0^t F(\lambda,\tau)\,\mathrm{e}^{-a^2\lambda^2(t-\tau)}\mathrm{d}\tau.$$

上式两端同取傅里叶逆变换,并查表知

$$\mathscr{F}^{-1}\left[\mathrm{e}^{-a^2\lambda^2 t}\right] = \frac{1}{2a\sqrt{\pi t}}\,\mathrm{e}^{-\frac{x^2}{4a^2 t}} \xlongequal{\text{def}} \mathscr{k}(x,t),$$

所以

$$\begin{aligned}
u(x,t) &= \mathscr{F}^{-1}\left[U(\lambda,t)\right] \\[2mm]
&= \varphi(x)*\mathscr{k}(x,t) + \int_0^t f(x,\tau)*\mathscr{k}(x,t-\tau)\mathrm{d}\tau \\[2mm]
&= \frac{1}{2a\sqrt{\pi t}}\int_{-\infty}^{+\infty}\varphi(\xi)\,\mathrm{e}^{-\frac{(x-\xi)^2}{4a^2 t}}\mathrm{d}\xi + \\[2mm]
&\quad \frac{1}{2a\sqrt{\pi}}\int_0^t\left[\int_{-\infty}^{+\infty}\frac{f(\xi,\tau)}{\sqrt{t-\tau}}\,\mathrm{e}^{-\frac{(x-\xi)^2}{4a^2(t-\tau)}}\mathrm{d}\xi\right]\mathrm{d}\tau.
\end{aligned}$$

这里第二个等号成立是因为卷积公式,积分号后的卷积将 t 或 $t-\tau$ 视为参数.

最后我们指出,傅里叶变换可以作用于多元函数,从而得到多重傅里叶变换.多重傅里叶变换也有很好的性质,这些性质方便我们求解更复杂的微分方程,比如二维、三维热传导方程.限于篇幅,我们不做展开.有兴趣的读者可以更全面地学习傅里叶变换的应用,见参考文献[7].

> **习题 7-4**

1. 求微分方程 $x'(t) + 2x(t) = \delta(t)\ (-\infty < t < +\infty)$ 的解.

2. 求微分积分方程

$$2x'(t) - 3\int_{-\infty}^t x(\tau)\mathrm{d}\tau = f(t)$$

的解,其中 $f(t)$ 为已知函数,$f(t)$ 的傅里叶变换存在且 $-\infty < t < +\infty$.

综合练习题 7

第八章

拉普拉斯变换

上一章介绍的傅里叶变换在许多领域有重要应用,特别是在信号与系统上,它仍然是很基本的分析与处理工具.傅里叶变换的实质是通过引入积分核函数将函数(信号)$f(t)$转化为频域函数(频谱)$F(\lambda)$.但是许多简单的函数并不能进行傅里叶变换,这必然限制了它的适应范围.为此,本章我们介绍一种新的积分变换——拉普拉斯(Laplace)变换.

第一节　拉普拉斯变换与存在条件

我们知道,傅里叶变换一般要求原像函数在$(-\infty,+\infty)$内满足狄利克雷条件并且是绝对可积的.另一方面,实际工程问题中,很多以时间 t 为变量的函数往往不需要考虑 $t<0$ 的部分.为此,人们考虑是否存在一种变换能够既保留很多类似于傅里叶变换的性质,又能在一定程度上克服上述局限性呢?

定义 1　设函数 $f(t)$ 在 $t \geqslant 0$ 时有定义,即 $f(t):[0,+\infty)\to \mathbf{R}$ 是实值函数.若对于复参数 $s=\beta+\mathrm{i}\lambda$,$\beta,\lambda \in \mathbf{R}$,积分

$$F(s) = \int_0^{+\infty} f(t)\, \mathrm{e}^{-st}\mathrm{d}t$$

在复平面的某一区域内收敛,则称 $F(s)$ 为 $f(t)$ 的拉普拉斯变换,记为 $F(s) = \mathscr{L}[f(t)]$,$F(s)$ 与 $f(t)$ 构成一个拉普拉斯变换对.$F(s)$ 为 $f(t)$ 的像函数或像,$f(t)$ 为 $F(s)$ 的原像函数或简称为原像.此外,由像 $F(s)$ 生成 $f(t)$ 的运算称为拉普拉斯逆变换,记为

$$f(t) = \mathscr{L}^{-1}[F(s)].$$

(后续我们会专门学习如何求拉普拉斯逆变换.)

值得指出的是,定义 1 中的拉普拉斯变换与傅里叶变换是紧密联系的.这是因为复参数 $s=\beta+\mathrm{i}\lambda$,$\beta,\lambda \in \mathbf{R}$,则

$$F(s) = \mathscr{L}[f(t)] = \int_0^{+\infty} f(t)\, \mathrm{e}^{-st}\mathrm{d}t$$

$$= \int_0^{+\infty} f(t) \, \mathrm{e}^{-\beta t} \, \mathrm{e}^{-\mathrm{i}\lambda t} \mathrm{d}t$$

$$= \int_{-\infty}^{+\infty} [f(t) u(t) \, \mathrm{e}^{-\beta t}] \, \mathrm{e}^{-\mathrm{i}\lambda t} \mathrm{d}t$$

$$= \mathscr{F}[f(t) u(t) \, \mathrm{e}^{-\beta t}].$$

这里 $u(t)$ 是单位阶跃函数,若 $\beta > 0$,则 $\mathrm{e}^{-\beta t}$ 为指数衰减函数.上面的等式表明 $f(t)$ 的拉普拉斯变换实际上对应的是 $f(t) u(t) \mathrm{e}^{-\beta t}$ 的傅里叶变换. $u(t)$ 用来截取函数(信号) $f(t)$ 在 $t \geq 0$ 的部分, $\mathrm{e}^{-\beta t}(\beta > 0)$ 是希望乘指数衰减函数后, $f(t) u(t) \mathrm{e}^{-\beta t}$ 满足傅里叶变换存在的条件.它们的出现都是为了克服前面描述的傅里叶变换的局限性.下面我们举例说明如何通过定义求函数的拉普拉斯变换.

例 1   求 $f(t) \equiv 1$ 的拉普拉斯变换.

解   因为积分

$$\int_0^{+\infty} \mathrm{e}^{-st} \mathrm{d}t = \int_0^{+\infty} \mathrm{e}^{-\beta t} \, \mathrm{e}^{-\mathrm{i}\lambda t} \mathrm{d}t$$

$$= \int_0^{+\infty} \mathrm{e}^{-\beta t}(\cos \lambda t - \mathrm{i} \sin \lambda t) \mathrm{d}t$$

在 $\beta = \mathrm{Re}(s) > 0$ 时存在,所以

$$\mathscr{L}[1] = \int_0^{+\infty} 1 \cdot \mathrm{e}^{-st} \mathrm{d}t = -\left. \frac{\mathrm{e}^{-st}}{s} \right|_0^{+\infty}$$

$$= \frac{1}{s} \quad (\mathrm{Re}(s) > 0),$$

其中,含参数的广义积分

$$\int_0^{+\infty} \mathrm{e}^{-\beta t} \cos \lambda t \, \mathrm{d}t, \int_0^{+\infty} \mathrm{e}^{-\beta t} \sin \lambda t \, \mathrm{d}t \quad (\beta > 0)$$

都收敛.

例 2   求单位阶跃函数 $u(t) = \begin{cases} 1, & t \geq 0, \\ 0, & t < 0 \end{cases}$ 的拉普拉斯变换.

解   因为拉普拉斯变换只须考虑 $t \geq 0$ 的部分,而在此部分

$$u(t) = 1 = f(t),$$

所以

$$\mathscr{L}[u(t)] = \mathscr{L}[1] = \frac{1}{s} \quad (\mathrm{Re}(s) > 0).$$

例 3   求指数函数 $f(t) = \mathrm{e}^{kt}$ 的拉普拉斯变换,其中 $k \in \mathbf{R}$.

解   由于积分

$$\int_0^{+\infty} \mathrm{e}^{kt} \, \mathrm{e}^{-st} \mathrm{d}t = \int_0^{+\infty} \mathrm{e}^{-(s-k)t} \mathrm{d}t$$

在 $\mathrm{Re}(s-k) > 0$ 即 $\mathrm{Re}(s) > k$ 时收敛,所以

$$\mathscr{L}\left[\mathrm{e}^{kt}\right]=\int_{0}^{+\infty}\mathrm{e}^{-(s-k)t}\mathrm{d}t=\frac{1}{s-k}\quad(\operatorname{Re}(s)>k).$$

例 1 与例 2 中的两个函数都不满足绝对可积条件,但它们的拉普拉斯变换都存在.我们之前也仅研究过指数衰减函数的傅里叶变换,但例 3 可以对任意指数函数 $\mathrm{e}^{kt}(k\in\mathbf{R})$ 作拉普拉斯变换.这清楚地表明拉普拉斯变换存在的条件,要比傅里叶变换存在的条件弱得多.

下面的定理部分地回答了拉普拉斯变换存在的条件.

定理 1(拉普拉斯变换存在的条件) 若 $f(t):[0,+\infty)\rightarrow\mathbf{R}$ 满足下列条件:

(1) 在 $[0,+\infty)$ 上的任意有限区间上分段连续;

(2) 当 $t\rightarrow+\infty$ 时,$f(t)$ 具有有限增长性,即存在常数 $M>0$ 和 $c\geqslant0$,使得 $|f(t)|\leqslant M\mathrm{e}^{ct}(t\geqslant0)$,其中 c 称为 $f(t)$ 的增长指数,

则当 $\operatorname{Re}(s)>c$ 时,$f(t)$ 的拉普拉斯变换

$$F(s)=\mathscr{L}\left[f(t)\right]=\int_{0}^{+\infty}f(t)\,\mathrm{e}^{-st}\mathrm{d}t$$

是存在的,并且含参变量积分

$$\int_{0}^{+\infty}f(t)\,\mathrm{e}^{-st}\mathrm{d}t$$

是绝对收敛且一致收敛的,而且 $F(s)$ 是可微的,

$$F'(s)=\mathscr{L}\left[-tf(t)\right].$$

证明 仍然记 $s=\beta+\mathrm{i}\lambda$,由于 $\operatorname{Re}(s)>c$,不妨设 $\beta-c=\operatorname{Re}(s)-c\geqslant c_0>0$.由于

$$\left|f(t)\,\mathrm{e}^{-st}\right|=\left|f(t)\,\mathrm{e}^{-\beta t}\,\mathrm{e}^{-\mathrm{i}\lambda t}\right|$$

$$\leqslant M\mathrm{e}^{(c-\beta)t}\leqslant M\mathrm{e}^{-c_0t}\quad(\text{有限增长性}),$$

所以

$$\int_{0}^{+\infty}\left|f(t)\,\mathrm{e}^{-st}\right|\mathrm{d}t\leqslant\int_{0}^{+\infty}M\mathrm{e}^{-c_0t}\mathrm{d}t=\frac{M}{c_0}<+\infty,$$

即拉普拉斯变换 $F(s)=\mathscr{L}\left[f(t)\right]$ 在 $\operatorname{Re}(s)\geqslant c_1>c$ 时是存在的.

由含参变量反常积分的知识表明,当 $\operatorname{Re}(s)\geqslant c_1>c$ 时,反常积分 $\int_{0}^{+\infty}f(t)\,\mathrm{e}^{-st}\mathrm{d}t$ 是绝对收敛同时也是一致收敛的.

进一步地,因为

$$\left|-tf(t)\,\mathrm{e}^{-st}\right|\leqslant Mt\mathrm{e}^{-c_0t}\quad(t\geqslant0),$$

所以

$$\int_{0}^{+\infty}\left|\frac{\partial}{\partial s}(\mathrm{e}^{-st}f(t))\right|\mathrm{d}t\leqslant\int_{0}^{+\infty}\left|-tf(t)\,\mathrm{e}^{-st}\right|\mathrm{d}t$$

$$\leqslant\int_{0}^{+\infty}Mt\mathrm{e}^{-c_0t}\mathrm{d}t=\frac{M}{c_0^2}<+\infty.$$

这表明 $\int_{0}^{+\infty}\left|\frac{\partial}{\partial s}(\mathrm{e}^{-st}f(t))\right|\mathrm{d}t$ 在半平面 $\operatorname{Re}(s)\geqslant c_1>c$ 内是绝对收敛且一致收敛的,从

而 $F(s)$ 是可微的,并且

$$F'(s) = \frac{\mathrm{d}}{\mathrm{d}s}\int_0^{+\infty} f(t)\,\mathrm{e}^{-st}\mathrm{d}t$$

$$= \int_0^{+\infty} \frac{\partial}{\partial s}(f(t)\mathrm{e}^{-st})\,\mathrm{d}t = \mathscr{L}\left[-tf(t)\right].$$

工程技术中的很多函数 $f(t)$ 满足定理 1 中的条件,但不一定满足傅里叶变换存在的条件. 例如函数 $\sin kt, \cos kt, t$ 等都不满足傅里叶变换存在的条件,但都满足拉普拉斯变换存在的条件. 可以认为,函数绝对可积比函数具有有限增长性要强很多.

例 4 求正弦函数 $f(t) = \sin kt(k \in \mathbf{R})$ 的拉普拉斯变换.

解 $\forall t \geq 0$,由于 $|\sin kt| \leq 1$,所以 $\sin kt$ 具有有限增长性(取 $M = 1, c = 0$ 即可)并且

$$\mathscr{L}\left[\sin kt\right] = \int_0^{+\infty} \sin kt\,\mathrm{e}^{-st}\mathrm{d}t$$

$$= \frac{\mathrm{e}^{-st}}{s^2 + k^2}(-\sin kt - k\cos kt)\bigg|_0^{+\infty}$$

$$= \frac{k}{s^2 + k^2}\quad(\mathrm{Re}(s) > 0).$$

一般我们很少根据定义求函数的拉普拉斯变换. 关于拉普拉斯变换及逆变换,通常可以通过查拉普拉斯变换表(附表 2)得出结果. 在查表前有时需将函数作适当的恒等变形.

例 5 求 $f(t) = \frac{\mathrm{e}^{-bt}}{\sqrt{2}}(\cos bt - \sin bt)$ 的拉普拉斯变换,

解 将其作如下恒等变形,

$$\frac{\mathrm{e}^{-bt}}{\sqrt{2}}(\cos bt - \sin bt) = \mathrm{e}^{-bt}\sin\left(-bt + \frac{\pi}{4}\right),$$

查拉普拉斯变换表,得

$$\mathscr{L}\left[f(t)\right] = \mathscr{L}\left[\mathrm{e}^{-bt}\left(\sin\left(-bt + \frac{\pi}{4}\right)\right)\right]$$

$$= \frac{(s+b)\sin\frac{\pi}{4} + (-b)\cos\frac{\pi}{4}}{(s+b)^2 + (-b)^2}$$

$$= \frac{\sqrt{2}s}{2(s^2 + 2bs + 2b^2)}.$$

例 5 表明,虽然有些函数的拉普拉斯变换或者逆变换结果不能直接从变换表中查到,但适当变形后就可以直接查表得到. 除了恒等变形,后续我们会补充一些求解拉普拉斯逆变换的其他方法.

> **习题 8-1**
>
> 1. 求函数 $f(t)=\sin^2 3t$ 的拉普拉斯变换.
>
> 2. 求函数 $f(t)=\delta(t)\cos 2t-3u(t)\sin t$ 的拉普拉斯变换.
>
> 3. 设函数 $f(t)$ 是以 2π 为周期的周期函数,在一个周期内的表达式为
>
> $$f(t)=\begin{cases}\cos t, & 0<t\leqslant\pi,\\ 0, & \pi<t\leqslant 2\pi,\end{cases}$$
>
> 求 $f(t)$ 的拉普拉斯变换.

第二节　拉普拉斯变换的性质

为叙述方便,在下述性质中,均假设所涉及的函数的拉普拉斯变换存在,且满足上节定理 1 中的条件.

（1）**线性性质**　若 $\mathscr{L}[f(t)]=F(s)$, $\mathscr{L}[g(t)]=G(s)$, $\alpha,\beta\in\mathbf{R}$,则

$$\mathscr{L}[\alpha f(t)+\beta g(t)]=\alpha\mathscr{L}[f(t)]+\beta\mathscr{L}[g(t)]=\alpha F(s)+\beta G(s),$$

$$\mathscr{L}^{-1}[\alpha F(s)+\beta G(s)]=\alpha\mathscr{L}^{-1}[F(s)]+\beta\mathscr{L}^{-1}[G(s)]$$

$$=\alpha f(t)+\beta g(t).$$

（2）**微分性质**

（a）导数的像函数

若 $\mathscr{L}[f(t)]=F(s)$,则有 $\mathscr{L}[f'(t)]=sF(s)-f(0)$.进一步地,

$$\mathscr{L}[f^{(n)}(t)]=s^nF(s)-s^{n-1}f(0)-s^{n-2}f'(0)-\cdots-f^{(n-1)}(0),$$

其中 $f^{(k)}(0)=\lim\limits_{t\to 0^+}f^{(k)}(t)(k=1,2,\cdots,n-1)$.

证明　我们仅证明 $k=1$ 的情形,k 取其他值的证明留给读者.由分部积分,

$$\mathscr{L}[f'(t)]=\int_0^{+\infty}f'(t)\,\mathrm{e}^{-st}\mathrm{d}t$$

$$=f(t)\,\mathrm{e}^{-st}\Big|_0^{+\infty}+s\int_0^{+\infty}f(t)\,\mathrm{e}^{-st}\mathrm{d}t$$

$$=sF(s)-f(0).$$

例 1　求函数 $f(t)=\cos kt$ 的拉普拉斯变换.

解　由于 $\cos kt=\dfrac{1}{k}(\sin kt)'$,且 $\mathscr{L}[\sin kt]=\dfrac{k}{s^2+k^2}$,由上述线性性质及微分性质有

$$\mathscr{L}[\cos kt] = \frac{1}{k}\mathscr{L}[(\sin kt)'] = \frac{1}{k}[s\mathscr{L}[\sin kt] - \sin 0]$$

$$= \frac{s}{k}\frac{k}{s^2+k^2} = \frac{s}{s^2+k^2}.$$

例 2　求函数 $f(t) = t^m (m \geqslant 1$ 且为整数$)$ 的拉普拉斯变换.

解　由于 $f^{(k)}(0) = 0, k = 0,1,\cdots,m-1$, 由微分性质知

$$\mathscr{L}[(t^m)^{(m)}] = s^m\mathscr{L}[t^m],$$

即

$$\mathscr{L}[t^m] = \frac{1}{s^m}\mathscr{L}[(t^m)^{(m)}] = \frac{1}{s^m}\mathscr{L}[m!]$$

$$= \frac{m!}{s^m}\mathscr{L}[1] = \frac{m!}{s^{m+1}}.$$

（b）像函数的导数

定理 1　设 $\mathscr{L}[f(t)] = F(s)$, 则

$$\frac{\mathrm{d}F(s)}{\mathrm{d}s} = -\mathscr{L}[tf(t)] \quad (\mathrm{Re}(s)>c).$$

证明　由于

$$F(s) = \int_0^{+\infty} f(t)\,\mathrm{e}^{-st}\mathrm{d}t,$$

该积分关于 s 是解析的, 所以

$$\frac{\mathrm{d}F(s)}{\mathrm{d}s} = \int_0^{+\infty} f(t)\,\frac{\partial\mathrm{e}^{-st}}{\partial s}\mathrm{d}t$$

$$= -\int_0^{+\infty} tf(t)\,\mathrm{e}^{-st}\mathrm{d}t$$

$$= -\mathscr{L}[tf(t)].$$

在第一个等号中, 我们交换了求导与积分的运算顺序. 一般交换运算顺序是有条件的, 这里不作详细叙述（后面碰到类似问题, 我们不作说明并进行同样处理）. 该微分性质常用来求形如 $t^n f(t)$ 的函数的拉普拉斯变换.

例 3　求函数 $f(t) = t\cos kt$ 的拉普拉斯变换.

解　由定理 1,

$$\mathscr{L}[t\cos kt] = -\frac{\mathrm{d}}{\mathrm{d}s}(\mathscr{L}[\cos kt]) = -\frac{\mathrm{d}}{\mathrm{d}s}\left(\frac{s}{s^2+k^2}\right)$$

$$= \frac{s^2-k^2}{(s^2+k^2)^2} \quad (\mathrm{Re}(s)>0).$$

（3）**积分性质**

（a）积分的像函数

若 $\mathscr{L}[f(t)] = F(s)$, 则

$$\mathscr{L}\left[\int_0^t f(\tau)\,\mathrm{d}\tau\right] = \frac{1}{s}\mathscr{L}[f(t)] = \frac{F(s)}{s}.$$

进一步地,反复利用该性质有

$$\mathscr{L}\left[\underbrace{\int_0^t \mathrm{d}\tau \int_0^t \mathrm{d}\tau \cdots \int_0^t f(\tau)\,\mathrm{d}\tau}_{n\text{次}}\right] = \frac{F(s)}{s^n}.$$

证明　令 $h(t) = \int_0^t f(\tau)\,\mathrm{d}\tau$,则 $h'(t) = f(t)$,$h(0) = 0$,由微分性质知

$$\mathscr{L}[h'(t)] = s\mathscr{L}[h(t)] - h(0) = s\mathscr{L}[h(t)],$$

即

$$\mathscr{L}[h(t)] = \frac{1}{s}\mathscr{L}[h'(t)] = \frac{1}{s}\mathscr{L}[f(t)] = \frac{F(s)}{s}.$$

反复利用该结果可以得到多次积分的像函数.

（b）像函数的积分

设 $\mathscr{L}[f(t)] = F(s)$,且积分 $\int_s^{+\infty} F(s)\,\mathrm{d}s$ 收敛,则

$$\int_s^{+\infty} F(s)\,\mathrm{d}s = \mathscr{L}\left[\frac{f(t)}{t}\right].$$

更一般地,

$$\mathscr{L}\left[\frac{f(t)}{t^n}\right] = \underbrace{\int_s^{+\infty}\mathrm{d}s \int_s^{+\infty}\mathrm{d}s \cdots \int_s^{+\infty} F(s)\,\mathrm{d}s}_{n\text{次}}.$$

我们将该性质的证明留给读者.该性质不但在求形如 $\dfrac{f(t)}{t^n}$ 的函数的拉普拉斯变换时很有用,也可用来计算一些复杂的反常积分.我们举例说明.

例 4　已知 $\mathscr{L}[\sin t] = \dfrac{1}{s^2+1}$,求 $\mathscr{L}\left[\dfrac{\sin t}{t}\right]$ 并计算积分 $\int_0^{+\infty} \dfrac{\sin t}{t}\mathrm{d}t$.

解　由积分性质有

$$\mathscr{L}\left[\frac{\sin t}{t}\right] = \int_0^{+\infty} \mathscr{L}[\sin t]\,\mathrm{d}s = \int_s^{+\infty} \frac{1}{s^2+1}\,\mathrm{d}s$$

$$= \arctan s \bigg|_s^{+\infty} = \frac{\pi}{2} - \arctan s,$$

即

$$\int_s^{+\infty} \frac{\sin t}{t}\,\mathrm{e}^{-st}\mathrm{d}t = \operatorname{arccot} s.$$

在等式中令 $s \to 0^+$,则有

$$\int_0^{+\infty} \frac{\sin t}{t}\mathrm{d}t = \operatorname{arccot} 0 = \frac{\pi}{2}.$$

（4）**位移性质**　若 $\mathscr{L}[f(t)]=F(s)(\mathrm{Re}(s)>c)$，其中 c 为 $f(t)$ 的有限增长指数，则

$$\mathscr{L}[e^{at}f(t)]=F(s-a)\quad(\mathrm{Re}(s-a)>c).$$

证明　由定义，

$$\begin{aligned}\mathscr{L}[e^{at}f(t)]&=\int_0^{+\infty}e^{at}f(t)\ e^{-st}dt\\&=\int_0^{+\infty}f(t)\ e^{-(s-a)t}dt\\&=F(s-a),\quad\mathrm{Re}(s-a)>c.\end{aligned}$$

例 5　求 $\mathscr{L}[e^{-at}\sin kt]$，并计算积分 $\displaystyle\int_0^{+\infty}e^{-3t}\sin 2tdt$.

解　因为 $\mathscr{L}[\sin kt]=F(s)=\dfrac{k}{s^2+k^2}$.由位移性质，知

$$\mathscr{L}[e^{-at}\sin kt]=F(s+a)=\frac{k}{(s+a)^2+k^2},\quad\mathrm{Re}(s+a)>0.$$

特别地，令 $a=3,k=2,s\to0^+$ 有

$$\int_0^{+\infty}e^{-3t}\sin 2tdt=\frac{2}{(3+0)^2+2^2}=\frac{2}{13}.$$

（5）**延迟性质**

若 $\mathscr{L}[f(t)]=F(s)$，且规定当 $t<0$ 时，$f(t)\equiv0$，则对于任意非负实数 $\tau\geqslant0$，有

$$\mathscr{L}[f(t-\tau)]=e^{-s\tau}F(s),$$

或记为

$$\mathscr{L}^{-1}[e^{-s\tau}F(s)]=f(t-\tau).$$

证明　由定义，

$$\begin{aligned}\mathscr{L}[f(t-\tau)]&=\int_0^{+\infty}f(t-\tau)\ e^{-st}dt\\&=\int_0^{\tau}f(t-\tau)\ e^{-st}dt+\int_{\tau}^{+\infty}f(t-\tau)\ e^{-st}dt\\&=0+\int_{\tau}^{+\infty}f(t-\tau)\ e^{-st}dt\\&=\int_0^{+\infty}f(u)\ e^{-s(u+\tau)}du\quad(\diamondsuit\ t-\tau=u)\\&=e^{-s\tau}F(s).\end{aligned}$$

该性质表明原像延迟 τ，反映在其像函数上只需要将其像函数乘指数函数 $e^{-s\tau}$.

例 6　求延迟 τ 的单位阶跃函数 $u(t-\tau)$ 的拉普拉斯变换，这里

$$u(t-\tau)=\begin{cases}1,&t\geqslant\tau,\\0,&t<\tau,\end{cases}$$

解　由于已知 $\mathscr{L}[u(t)]=\dfrac{1}{s}$，由延迟性质，易得

$$\mathscr{L}\left[u(t-\tau)\right]=\mathrm{e}^{-s\tau}\mathscr{L}\left[1\right]=\frac{\mathrm{e}^{-s\tau}}{s}.$$

（6）卷积与卷积定理

这一章的函数（信号）$f(t)$ 主要来自信号处理或者其他工程实践问题.所以我们只截取其 $t\geqslant0$ 的部分.我们更新两个信号函数卷积的定义如下

$$f(t)*g(t)=\int_0^t f(\tau)g(t-\tau)\mathrm{d}\tau$$

$$=\int_0^t f(t-\tau)g(\tau)\mathrm{d}\tau.$$

前面已介绍过,信号 $f(t)$ 的拉普拉斯变换实际上是与 $f(t)$ 有关的某个特定函数的傅里叶变换.如同傅里叶变换的卷积定理,拉普拉斯变换也有下面的卷积定理.我们仅作叙述,证明留给读者.

定理 2（卷积定理）　若 $\mathscr{L}\left[f(t)\right]=F(s)$，$\mathscr{L}\left[g(t)\right]=G(s)$，则

$$\mathscr{L}\left[f(t)*g(t)\right]=F(s)G(s),$$

且

$$\mathscr{L}^{-1}\left[F(s)G(s)\right]=f(t)*g(t).$$

也就是说,存在拉普拉斯变换的两个函数卷积的拉普拉斯变换等于它们拉普拉斯变换的乘积.两个像函数乘积的拉普拉斯逆变换等于它们对应原像函数的卷积.不难证明,关于两个函数的卷积定理也可以推广到更多个函数的情形.限于篇幅,我们不作展开.

> **习题 8-2**

1. 求函数 $f(t)=(t-2)^2\mathrm{e}^t$ 的拉普拉斯变换.

2. 设 $\mathscr{L}\left[f(t)\right]=F(s)$，求 $g(t)=f(at-b)u(at-b)$ 的拉普拉斯变换,其中 a,b 都是正实数.

3. 求积分 $\displaystyle\int_0^{+\infty}\frac{\mathrm{e}^{-2t}-\mathrm{e}^{-3t}}{t}\mathrm{d}t$.

4. 求 $f_1(t)=\delta(t-1)$ 与 $f(t)$ 的卷积.

5. 利用卷积定理求 $F(s)=\dfrac{s}{(s^2+1)^2}$ 的拉普拉斯逆变换.

第三节　拉普拉斯逆变换的求法

拉普拉斯变换常用来解线性微分积分方程.在解这类问题时,通常会碰到已知像函数 $F(s)$,要求其原像 $f(t)$ 的问题.这就是求拉普拉斯逆变换的问题.在下面例 1 中,

我们会利用卷积定理化乘积函数的拉普拉斯逆变换为对应原像函数的卷积.该方法的缺点是卷积计算一般比较麻烦.另外人们也常利用反演积分公式直接求原像函数.反演积分的计算需要熟练掌握复变函数的诸如留数定理之类的内容.对于不太复杂的像函数 $F(s)$,人们可以利用部分分式法以及拉普拉斯积分变换表来求其拉普拉斯逆变换.这是本节的主要内容.对于希望全面掌握拉普拉斯逆变换求法的读者,可以查阅参考文献 $[6]$.

例 1　求 $F(s) = \dfrac{1}{(s+1)^2 s}$ 的拉普拉斯逆变换.

解　$F(s)$ 有如下分解式,即

$$F(s) = \frac{1}{(s+1)^2 s} = \frac{1}{(s+1)^2} \cdot \frac{1}{s}.$$

例 1 视频
讲解

由拉普拉斯逆变换的积分性质,易知

$$\mathscr{L}^{-1}\left[\frac{1}{s} G(s)\right] = \int_0^t \mathscr{L}^{-1}\left[G(s)\right] \mathrm{d}\tau,$$

所以

$$\mathscr{L}^{-1}\left[F(s)\right] = \mathscr{L}^{-1}\left[\frac{1}{s} \cdot \frac{1}{(s+1)^2}\right] = \int_0^t \mathscr{L}^{-1}\left[\frac{1}{(s+1)^2}\right] \mathrm{d}\tau$$

$$= \int_0^t \tau \mathrm{e}^{-\tau} \mathrm{d}\tau = -t\mathrm{e}^{-t} - \mathrm{e}^{-t} + 1.$$

例 2　求 $F(s) = \dfrac{6}{s^4(s^2+1)}$ 的拉普拉斯逆变换.

解法一（卷积定理法）　因为

$$F(s) = 6 \cdot \frac{1}{s^2} \cdot \frac{1}{s^2} \cdot \frac{1}{(s^2+1)}, \quad \mathscr{L}^{-1}\left[\frac{1}{s^2}\right] = t, \quad \mathscr{L}^{-1}\left[\frac{1}{s^2+1}\right] = \sin t,$$

所以由卷积定理得

$$\mathscr{L}^{-1}\left[F(s)\right] = 6t * t * \sin t.$$

而

$$t * t = \int_0^t \tau(t-\tau) \mathrm{d}\tau = \frac{t^3}{6},$$

所以

$$\mathscr{L}\left[F(s)\right] = t^3 * \sin t = \int_0^t (t-\tau)^3 \sin \tau \mathrm{d}\tau$$

$$= \int_0^t (t^3 \sin \tau - 3t^2 \tau \sin \tau + 3t\tau^2 \sin \tau - \tau^3 \sin \tau) \mathrm{d}\tau$$

$$= t^3 - 6t + 6\sin t.$$

最后一步要多次用到分部积分,留给读者自行完善.

解法二（部分分式法）　因为

$$F(s) = \frac{6}{s^4(s^2+1)} = 6\left(\frac{1}{s^4} - \frac{1}{s^2} + \frac{1}{s^2+1}\right).$$

而查拉普拉斯变换表得

$$\mathscr{L}^{-1}\left[\frac{1}{s^2}\right] = t, \quad \mathscr{L}^{-1}\left[\frac{1}{s^2+1}\right] = \sin t, \quad \mathscr{L}^{-1}\left[\frac{6}{s^4}\right] = t^3,$$

故

$$\mathscr{L}^{-1}\left[F(s)\right] = t^3 - 6t + 6\sin t.$$

因此，从以上例题，我们看到了不同方式求解的难易程度不一.对具体问题，我们可以针对 $F(s)$ 的形式选择适当的方法来求其拉普拉斯逆变换，比如常用的部分分式法、卷积法、积分性质法、留数法等.

> **习题 8-3**

1. 求函数 $F(s) = \dfrac{s}{(s-a)(s-b)}$ 的拉普拉斯逆变换（其中 a,b 是复常数）.

2. 求函数 $F(s) = \dfrac{1}{(s^2-4)s^2}$ 的拉普拉斯逆变换.

3. 求函数 $F(s) = \dfrac{s^2+2s+2}{s(s-1)^2}$ 的拉普拉斯逆变换.

第四节　拉普拉斯变换的简单应用

在很多系统里，人们常用一个线性微分方程或微分方程组这样的数学模型来描述系统.当直接求解微分方程或者方程组较困难时，可以考虑将微分方程或方程组两边同时取拉普拉斯变换.我们已经知道，拉普拉斯变换的性质能将复杂的微分运算、积分运算化为简单的代数运算.这样，原来求解困难的微分方程或微分方程组将转化为相应的关于像函数的代数方程或方程组.解出像函数后，利用拉普拉斯逆变换就可以得到原微分方程或方程组的解.我们举例予以说明.

例 1　求二阶常系数微分方程

$$y''(t) + 4y'(t) + 3y(t) = e^{-t}$$

满足初值条件 $y(0) = y'(0) = 1$ 的解.

解　记 $Y(s) = \mathscr{L}[y(t)]$，由微分性质及初值条件知

$$\mathscr{L}[y''(t)] = s^2 Y(s) - sy(0) - y'(0)$$
$$= s^2 Y(s) - s - 1,$$

$$\mathscr{L}[y'(t)] = sY(s) - y(0) = sY(s) - 1,$$

$$\mathscr{L}[e^{-t}] = \frac{1}{s+1},$$

所以在微分方程两边同时取拉普拉斯变换后,原微分方程转化为

$$(s^2 Y(s) - s - 1) + 4(sY(s) - 1) + 3Y(s) = \frac{1}{s+1},$$

合并有

$$(s^2 + 4s + 3)Y(s) = s + 5 + \frac{1}{s+1},$$

解得

$$Y(s) = \frac{s^2 + 6s + 6}{(s+1)^2(s+3)}.$$

由部分分式法,得

$$Y(s) = \frac{\dfrac{7}{4}}{s+1} - \frac{\dfrac{3}{4}}{s+3} + \frac{\dfrac{1}{2}}{(s+1)^2},$$

取拉普拉斯逆变换并查表得

$$y(t) = \frac{7}{4}e^{-t} - \frac{3}{4}e^{-3t} + \frac{1}{2}te^{-t}.$$

例 2　求方程组

$$\begin{cases} x'(t) + x(t) - y(t) = e^t, \\ y'(t) + 3x(t) - 2y(t) = 2e^t \end{cases}$$

满足初值条件 $\begin{cases} x(0) = 1, \\ y(0) = 1 \end{cases}$ 的解.

解　记 $X(s) = \mathscr{L}[x(t)]$, $Y(s) = \mathscr{L}[y(t)]$,将方程组两边同时取拉普拉斯逆变换,并利用初值条件,得

$$\begin{cases} sX(s) - 1 + X(s) - Y(s) = \dfrac{1}{s-1}, \\ sY(s) - 1 + 3X(s) - 2Y(s) = \dfrac{2}{s-1}, \end{cases}$$

整理得

$$\begin{cases} (s+1)X(s) - Y(s) = \dfrac{s}{s-1}, \\ 3X(s) + (s-2)Y(s) = \dfrac{s+1}{s-1}. \end{cases}$$

解上述关于 $X(s)$, $Y(s)$ 的代数方程组,得

$$X(s) = Y(s) = \frac{1}{s-1}.$$

取拉普拉斯逆变换,得原方程组的解为 $x(t) = y(t) = e^t$.

例 3　求积分方程

$$x(t) = e^{-t} + \int_0^t x(t-\tau)\tau \mathrm{d}\tau$$

的解 $x(t)$.

注意到 $\int_0^{+\infty} x(t-\tau)\tau \mathrm{d}\tau = x(t) * t$ 为卷积,所以上式为"卷积型"积分方程.求解该积分方程的方法有很多,可以考虑对积分方程求导化为对应的微分方程,或利用卷积定理进行求解.

解法一(化积分方程为微分方程)　由卷积的对称性知

$$x(t) * t = \int_0^t x(t-\tau)\tau \mathrm{d}\tau = \int_0^t x(\tau)(t-\tau) \mathrm{d}\tau,$$

所以

$$\frac{\mathrm{d}}{\mathrm{d}t} \int_0^t x(\tau)(t-\tau) \mathrm{d}\tau = \frac{\mathrm{d}}{\mathrm{d}t}\left[t\int_0^t x(\tau) \mathrm{d}\tau - \int_0^t \tau x(\tau) \mathrm{d}\tau \right]$$

$$= \int_0^t x(\tau) \mathrm{d}\tau + tx(t) - tx(t)$$

$$= \int_0^t x(\tau) \mathrm{d}\tau.$$

再求一次导数有

$$\frac{\mathrm{d}^2}{\mathrm{d}t^2}\left[\int_0^t x(\tau)(t-\tau) \mathrm{d}\tau \right] = x(t),$$

因此在原卷积型方程两边同时求导两次,得

$$x''(t) = e^{-t} + x(t).$$

这是一个典型的二阶简谐振动方程,而且当 $t=0$ 时,$x(0)=1, x'(0)=-1$. 所以原方程转化为下列带初值条件的二阶微分方程

$$\begin{cases} x''(t) - x(t) = e^{-t}, \\ x(0) = 1, \\ x'(0) = -1. \end{cases}$$

记 $X(s) = \mathscr{L}[x(t)]$,两边同时取拉普拉斯变换后得代数方程

$$(s^2 X(s) - s + 1) - X(s) = \frac{1}{s+1},$$

所以

$$X(s) = \frac{s^2}{(s-1)(s+1)^2}$$

$$= \frac{\frac{1}{4}}{s-1} + \frac{\frac{3}{4}}{s+1} - \frac{\frac{1}{2}}{(s+1)^2}.$$

取拉普拉斯逆变换后得

$$x(t) = \mathscr{L}^{-1}[X(s)] = \frac{1}{4}e^t + \frac{3}{4}e^{-t} - \frac{1}{2}te^{-t}.$$

解法二（卷积法）　注意到原方程可以改写为

$$x(t) = e^{-t} + x(t) * t.$$

两边直接取拉普拉斯变换,并利用卷积定理,得

$$X(s) = \frac{1}{s+1} + X(s)\frac{1}{s^2},$$

$$X(s) = \frac{s^2}{(s+1)^2(s-1)},$$

取拉普拉斯逆变换,得

$$x(t) = \mathscr{L}^{-1}[X(s)] = \frac{1}{4}e^t + \frac{3}{4}e^{-t} - \frac{1}{2}te^{-t}.$$

解法二更快捷,但解法一中通过求导将积分方程化为微分方程的思想也很常用.

从上面的例子可知,用拉普拉斯变换的微分性质解微分方程或方程组时,我们同时将初值条件代入,求出的结果直接是微分方程或方程组的特解.这种方法避免了先求微分方程组的通解后,再利用初值条件来确定待定系数这一复杂步骤.当然,同傅里叶变换一样,拉普拉斯变换也经常用来求解诸如波动方程、热传导方程之类的数学物理方程.感兴趣的读者可阅读相关文献以更深入了解拉普拉斯变换的应用.

> **习题 8-4**

1. 求解微分方程
$$\begin{cases} x''(t) - 3x'(t) + 2x(t) = e^{-2t}, \\ x'(0) = 2, \\ x(0) = 1. \end{cases}$$

2. 求解积分方程 $x(t) = t - \int_0^t \cos(t-\tau)x(\tau)\mathrm{d}\tau$.

3. 求解积分方程
$$\int_0^t \sin(t-\tau)x(\tau)\mathrm{d}\tau = x(t) + \delta(t).$$

4. 求解微分方程组
$$\begin{cases} x'(t) + 2x(t) - y(t) = e^t, \\ 2y'(t) - x(t) + 3y(t) = 2e^t, \\ x(0) = y(0) = 0. \end{cases}$$

综合练习题 8

傅里叶变换表

	$f(t)$	$F(\lambda)$
1	矩形单脉冲 $$f(t)=\begin{cases} E, & |t|<\dfrac{\tau}{2}, \\ 0, & |t|>\dfrac{\tau}{2} \end{cases}$$	$$F(\lambda)=\dfrac{2E}{\lambda}\sin\dfrac{\lambda\tau}{2}$$
2	指数衰减函数 $$f(t)=\begin{cases} \mathrm{e}^{-\beta t}, & t>0, \\ 0, & t<0 \end{cases}\quad(\beta>0)$$	$$F(\lambda)=\dfrac{1}{\beta+\mathrm{i}\lambda}$$
3	三角形脉冲 $$f(t)=\begin{cases} \dfrac{2A}{\tau}\left(\dfrac{\tau}{2}+t\right), & -\dfrac{\tau}{2}\leqslant t<0, \\ \dfrac{2A}{\tau}\left(\dfrac{\tau}{2}-t\right), & 0\leqslant t\leqslant\dfrac{\tau}{2}, \\ 0, & |t|>\dfrac{\tau}{2} \end{cases}$$	$$F(\lambda)=\dfrac{4A}{\tau\lambda^2}\left(1-\cos\dfrac{\lambda\tau}{2}\right)$$
4	钟形脉冲 $$f(t)=A\mathrm{e}^{-\beta t^2}(\beta>0)$$	$$F(\lambda)=A\sqrt{\dfrac{\pi}{\beta}}\,\mathrm{e}^{-\frac{\lambda^2}{4\beta}}$$
5	傅里叶核 $$f(t)=\dfrac{\sin\omega_0 t}{\pi t}\quad(\omega_0>0)$$	$$F(\lambda)=\begin{cases} 1, & |\lambda|<\omega_0, \\ 0, & |\lambda|>\omega_0 \end{cases}$$
6	高斯分布函数 $$f(t)=\dfrac{1}{\sqrt{2\pi}\sigma}\,\mathrm{e}^{-\frac{t^2}{2\sigma^2}}$$	$$F(\lambda)=\mathrm{e}^{-\frac{\sigma^2\lambda^2}{2}}$$
7	矩形射频脉冲 $$f(t)=\begin{cases} E\cos\omega_0 t, & |t|<\dfrac{\tau}{2}, \\ 0, & |t|>\dfrac{\tau}{2} \end{cases}$$	$$F(\lambda)=\dfrac{\tau E}{2}\left[\dfrac{\sin\dfrac{(\lambda-\omega_0)\tau}{2}}{\dfrac{\tau}{2}(\lambda-\omega_0)}+\dfrac{\sin\dfrac{(\lambda+\omega_0)\tau}{2}}{\dfrac{\tau}{2}(\lambda+\omega_0)}\right]$$

续表

	$f(t)$	$F(\lambda)$
8	单位脉冲函数 $f(t)=\delta(t)$	$F(\lambda)=1$
9	周期性脉冲函数 $f(t)=\sum\limits_{n=-\infty}^{+\infty}\delta(t-nT)$（$T$ 为周期）	$F(\lambda)=\dfrac{2\pi}{T}\sum\limits_{n=-\infty}^{+\infty}\delta\left(\lambda-\dfrac{2n\pi}{T}\right)$
10	$f(t)=\cos\omega_0 t$	$F(\lambda)=\pi[\delta(\lambda+\omega_0)+\delta(\lambda-\omega_0)]$
11	$f(t)=\sin\omega_0 t$	$F(\lambda)=\mathrm{i}\pi[\delta(\lambda+\omega_0)-\delta(\lambda-\omega_0)]$
12	单位阶跃函数 $f(t)=u(t)$	$F(\lambda)=\dfrac{1}{\mathrm{i}\lambda}+\pi\delta(\lambda)$
13	$f(t)=u(t-c)$	$F(\lambda)=\dfrac{1}{\mathrm{i}\lambda}\mathrm{e}^{-\mathrm{i}\lambda c}+\pi\delta(\lambda)$
14	$f(t)=tu(t)$	$F(\lambda)=\dfrac{-1}{\lambda^2}+\pi\mathrm{i}\delta'(\lambda)$
15	$f(t)=t^n u(t)$	$F(\lambda)=\dfrac{n!}{(\mathrm{i}\lambda)^{n+1}}+\pi\mathrm{i}^n\delta^{(n)}(\lambda)$
16	$f(t)=u(t)\sin at$	$F(\lambda)=\dfrac{a}{a^2-\lambda^2}+\dfrac{\pi\mathrm{i}}{2}[\delta(\lambda+a)-\delta(\lambda-a)]$
17	$f(t)=u(t)\cos at$	$F(\lambda)=\dfrac{\mathrm{i}\lambda}{a^2-\lambda^2}+\dfrac{\pi}{2}[\delta(\lambda+a)+\delta(\lambda-a)]$
18	$f(t)=u(t)\mathrm{e}^{iat}$	$F(\lambda)=\dfrac{1}{\mathrm{i}(\lambda-a)}+\pi\delta(\lambda-a)$
19	$f(t)=u(t-c)\mathrm{e}^{iat}$	$F(\lambda)=\dfrac{1}{\mathrm{i}(\lambda-a)}\mathrm{e}^{-\mathrm{i}(\lambda-a)c}+\pi\delta(\lambda-a)$
20	$f(t)=t^n u(t)\mathrm{e}^{iat}$	$F(\lambda)=\dfrac{n!}{[\mathrm{i}(\lambda-a)]^{n+1}}+\pi\mathrm{i}^n\delta^{(n)}(\lambda-a)$
21	$f(t)=\mathrm{e}^{a|t|},\mathrm{Re}(a)<0$	$F(\lambda)=\dfrac{-2a}{\lambda^2+a^2}$
22	$f(t)=\delta(t-c)$	$F(\lambda)=\mathrm{e}^{-\mathrm{i}\lambda c}$
23	$f(t)=\delta'(t)$	$F(\lambda)=\mathrm{i}\lambda$
24	$f(t)=\delta^{(n)}(t)$	$F(\lambda)=(\mathrm{i}\lambda)^n$
25	$f(t)=\delta^{(n)}(t-c)$	$F(\lambda)=(\mathrm{i}\lambda)^n\mathrm{e}^{-\mathrm{i}\lambda c}$
26	$f(t)=1$	$F(\lambda)=2\pi\delta(\lambda)$
27	$f(t)=t$	$F(\lambda)=2\pi\mathrm{i}\delta'(\lambda)$
28	$f(t)=t^n$	$F(\lambda)=2\pi\mathrm{i}^n\delta^{(n)}(\lambda)$
29	$f(t)=\mathrm{e}^{iat}$	$F(\lambda)=2\pi\delta(\lambda-a)$
30	$f(t)=t^n\mathrm{e}^{iat}$	$F(\lambda)=2\pi\mathrm{i}^n\delta^{(n)}(\lambda-a)$

	$f(t)$	$F(\lambda)$
31	$f(t)=\dfrac{t}{(a^2+t^2)^2},\mathrm{Re}(a)<0$	$F(\lambda)=\dfrac{\mathrm{i}\lambda\pi}{2a}\mathrm{e}^{a|\lambda|}$
32	$f(t)=\dfrac{1}{a^2+t^2},\mathrm{Re}(a)<0$	$F(\lambda)=-\dfrac{\pi}{a}\mathrm{e}^{a|\lambda|}$
33	$f(t)=\dfrac{\mathrm{e}^{\mathrm{i}bt}}{a^2+t^2},\mathrm{Re}(a)<0,b\in\mathbf{R}$	$F(\lambda)=-\dfrac{\pi}{a}\mathrm{e}^{a|\lambda-b|}$
34	$f(t)=\dfrac{\cos bt}{a^2+t^2},\mathrm{Re}(a)<0,b\in\mathbf{R}$	$F(\lambda)=-\dfrac{\pi}{2a}[\mathrm{e}^{a|\lambda-b|}+\mathrm{e}^{a|\lambda+b|}]$
35	$f(t)=\dfrac{\sin bt}{a^2+t^2},\mathrm{Re}(a)<0,b\in\mathbf{R}$	$F(\lambda)=\dfrac{\mathrm{i}\pi}{2a}[\mathrm{e}^{a|\lambda-b|}-\mathrm{e}^{a|\lambda+b|}]$
36	$f(t)=\dfrac{\mathrm{sh}\,at}{\mathrm{ch}\,\pi t}(-\pi<a<\pi)$	$F(\lambda)=-\dfrac{2\mathrm{i}\sin\frac{a}{2}\mathrm{sh}\frac{\lambda}{2}}{\mathrm{ch}\,\lambda+\cos a}$
37	$f(t)=\dfrac{\mathrm{ch}\,at}{\mathrm{ch}\,\pi t}(-\pi<a<\pi)$	$F(\lambda)=\dfrac{2\cos\frac{a}{2}\mathrm{ch}\frac{\lambda}{2}}{\mathrm{ch}\,\lambda+\cos a}$
38	$f(t)=\dfrac{\mathrm{sh}\,at}{\mathrm{sh}\,\pi t}(-\pi<a<\pi)$	$F(\lambda)=\dfrac{\sin a}{\mathrm{ch}\,\lambda+\cos a}$
39	$f(t)=\dfrac{1}{\mathrm{ch}\,at}$	$F(\lambda)=\dfrac{\pi}{a}\Big/\mathrm{ch}\dfrac{\pi\lambda}{2a}$
40	$f(t)=\sin at^2(a>0)$	$F(\lambda)=\sqrt{\dfrac{\pi}{a}}\cos\!\left(\dfrac{\lambda^2}{4a}+\dfrac{\pi}{4}\right)$
41	$f(t)=\cos at^2(a>0)$	$F(\lambda)=\sqrt{\dfrac{\pi}{a}}\cos\!\left(\dfrac{\lambda^2}{4a}-\dfrac{\pi}{4}\right)$
42	$f(t)=\dfrac{1}{t}\sin at(a>0)$	$F(\lambda)=\begin{cases}\pi,&|\lambda|\leqslant a,\\0,&|\lambda|>a\end{cases}$
43	$f(t)=\dfrac{1}{t^2}\sin^2 at(a>0)$	$F(\lambda)=\begin{cases}\pi\Big(a-\dfrac{|\lambda|}{2}\Big),&|\lambda|\leqslant 2a,\\0,&|\lambda|>2a\end{cases}$
44	$f(t)=\dfrac{\sin at}{\sqrt{|t|}}$	$F(\lambda)=\mathrm{i}\sqrt{\dfrac{\pi}{2}}\Big(\dfrac{1}{\sqrt{|\lambda+a|}}-\dfrac{1}{\sqrt{|\lambda-a|}}\Big)$
45	$f(t)=\dfrac{\cos at}{\sqrt{|t|}}$	$F(\lambda)=\sqrt{\dfrac{\pi}{2}}\Big(\dfrac{1}{\sqrt{|\lambda+a|}}+\dfrac{1}{\sqrt{|\lambda-a|}}\Big)$
46	$f(t)=\dfrac{1}{\sqrt{|t|}}$	$F(\lambda)=\sqrt{\dfrac{2\pi}{|\lambda|}}$
47	$f(t)=\mathrm{sgn}\,t$	$F(\lambda)=\dfrac{2}{\mathrm{i}\lambda}$

	$f(t)$	$F(\lambda)$
48	$f(t)=\mathrm{e}^{-at^2},\mathrm{Re}(a)>0$	$F(\lambda)=\sqrt{\dfrac{\pi}{a}}\,\mathrm{e}^{-\frac{\lambda^2}{4a}}$
49	$f(t)=\lvert t\rvert^{2k+1},k=0,1,2,\cdots$	$F(\lambda)=(-1)^{k+1}(2k+1)!\,2\lambda^{-2k-2}$
50	$f(t)=\lvert t\rvert^{\alpha},\alpha\neq0,\pm1,\pm2,\cdots$	$F(\lambda)=-2\sin\dfrac{\pi\alpha}{2}\Gamma(\alpha+1)\lvert\lambda\rvert^{-1-\alpha}$
51	$f(t)=\lvert t\rvert$	$F(\lambda)=-\dfrac{2}{\lambda^2}$
52	$f(t)=\dfrac{1}{\lvert t\rvert}$	$F(\lambda)=\dfrac{\sqrt{2\pi}}{\lvert\lambda\rvert}$

拉普拉斯变换表

	$f(t)$	$F(s)$
1	$f(t)=1$	$F(s)=\dfrac{1}{s}$
2	$f(t)=\mathrm{e}^{at}$	$F(s)=\dfrac{1}{s-a}$
3	$f(t)=t^m,m>-1$	$F(s)=\dfrac{\Gamma(m+1)}{s^{m+1}}$
4	$f(t)=t^m\mathrm{e}^{at},m>-1$	$F(s)=\dfrac{\Gamma(m+1)}{(s-a)^{m+1}}$
5	$f(t)=\sin at$	$F(s)=\dfrac{a}{s^2+a^2}$
6	$f(t)=\cos at$	$F(s)=\dfrac{s}{s^2+a^2}$
7	$f(t)=\mathrm{sh}\ at$	$F(s)=\dfrac{a}{s^2-a^2}$
8	$f(t)=\mathrm{ch}\ at$	$F(s)=\dfrac{s}{s^2-a^2}$
9	$f(t)=t\sin at$	$F(s)=\dfrac{2as}{(s^2+a^2)^2}$
10	$f(t)=t\cos at$	$F(s)=\dfrac{s^2-a^2}{(s^2+a^2)^2}$
11	$f(t)=t\,\mathrm{sh}\ at$	$F(s)=\dfrac{2as}{(s^2-a^2)^2}$
12	$f(t)=t\,\mathrm{ch}\ at$	$F(s)=\dfrac{s^2+a^2}{(s^2-a^2)^2}$
13	$f(t)=t^m\sin at,m>-1$	$F(s)=\dfrac{\Gamma(m+1)\left[(s+\mathrm{i}a)^{m+1}-(s-\mathrm{i}a)^{m+1}\right]}{2\mathrm{i}(s^2+a^2)^{m+1}}$
14	$f(t)=t^m\cos at,m>-1$	$F(s)=\dfrac{\Gamma(m+1)\left[(s+\mathrm{i}a)^{m+1}+(s-\mathrm{i}a)^{m+1}\right]}{2(s^2+a^2)^{m+1}}$

	$f(t)$	$F(s)$
15	$f(t)=\mathrm{e}^{-bt}\sin\,at$	$F(s)=\dfrac{a}{(s+b)^2+a^2}$
16	$f(t)=\mathrm{e}^{-bt}\cos\,at$	$F(s)=\dfrac{s+b}{(s+b)^2+a^2}$
17	$f(t)=\mathrm{e}^{-bt}\sin\,(at+c)$	$F(s)=\dfrac{(s+b)\sin\,c+a\cos\,c}{(s+b)^2+a^2}$
18	$f(t)=\sin^2 t$	$F(s)=\dfrac{1}{2}\left(\dfrac{1}{s}-\dfrac{s}{s^2+4}\right)$
19	$f(t)=\cos^2 t$	$F(s)=\dfrac{1}{2}\left(\dfrac{1}{s}+\dfrac{s}{s^2+4}\right)$
20	$f(t)=\sin\,at\sin\,bt$	$F(s)=\dfrac{2abs}{[s^2+(a+b)^2][s^2+(a-b)^2]}$
21	$f(t)=\mathrm{e}^{at}-\mathrm{e}^{bt}$	$F(s)=\dfrac{a-b}{(s-a)(s-b)}$
22	$f(t)=a\mathrm{e}^{at}-b\mathrm{e}^{bt}$	$F(s)=\dfrac{(a-b)s}{(s-a)(s-b)}$
23	$f(t)=\dfrac{1}{a}\sin\,at-\dfrac{1}{b}\sin\,bt$	$F(s)=\dfrac{b^2-a^2}{(s^2+a^2)(s^2+b^2)}$
24	$f(t)=\cos\,at-\cos\,bt$	$F(s)=\dfrac{(b^2-a^2)s}{(s^2+a^2)(s^2+b^2)}$
25	$f(t)=\dfrac{1}{a^2}(1-\cos\,at)$	$F(s)=\dfrac{1}{s(s^2+a^2)}$
26	$f(t)=\dfrac{at-\sin\,at}{a^3}$	$F(s)=\dfrac{1}{s^2(s^2+a^2)}$
27	$f(t)=\dfrac{1}{a^4}\left(\dfrac{1}{2}a^2t^2+\cos\,at-1\right)$	$F(s)=\dfrac{1}{s^3(s^2+a^2)}$
28	$f(t)=\dfrac{1}{a^4}\left(-\dfrac{1}{2}a^2t^2+\mathrm{ch}\,at-1\right)$	$F(s)=\dfrac{1}{s^3(s^2-a^2)}$
29	$f(t)=\dfrac{\sin\,at-at\,\cos\,at}{2a^3}$	$F(s)=\dfrac{1}{(s^2+a^2)^2}$
30	$f(t)=\dfrac{\sin\,at+at\,\cos\,at}{2a}$	$F(s)=\dfrac{s^2}{(s^2+a^2)^2}$
31	$f(t)=\dfrac{1}{a^4}(1-\cos\,at)-\dfrac{1}{2a^3}t\sin\,at$	$F(s)=\dfrac{s^2}{s(s^2+a^2)^2}$
32	$f(t)=(1-at)\mathrm{e}^{-at}$	$F(s)=\dfrac{s}{(s+a)^2}$
33	$f(t)=\left(t-\dfrac{a}{2}t^2\right)\mathrm{e}^{-at}$	$F(s)=\dfrac{s}{(s+a)^3}$

续表

	$f(t)$	$F(s)$
34	$f(t)=\dfrac{1}{a}(1-e^{-at})$	$F(s)=\dfrac{1}{s(s+a)}$
35	$f(t)=\sin at\,\text{ch}\,at-\cos at\,\text{sh}\,at$	$F(s)=\dfrac{4a^3}{s^4+4a^4}$
36	$f(t)=\dfrac{1}{2a^2}\sin at\,\text{sh}\,at$	$F(s)=\dfrac{s}{s^4+4a^4}$
37	$f(t)=\dfrac{\text{sh}\,at-\sin at}{2a^3}$	$F(s)=\dfrac{1}{s^4-a^4}$
38	$f(t)=\dfrac{\text{ch}\,at-\cos at}{2a^2}$	$F(s)=\dfrac{s}{s^4-a^4}$
39	$f(t)=\dfrac{1}{\sqrt{\pi t}}$	$F(s)=\dfrac{1}{\sqrt{s}}$
40	$f(t)=\dfrac{2\sqrt{t}}{\sqrt{\pi}}$	$F(s)=\dfrac{1}{s\sqrt{s}}$
41	$f(t)=\dfrac{e^{at}(1+2at)}{\sqrt{\pi t}}$	$F(s)=\dfrac{s}{(s-a)\sqrt{s-a}}$
42	$f(t)=\dfrac{e^{bt}-e^{at}}{2\sqrt{\pi t^3}}$	$F(s)=\sqrt{s-a}-\sqrt{s-b}$
43	$f(t)=\dfrac{\cos 2\sqrt{at}}{\sqrt{\pi t}}$	$F(s)=\dfrac{e^{-\frac{a}{s}}}{\sqrt{s}}$
44	$f(t)=\dfrac{\text{ch}\,2\sqrt{at}}{\sqrt{\pi t}}$	$F(s)=\dfrac{e^{\frac{a}{s}}}{\sqrt{s}}$
45	$f(t)=\dfrac{\sin 2\sqrt{at}}{\sqrt{\pi t}}$	$F(s)=\dfrac{e^{-\frac{a}{s}}}{s\sqrt{s}}$
46	$f(t)=\dfrac{\text{sh}\,2\sqrt{at}}{\sqrt{\pi t}}$	$F(s)=\dfrac{e^{\frac{a}{s}}}{s\sqrt{s}}$
47	$f(t)=\dfrac{e^{bt}-e^{at}}{t}$	$F(s)=\ln\dfrac{s-a}{s-b}$
48	$f(t)=\dfrac{2\text{sh}\,at}{t}$	$F(s)=\ln\dfrac{s+a}{s-b}$
49	$f(t)=\dfrac{2(1-\cos at)}{t}$	$F(s)=\ln\dfrac{s^2+a^2}{s^2}$
50	$f(t)=\dfrac{2(1-\text{ch}\,at)}{t}$	$F(s)=\ln\dfrac{s^2-a^2}{s^2}$
51	$f(t)=\dfrac{\sin at}{t}$	$F(s)=\arctan\dfrac{a}{s}$

	$f(t)$	$F(s)$
52	$f(t) = \dfrac{\text{ch } at - \cos bt}{t}$	$F(s) = \ln\sqrt{\dfrac{s^2+b^2}{s^2-a^2}}$
53	$f(t) = \dfrac{\sin 2a\sqrt{t}}{\pi t}$	$F(s) = \text{erf}\left(\dfrac{a}{\sqrt{s}}\right)$
54	$f(t) = \dfrac{e^{-2a\sqrt{t}}}{\sqrt{\pi t}}$	$F(s) = \dfrac{1}{\sqrt{s}}e^{\frac{a^2}{s}}\text{erfc}\left(\dfrac{a}{\sqrt{s}}\right)$
55	$f(s) = \text{erfc}\left(\dfrac{a}{2\sqrt{t}}\right)$	$F(s) = \dfrac{1}{s}e^{-a\sqrt{s}}$
56	$f(s) = \text{erf}\left(\dfrac{t}{2a}\right)$	$F(s) = \dfrac{1}{s}e^{a^2 s^2}\text{erfc}(as)$
57	$f(t) = \dfrac{e^{-2\sqrt{at}}}{\sqrt{\pi t}}$	$F(s) = \dfrac{1}{\sqrt{s}}e^{\frac{a}{s}}\text{erfc}\left(\sqrt{\dfrac{a}{s}}\right)$
58	$f(t) = \dfrac{1}{\sqrt{\pi(t+a)}}$	$F(s) = \dfrac{1}{\sqrt{s}}e^{as}\text{erfc}(\sqrt{as})$
59	$f(s) = \dfrac{1}{\sqrt{a}}\text{erf}(\sqrt{at})$	$F(s) = \dfrac{1}{s\sqrt{s+a}}$
60	$f(s) = \dfrac{1}{\sqrt{a}}e^{at}\text{erf}(\sqrt{at})$	$F(s) = \dfrac{1}{(s-a)\sqrt{s}}$
61	$f(t) = u(t)$	$F(s) = \dfrac{1}{s}$
62	$f(t) = tu(t)$	$F(s) = \dfrac{1}{s^2}$
63	$f(t) = t^m u(t)\ (m>-1)$	$F(s) = \dfrac{\Gamma(m+1)}{s^{m+1}}$
64	$f(t) = \delta(t)$	$F(s) = 1$
65	$f(t) = \delta'(t)$	$F(s) = s$
66	$\delta^{(n)}(t)$	$F(s) = s^n$
67	$f(t) = \text{sgn } t$	$F(s) = \dfrac{1}{s}$

注：$\text{erf}(x) = \dfrac{2}{\sqrt{\pi}}\displaystyle\int_0^x e^{-t^2}\,dt$ 称为误差函数，$\text{erfc}(x) = 1 - \text{erf}(x) = \dfrac{2}{\sqrt{\pi}}\displaystyle\int_x^{+\infty} e^{-t^2}\,dt$ 称为余误差函数.

参考文献

［1］刘楚中,曹定华.大学数学 3［M］.北京:高等教育出版社,2003.

［2］马柏林,李丹衡,晏华辉.复变函数与积分变换［M］.上海:复旦大学出版社,2008.

［3］肖萍,孟益民,全志勇.大学数学 2［M］.3 版.北京:高等教育出版社,2015.

［4］西安交通大学高等数学教研室.工程数学——复变函数［M］.4 版.北京:高等教育出版社,1996.

［5］钟玉泉.复变函数论［M］.5 版.北京:高等教育出版社,2021.

［6］李红,谢松法.复变函数与积分变换［M］.5 版.北京:高等教育出版社,2018.

［7］张元林.积分变换［M］.6 版.北京:高等教育出版社,2019.

［8］郑君里,应启珩,杨为理.信号与系统［M］.北京:高等教育出版社,2011.

郑重声明

高等教育出版社依法对本书享有专有出版权。任何未经许可的复制、销售行为均违反《中华人民共和国著作权法》，其行为人将承担相应的民事责任和行政责任；构成犯罪的，将被依法追究刑事责任。为了维护市场秩序，保护读者的合法权益，避免读者误用盗版书造成不良后果，我社将配合行政执法部门和司法机关对违法犯罪的单位和个人进行严厉打击。社会各界人士如发现上述侵权行为，希望及时举报，我社将奖励举报有功人员。

反盗版举报电话　　（010）58581999　58582371

反盗版举报邮箱　　dd@hep.com.cn

通信地址　　北京市西城区德外大街 4 号　高等教育出版社法律事务部

邮政编码　　100120

读者意见反馈

为收集对教材的意见建议，进一步完善教材编写并做好服务工作，读者可将对本教材的意见建议通过如下渠道反馈至我社。

咨询电话　　400-810-0598

反馈邮箱　　hepsci@pub.hep.cn

通信地址　　北京市朝阳区惠新东街 4 号富盛大厦 1 座

　　　　　　　高等教育出版社理科事业部

邮政编码　　100029